高职高专土建类专业"十二五"规划教材

建筑材料与检测

主　编　杨　艳

副主编　黄宏亮　陈一华

张华立　龙立华

浙江大学出版社
ZHEJIANG UNIVERSITY PRESS

内 容 提 要

本书采用全新的特色模块。

本书内容共分十一个模块，主要包括：建筑材料与检测基本知识、水泥及其检测、普通混凝土用细骨料及其检测、普通混凝土用粗骨料及其检测、普通混凝土性能及其检测、建筑砂浆及其检测、建筑钢材及其检测、墙体材料及其检测、防水工程材料及其检测、绝热、吸声及建筑装饰材料、职业能力提高等内容。其中主体内容均按职业能力、进场检验与取样、性能检测、合格判定等项目组成。编排上以每一类或者某一种材料作为一个模块，从初识材料、认识感知材料到材料的应用、材料标准介绍及材料检测与评定等几个方面进行阐述，重点突出建筑材料在工程中的应用和检测方法。

本书既可作为高职高专院校建筑工程类相关专业的教材，还可作为土建施工类及工程管理类各专业职业资格考试的培训教材。本书也可供土建类一般工程技术人员参考使用。

图书在版编目（CIP）数据

建筑材料与检测 / 杨艳主编. —杭州：浙江大学
出版社，2012.6
　ISBN 978-7-308-09577-8

　Ⅰ．①建… Ⅱ．①杨… Ⅲ．①建筑结构 — 检测 — 高等
职业教育 — 教材 Ⅳ．①TU502

　中国版本图书馆 CIP 数据核字（2012）第011624号

建筑材料与检测

主　编　杨　艳

责任编辑　吴昌雷
封面设计　续设计
出版发行　浙江大学出版社
　　　　　（杭州天目山路 148 号　邮政编码 310007）
　　　　　（网址：http://www.zjupress.com）
排　　版　杭州彩地电脑图文有限公司
印　　刷　德清县第二印刷厂
开　　本　787mm×1092mm　1/16
印　　张　17.75
字　　数　360千
版 印 次　2012 年 6 月第 1 版　2012 年 6 月第 1 次印刷
书　　号　ISBN 978-7-308-09577-8
定　　价　39.00元

前 言

本书为浙江大学出版社"高职高专土建类十二五规划教材"之一。为适应21世纪职业技术教育发展需要，培养建筑行业具备建筑材料选用与检测能力的一线专业技术应用型人才，我们结合当前建筑材料发展应用现状及前景，依照高职院校建筑工程技术人才培养目标及《建筑材料与检测》教学大纲确定编写思路。

本书内容共分十一个模块，主要包括：建筑材料与检测基本知识、水泥及其检测、普通混凝土用细骨料及其检测、普通混凝土用粗骨料及其检测、普通混凝土性能及其检测、建筑砂浆及其检测、建筑钢材及其检测、墙体材料及其检测、防水工程材料及其检测、绝热、吸声及建筑装饰材料、职业能力提高等内容。其中主体内容均按职业知识、进场检验与取样、性能检测、合格判定等项目组成。

本书突破了已有相关教材的知识框架，以每一种材料作为教学项目，注重理论与实践相结合，采用全新体例编写。在编写中，通过大量工程实践图片，使读者对建筑材料在建筑工程中的应用有一个清晰的认识。另外，特别注重能力培养，每一项目包含有特别提示、课堂讨论、思考与训练内容。通过本书若干模块的学习，可以熟悉常用建筑材料的基本性质与质量指标，同时具备施工现场试验员、见证取样员和检测企业检测员的职业素质和岗位技能。

本书由长江工程职业技术学院杨艳担任主编，长江工程职业技术学院黄宏亮、陈一华、湖北水利水电职业技术学院龙立华、海南大学张华立担任副主编，长江工程职业技术学院段凯敏、谢永亮、湖北水利水电职业技术学院毛羽飞、黄淮学院张驰参编，全书由杨艳负责统稿。本书具体章节编写分工为：杨艳编写模块一、模块八、模块十一；黄宏亮编写模块二、模块九；陈一华编写模块三、模块四；龙立华编写模块五；段凯敏编写模块六；谢永亮编写模块七；毛羽飞编写模块十；张华立和张驰参加了部分模块的编写。

本书既可作为高职高专院校建筑工程类相关专业的教材，还可作为土建施工类及工程管理类各专业职业资格考试的培训教材。本书也可供土建类一般工程技术人员参考使用。

　　本书在编写过程中，参考和引用了国内外大量文献资料，在此谨向原书作者表示衷心感谢。近年来，由于我国建筑业的迅猛发展，新材料、新工艺、新技术不断涌现，本书未能涵盖所有建筑材料，同时由于编者水平有限，加之时间仓促，书中缺点和不妥之处在所难免，敬请各位读者批评指正。

编　者

2011 年12月

目　　录

模块一　建筑材料与检测基本知识

知识目标：1. 了解建筑材料与检测技术标准体系

　　　　　2. 了解建筑材料检测的相关法律法规

　　　　　3. 了解见证检测制度

　　　　　4. 熟悉建筑材料基本性质及检测方法

能力目标：1. 能够正确选用检测依据

　　　　　2. 掌握建筑材料的物理性质及检测方法

　　　　　3. 初步具备判断材料的性质和正确运用材料的能力

　　　　　4. 能够顺利在施工现场实施见证取样

　　　　　5. 能够正确填写原始记录

　　　　　6. 能够进行正确的数据检测

项目一　建筑材料与检测技术标准体系

任务一　了解建筑材料

一、建筑材料的定义与分类

建筑材料可分为狭义建筑材料和广义的建筑材料。广义的建筑材料除包括构成建筑工程实体的材料之外，还包括两部分：一是施工过程中所需要的辅助材料，如脚手架、组合模板、安全防护网等；二是各种建筑器材，如给水、排水设施、采暖通风设备、电气设施等。而通常所说的狭义的建筑材料主要是指构成建筑工程实体的材料，如水泥、混凝土、墙体与屋面材料、装饰材料、防水材料等。本教材所介绍的建筑材料主要是狭义的建筑材料。

建筑材料种类繁多，随着材料科学和材料工业不断地发展，各种类型的新型建筑材料不断涌现，为了研究、使用和论述方便，常从不同角度对它进行分类。通常按材料的化学

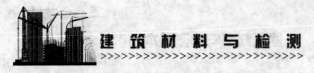
成分及其使用功能将建筑材料进行分类。

（一）按化学成分分类

建筑材料按化学成分可分为无机材料、有机材料和复合材料三大类，每一类又可以细分为许多小类，具体分类如表1.1所示。

表1.1 建筑材料按化学成分分类表

无机材料	非金属材料	天然石材：石子，砂，毛石，料石 烧土制品：黏土砖，瓦，空心砖，建筑陶瓷 玻璃：窗用玻璃，安全玻璃，特种玻璃 无机胶凝材料：石灰，石膏，水玻璃，各种水泥 混凝土及砂浆：普通混凝土，轻混凝土，特种混凝土，各种砂浆 硅酸盐制品：粉煤灰砖、灰砂砖，硅酸盐砌块 绝热材料：石棉，矿棉，玻璃棉，膨胀珍珠岩
	金属材料	黑色金属：生铁，碳素钢，合金钢、不锈钢 有色金属：铝，锌，铜及其合金
有机材料	植物质材料 沥青材料 高分子材料	木材，竹材，软木，毛毡 石油沥青，煤沥青，沥青制品 塑料，橡胶，涂料，胶粘剂
复合材料	无机-有机复合材料 非金属-金属复合材料 其他复合材料	聚合物混凝土，沥青混凝土，水泥刨花板，玻璃钢 钢筋砼，钢丝网水泥板，铝塑复合板，铝箔面油毡 水泥石棉制品，不锈钢包覆钢板

（二）按使用功能分类

按使用功能可以分为承重结构材料、墙体材料和建筑功能材料三大类。

1. 承重结构材料

承重结构材料主要指建筑物中受力构件和结构所用的材料。如梁、板、柱、基础、墙体和其他受力构件所用的材料。对这类材料主要技术性能的要求是强度和耐久性，目前，所用的主要建筑结构材料有砖、石、水泥混凝土和钢材以及两者复合的钢筋混凝土和预应力混凝土。在相当长时间内，钢筋混凝土和预应力钢筋混凝土仍是我国建筑工程中的主要结构材料。

2. 墙体材料

墙体材料主要是指建筑物内、外及分隔墙体所用的材料，有承重和非承重两类。由于墙体在建筑物中占有很大比例，所以合格选用墙体材料对降低建筑物成本、节能和使用安全耐久等都是很重要的。目前，我国普遍使用的墙体材料为砌墙砖、加气混凝土砌块、混凝土、金属板材和复合墙体，其中轻质多功能的复合墙板代表了墙体材料未来的发展方向。

3．建筑功能材料

建筑功能材料主要是指担负某些建筑功能的非承重材料，如防水材料、绝热材料、吸声和隔声材料、采光材料、装饰材料等。这类材料品种繁多、功能各异，随着国民经济的发展以及人民生活水平的提高，将会越来越多地应用于建筑物上。

一般来说，建筑物的可靠度与安全度主要取决于由建筑结构材料组成的构件和结构体系，建筑物的使用功能与建筑品味主要取决于建筑功能材料。此外，对某一种具体材料来说，它可能兼有多种功能。

二、建筑材料在建筑工程中的地位和作用

建筑材料是一切建筑工程的物质基础，建筑业的发展也离不开建筑材料工业的发展。

（1）建筑材料是建筑工程的物质基础。建筑的总造价中，建筑材料费用所占比重较大，一般超过50%。因此，选用的建筑材料是否经济实用，对降低房屋建筑的造价起着重要的作用。正确掌握并准确熟练地应用建筑材料知识，可以通过优化选择和正确使用材料，充分利用材料的各种功能，在满足各项使用要求的前提下，降低材料的资源或能源消耗，节约与材料有关的费用。从工程技术经济及可持续发展的角度来看，正确选择和使用材料，对于创造良好的经济效益与社会效益具有十分重要的意义。在建筑工程中恰当地选择和合理地使用建筑材料，不仅能提高建筑物质量及其寿命，而且对降低工程造价也有着重要的意义。

（2）建筑材料的发展赋予了建筑物以时代的特性和风格。中国古代以木结构为主的宫廷建筑和当代以钢筋混凝土和型钢为主体材料的超高层建筑，都呈现了鲜明的时代感。

（3）建筑设计理论的不断进步和施工技术的革新不但受到建筑材料发展的制约，同时亦受到其发展的推动。大跨度预应力结构、悬索结构、空间网架结构、节能建筑、绿色建筑的出现，无疑都是与新材料的产生密切相关。

（4）建筑材料的正确、节约、合理的运用直接影响到建筑工程的造价和投资。在我国，一般建筑工程的材料费用要占到总投资的50%~60%，特殊工程中这一比例还要提高，对于中国这样一个发展中国家，对建筑材料特性的深入了解和认识，最大限度地发挥其效能，进而达到最大的经济效益，无疑具有非常重要的意义。

建筑材料的发展是随着人类社会生产力的不断发展和人民生活水平的不断提高而向前发展的。建筑材料的正确、节约、合理的运用直接影响到建筑工程的造价和投资，现代科学技术的发展，使生产力水平不断提高，人民生活水平不断改善，这将要求建筑材料的品种和性能更加完备，不仅要求经久耐用，而且要求建筑材料具有轻质、美观、保温、防水、防震等功能。

三、建筑材料的历史与发展

建筑材料是随着人类社会生产力的发展而发展的,建筑材料的应用与发展,反映着一个民族、一个时代的文化特征及科学水平,是人类物质文明的重要标志之一。古代人类最初"穴居巢处",后来有了简单的工具,就"凿石成洞,伐木为栅",再后来,到了能够烧制砖瓦和石灰,建筑材料由天然的筑土、垒土转化为人工生产,为较大规模地营造房屋和其他建筑物奠定了基本条件。从世界各地保留至今的古代著名建筑中,不难看到人类开展建筑活动的悠久而艰辛的历史和精湛的施工技术,如希腊的雅典卫城、古罗马的斗兽场、中国的万里长城等(图1.1~图1.6)。

图1.1 采用天然材料建造的茅屋

图1.2 土坯建造的住房

图1.3 花岗石建造的罗马大角斗场

图1.4 木结构的天坛

图1.5 砖结构的万里长城

图1.6 石材结构的赵州桥

建筑材料的发展史,是人类文明史的一部分。随着社会生产力和科学技术的发展,建筑材料也在逐步发展中。人类从不懂使用材料到简单地使用土、石、树木等天然材料,进而掌握人造材料的指导方法，从烧制石灰、砖、瓦，发展到烧制水泥和大规模炼钢。材料的发展反过来又使社会生产力和科学技术得到了发展。20世纪中期以后，建筑材料发展速度更加迅速。建筑材料朝着轻质、高强、多功能方向发展，新材料不断出现，高分子合成材料及复合材料更是异军突起，越来越多地被应用于各种建筑工程上。从一万年前人类使用天然石材、木材等建造简单的房屋，到后来生产和使用陶器、砖瓦、石灰、三合土、玻璃、青铜等建筑材料，经历了数千年，其发展速度极为缓慢。从公元前两三千年到18世纪，建筑材料的发展虽然有了较大的进步，但仍然非常缓慢。19世纪的工业革命，大大推动了工业的发展，也极大地推动了建筑材料的发展，相继出现的钢材、水泥、混凝土、钢筋混凝土，成为现代建筑的主要结构材料。

进入20世纪后，材料科学与工程学的形成和发展，不仅使建筑材料性能和质量不断改善，而且品种不断增多，一些具有特殊功能的新型建筑材料，如绝热材料、吸声隔声材料、各种装饰材料、耐热防水材料、防水防渗材料以及耐磨、耐腐蚀、防暴和防辐射材料等不断问世。近年来，随着人们环境意识的不断加强，无毒、无公害的"绿色健康"材料被日益推广。

今后一段时间内，建筑材料将向以下几个方向发展。

（1）高性能材料。将研制轻质、高强、高耐久性、高抗震性、高保温性、优异装饰性及优异防水性的材料。这对提高建筑物的安全性、适用性、艺术性、经济性及使用寿命等有着非常重要的作用。

（2）复合化、多功能化材料。利用复合技术生产多功能材料、特殊性能材料及高性能材料。这对提高建筑物的使用功能、经济性及加快施工速度等有着十分重要的作用。

（3）充分利用地方资源和工业废渣。充分利用工业废渣生产建筑材料，以保护自然资源和环境，维护生态环境的平衡。

（4）节能材料。将研制和生产低能耗（包括材料生产能耗和建筑使用能耗）的新型节能建筑材料。这对降低建筑材料和建筑物的成本以及建筑物的使用能耗，节约能源起到十分有益的作用。

四、建筑材料的检测与技术标准

建筑材料的技术标准是生产单位和使用单位检验、确定产品质量是否合格的技术文件。对于生产单位，必须按标准生产合格的产品，同时它可促进企业改善管理，提高生产效率，实现生产过程合理化；对于使用单位，则应按标准选用材料，可使设计和施工标准化，从而加速施工进度，降低建筑工程造价。再者，技术标准又是供需双方对产品质量验收的依据，是保证工程质量的前提条件。

（一）技术标准的分类

技术标准通常分为：

（1）基础标准：指在一定范围内作为其他标准的基础，并普遍使用具有广泛指导意义的标准。如《水泥的命名、定义和术语》、《砖和砌块名词术语》等。

（2）产品标准：是衡量产品质量好坏的技术依据。如《通用硅酸盐水泥》（GB175—2007）

（3）方法标准：是指以试验、检查、分析、抽样、检查、计算、测定作业等各种方法为对象测定的标准。如《水泥胶砂强度检验方法》、《水泥取样方法》等。

（二）技术标准的等级

标准按适用范围可分为六大类。

（1）国际标准：是由国际标准化团体通过的标准。

最大的国际标准化团体是ISO和IEC。此外还有27个国际团体也制定有一些国际标准。国际标准对各国来说可以自愿采用，没有强制的含义，但往往因为国际标准集中了一些先进工业国家的技术经验，加之各国考虑外贸上的利益，从本国利益出发也往往积极采用国际标准。

（2）区域标准：是由世界某一区域标准化团体通过的标准。

这里的"区域"是指世界上按地理、经济或政治划分的区域，如欧洲标准就是欧洲这个区域的标准，它是为了某一区域的利益而建立的标准。

（3）国家标准：是由国务院标准化行政主管部门制定。国家标准是国内各级标准必须服从且不得与之相抵触的标准。国家标准是一个国家的标准体系的主体和基础。

（4）行业标准：是由国务院有关行政主管部门制定，并报国务院标准化行政主管部门备案，在公布国家标准之后，该项行业标准即行废止。

行业标准主要针对没有国家标准而又需要在全国某个行业范围内规定统一的技术要求。目前，行业标准的概念正在逐步被专业标准所取代。

（5）地方标准：是由省、自治区、直辖市标准化行政主管部门制定，并报国务院标准化行政主管部门和国务院有关行政主管部门备案，在公布国家标准或者行业标准之后，该项地方标准即行废止。

地方标准主要针对没有国家标准和行业标准而又需要在省、自治区、直辖市范围内规定统一的工业产品的安全、卫生要求。

（6）企业标准：是由企业组织制定，并按省、自治区、直辖市人民政府的规定备案。

企业标准主要针对企业生产的没有国家标准、行业标准和地方标准的产品；已有国家标准或者行业标准和地方标准的，国家鼓励企业制定严于国家标准、行业标准或者地方标准的企业标准，在企业内部适用。

国家标准、行业标准、地方标准和企业标准构成了我国的四级标准体系。同时，国家也积极鼓励采用国际标准和国外先进标准。

目前，建筑材料标准主要内容大致包括材料质量要求和检验两大方面。有的两者结合在一起，有的则分开订立标准。现场配制的一些材料，它们的原材料要符合相应的建材标准，制成成品的检验往往包含于施工验收规范和规程之中。由于标准的分工越来越细和相互渗透，一种材料的检验经常要涉及多个标准、规程和规定。

（三）技术标准的代号与编号

GB——中华人民共和国国家标准

GBJ——国家工程建设标准

GB/T——中华人民共和国推荐性国家标准

ZB——中华人民共和国专业标准

ZB/T——中华人民共和国推荐性专业标准

JC——中华人民共和国建材行业标准

JC/T——中华人民共和国建材行业推荐性标准

JGJ——中华人民共和国建筑工程行业标准

YB——中华人民共和国冶金行业标准

SL——中华人民共和国水利行业标准

JTJ——中华人民共和国交通行业标准

CECS——中国工程建设建设标准化协会标准

JJG——国家计量局计量检定规程

DB——地方标准

Q/×——××企业标准

标准的表示方法：

由标准名称、部门代号、编号和批准年份组成。

例如：国家推荐性标准《水泥比表面积测定方法（勃氏法）》（GB/T8074—2008）标准部门代号为GB/T，编号为8074，批准年份为2008。

各个国家均有自己的标准。例如：

ASTM——美国国家标准

JIS——日本国家标准

BS——英国国家标准

STAS——罗马尼亚国家标准

MSZ——匈牙利国家标准

ISO——国际统一标准

五、本课程的性质、任务和学习方法

建筑材料是一门专业基础课。它除了为后续的建筑结构、建筑施工等专业课提供必要的基础知识外，也为在工程实际中解决建筑材料问题提供一定的基本理论知识和基本实验技能。

课程的任务是使学生了解建筑材料的保管知识，掌握建筑材料及其制品的技术性能和使用方法，理解建筑材料的检验方法，具有合理选用建筑材料的初步能力和对常用建筑材料进行检验的能力。学习时应着重掌握建筑材料的技术性能、质量检验及合理使用。对材料的原料、生产及储运要有所了解。

建筑材料是一门实践性较强的课程，在学习中除要掌握与材料有关的一些基本理论外，更应掌握如何在工程实际中正确使用各种材料，以达到既安全可靠、经久耐用，又经济合理的目的。另外，在今后的实践中，在接触材料问题时，要善于运用已学过的知识来分析、解决问题，进一步巩固和深化对建筑材料的认识。

任务二 检测工作的认识

检测是对实体的一种或多种性能进行检查、度量、测量和试验的活动。检测的目的是希望了解检测对象某一性能或某些性能的状况。建筑材料检测试验是对工程所用的材料进行检查、度量、测量或试验，并将结果与规定要求进行比较，以确定质量是否合格所进行的活动。建筑材料是一切工程的物质基础，建筑材料检测是工程质量监督、质量检查和质量评定、验收的重要手段，检测结果是进行工程质量纠纷评判、质量事故处理、改进工程质量和工程验收的重要手段和重要依据，可见，建筑材料检测对控制工程质量具有重要的作用。

一、检测的目的

（一）检测是施工过程质量保证的重要手段

工程质量是在施工过程中形成的，只有通过施工单位的自检、监理单位的抽检，及时发现影响质量的因素，采取措施把质量事故消灭在萌芽状态，并使每一道工序质量都处于受控状态，把好每道工序的施工质量关，才能保证工程的整体质量。这种检测贯穿于施工的始末，是施工过程质量保证的重要手段。

（二）检测是工程质量监督和监理的重要手段

我国工程建设项目实行项目法人（建设单位）负责、监理单位控制、施工单位保证和政府监督相结合的质量管理体制。除了施工单位通过自检来保证工程质量外，监理单位通过抽检来控制工程质量，政府质量监督单位、建设单位和监理单位必要时可以委托具有相应资质的工程质量检测单位进行质量检测，提供科学、公正、权威的工程质量检测报告，作为工程质量评定和工程验收的依据。

（三）检测结果是工程质量评定、工程验收和解决工程质量纠纷的依据

工程质量评定、工程质量验收都离不开检测数据。质量的认定必须以检测数据或检测结果为依据，质量合格才能通过工程验收。另外，《中华人民共和国计量法》规定，经计量认证合格的检测机构，在其认定的检测项目参数范围内进行检测取得的数据和检测结果，具有法律效力，可在质量纠纷中作为评判的依据。

（四）检测结果是质量改进的依据

对检测数据进行处理和分析，不仅可以科学地反映工程的质量水平，而且可以了解影响质量的因素，寻找存在的问题，有针对性地采取措施改进质量。

（五）检测结果是进行质量事故处理的重要依据

发生重大质量、安全事故，需要通过质量检测查找事故原因，分析事故的影响面和严重程度，追究责任，确定整改或报废范围。

二、影响检测结果准确性的因素

影响检测结果的因素很多，主要有人的因素、检测方法的因素、检测设备的因素和检测环境的因素。

（一）人的因素

这里的"人"泛指参与检测试验工作的人员。但并非掌握了检测技术、具有良好的职业道德就完全能保证检测的准确性。人的因素是最不稳定的因素，这是因为人的精神状态是最易受到各种干扰影响的，体力也是会在不同情况下发生变化的。人与人之间的配合也是非常重要的。影响配合的因素很多，如两个人对检测方法、技术标准认识不同等。因此，调整好人的精神状态和体力状态，调整好人与人之间的关系并统一认识，对保证检测结果的准确性有着重要的作用。

（二）检测方法的因素

工程质量检测对象种类繁多，检测方法存在许多局限性和难以克服的问题，客观上会造成检测结果出现比较大的分散性。

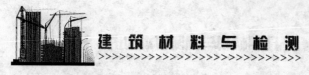

（三）检测设备的因素

检测试验仪器设备与国家计量基准溯源的良好技术状态是非常重要的，国家对试验室（检测试验单位）计量认证规定的计量器具必须进行同期性的检定或核准，这是保证检测结果的准确性维持在规定范围内的基本要求。

（四）检测环境的因素

检测活动都是在一定的环境条件下进行的。检测准确性的基本要求是检测环境的影响应该小于检测误差的影响。但是往往一些环境对检测结果的影响是很大的。如检测方法中的温度条件、电子计量器具附近有强电磁干扰、精密天平附近有较大的振动干扰等，都会对检测结果产生影响。

三、检测的依据

（1）法律、法规、规章的规定。

（2）国家标准、行业标准。

（3）工程承包合同认定的其他标准和文件。

（4）批准的设计文件，金属结构、机电设备等技术说明书。

（5）其他特定要求。

四、检测的步骤

（一）见证取样和送样

是在建设单位和工程监理单位人员的见证下，由施工单位的现场试验人员对工程中涉及结构安全的试块、试件和材料进行现场取样，并送至经过省级以上建设主管部门对其资质认可的质量技术监督部门对其计量认证的质量检测单位进行检测。各种材料的抽样需按有关标准进行，所抽取的试样必须具有代表性。

（二）实验室检测

是由具有相应资质等级的质量检测机构进行检测。参与检测的人员必须持有相关的资质证书，必须具有科学的态度，不得修改原始数据，不得假设试验数据。试验报告必须进行审核，并有相关人员的签字和检测单位的盖章才有效。试验的依据为现行的有关技术标准和规范。

五、检测单位的管理

为了规范检测单位和个人的行为，维护检测单位和检测从业人员的声誉和合法权益，检测单位应建立统一、全面的管理制度。

（1）检测单位应取得相应的资质，在其资质许可的范围内从事建筑材料检测业务。

（2）检测人员必须培训合格后方可上岗。

（3）检测单位对应见证取样的试块、试件或材料应检查委托单及试样上的标识、标志，确认无误后方可进行检测。

（4）检测单位应按照有关规定和技术标准进行检测，出具公正、真实、准确的检测报告，并加盖专用章。

（5）检测单位在接受委托检验见证取样的试块、试件或材料任务时，须由送检单位填写委托单，见证人员应在检验委托单上签名。

（6）检测单位出具见证取样的试块、试件或材料的检验报告时，应在检验报告单备注栏中注明见证单位和见证人员姓名，发现试样不合格情况，首先要通知工程受监工程质量监督机构和见证单位。

六、检测技术

（1）取样：取样原则为随机抽样，即在若干堆（捆、包）材料中，对任意堆放材料随机抽取试样。取样方法视材料而定。

（2）仪器的选择：质量称量的精度要求：大致为试样质量的0.1%。例如：试样称量精度为0.1g，则应选感量为0.1g的天平。试件尺寸精度要求：一般对边长大于50mm的，精度可取1mm；对于边长小于50mm的，精度可取0.1mm。试验机吨位的选择：根据试件荷载吨位的大小，应使指针停在试验机度盘的第二、三象限内为好。

（3）试验：试验前将试样处理、加工或成型，以制备满足试验要求的试样或试件。制备方法随试验项目而异，应严格按照各个试验所规定的方法进行。

（4）结果计算与评定：对各次试验结果进行数据处理，一般取n次平行试验结果的算术平均值作为试验结果。试验结果应满足精确度与有效数字的要求。试验结果经计算处理后，应给予评定是否满足标准要求，评定其等级，在某种情况下应对试验结果进行分析，并得出结论。

七、试验条件

（1）温度：温度对某些试验结果影响很大，因此有些试验必须严格控制温度。如沥青（针入度、延度）试验。

（2）湿度：湿度也明显影响试验数据，试件的湿度越大，强度越低。因此湿度应控制在合理的范围。

（3）试件尺寸与受荷面的平整度：同一材料，小尺寸的试件比大尺寸的试件强度高。因此对不同材料的试件尺寸都有规定。受荷面的平整度也影响强度。试验时应尽量采用比较平整的面作为受压面。

（4）加荷速度：加荷速度快，试验强度值偏高。反之，偏低。因此应按规定的速度加荷。

八、检测记录

（一）检测记录的基本要求

（1）记录的完整性：包括检测记录信息应齐全，以保证检测行为能够再现；检测表格的内容应齐全，如计算公式、步骤，应附加的曲线、资料等都应齐全；签字手续完备齐全等。

（2）记录的严肃性：按规定要求记录、修正检测数据，保证记录具有合法性和有效性；记录数据应清晰、规正，保证其识别的唯一性；检测、记录、数据处理以及计算过程的规范性，保证其校核的简便、正确。

（3）记录的原始性：要求检测记录必须当场完成，不得追记、誊记，不得事后采取回忆方式补记；记录的修正必须当场完成，不得事后修改；记录必须按规定使用的笔完成；记录表格必须事先准备统一规格的正式表格，不得采用临时设计的未经批准的非正式表格。

（二）原始记录的记录要求

（1）所有的检测原始记录应按规定的格式填写，除有特殊规定外，书写时应使用蓝或黑色钢笔或签字笔，字迹应端正、清晰，不得漏记、补记、追记。记录数据应占记录格的1/2以下，以便修正记录错误。

（2）使用法定的计量单位，按标准规定的有效数字的位数记录，正确进行数字修约。

（3）如遇到错误需要更正时，应遵循"谁记录谁修改"的原则，由原记录人采用"杠改"的方式更正，即按"杠改"发生的错误记录，表示该数据已经无效，在杠改记格内的右上方填上正确的数据并加盖自己的专用名章。其他人不得代替记录人修改。在任何情况下不得采用涂改、刮除或其他方式销毁错误的记录，并应保证其清晰可见。

（4）检测试验人员应按要求填写与试验有关的全部信息，需要说明的应说明。

（5）检测人员应按标准要求提交整理分析得出的结果、图表和曲线。

（6）检测人员和校核人员应按要求在记录表格和图表、曲线的特定位置签署姓名，其他人不得代签。

项目二　建筑材料检测的相关法律法规及见证检测制度

任务一　了解建筑材料检测的相关法律法规

建筑材料的检测，通常是委托检测机构完成。检测机构必须首先通过计量认证。所谓检测机构的计量认证，是指权威机构对检测机构的基本条件和能力予以承认的合格评定活动。取得计量认证合格证书的检测机构，能向社会出具具有证明作用的数据和结果。检测机构还必须向省级建设行政主管部门申请检测机构资质，取得"检测机构资质证书"后方可在建设工程领域开展检测活动。

一、《中华人民共和国建筑法》

《中华人民共和国建筑法》1997年11月1日由中华人民共和国第八届全国人民代表大会常务委员会第二十八次会议通过，自1998年3月1日起施行。是对建筑活动进行监督管理，维护建筑市场秩序，保证建筑工程的质量和安全，促进建筑业健康发展的基本法律。

二、《建设工程质量管理条例》

《建设工程质量管理条例》国务院令第279号，2000年1月10日由国务院第二十五次常务会议通过，2000年1月30日发布起施行。为了加强对建设工程质量的管理，保证建设工程质量，保护人民生命和财产安全，根据《中华人民共和国建筑法》制定的。其中第二十九条规定：施工单位必须按照工程设计要求、施工技术标准和合同约定，对建筑材料、建筑构配件、设备和商品混凝土进行检验，检验应当有书面记录和专人签字；未经检验或者检验不合格的，不得使用。该条款进一步明确了检测的要求。

三、《实验室和检查机构资质认定管理办法》

1987年7月10日，原国家计量局发布了《产品质量检验机构计量认证管理办法》，开始对向社会提供出具公证检测数据服务的检验机构实行计量认证；国家质量监督检验检疫总局于2005年12月31日局务会议审议通过并公布了《实验室和检查机构资员认定管理办法》，自2006年4月1日起施行，《产品质量检验机构计量认证管理办法》同时废止。它根据《中华人民共和国计量法》、《中华人民共和国标准化法》、《中华人民共和国产品质量法》、《中华人民共和国认证认可条例》等有关法律和行政法规的规定而制定。对从事向社会出具有证明作用的数据和结果的实验室和检查机构的资质认定条件以及相关计量认证和审查认可程序的规定更为细化，提高实验室和检查机构资质认定的科学性和有效性。

四、《建设工程质量检测管理办法》

《建设工程质量检测管理办法》（下简称《办法》）于2005年8月23日经第七十一次常务会议讨论通过，自2005年11月1日起施行。为了加强对建设工程质量检测的管理，根据《中华人民共和国建筑法》、《建设工程质量管理条例》的要求，从事对涉及建筑物、构筑物结构安全的试块、试件以及有关材料检测的工程质量检测机构资质，实施对建设工程质量检测活动的监督管理。它详细规定了建设工程质量检测机构的资质标准，检测机构资质申请程序和建设主管部门的监督管理程序，以及建设主管部门、委托方和检测机构的行为准则和违规罚则。这是指导建设工程质量检测活动的具有高度可操作性的法规性文件。

任务二　熟悉取样送样见证检测制度

为保证建设工程质量检测工作的科学性、公正性和准确性。确保试件能真实代表母材的质量状况，国家颁布了相关法规和标准，要求加强施工过程中建筑材料质量检测的管理工作，建立见证取样送检制度。《建设工程质量管理条例》第三十一条规定：施工人员对设计结构安全的试块、试件以及有关材料，应当在建设单位或者工程监理单位监督下现场取样，并送具有相应资质等级的质量检测单位进行检测。建设部下发的《房屋建筑工程和市政基础设施工程实行见证取样和送检的规定》（建〔2000〕211号）就建筑工程材料的有关见证取样检测作了明确而详细的规定；《建筑工程施工质量验收统一标准》（GB50300—2001）第3.0.3条以强制性条文形式要求：涉及结构安全的试块、试件以及有关材料，应按规定进行见证取样检测，承担见证取样检测及有关结构安全检测的单位应具有相应资质。

一、建筑材料见证取样送检范围

建设部下发的《房屋建筑工程和市政基础设施工程实行见证取样和送检的规定》第六条规定：下列试块、试件和材料必须实施见证取样和送检：（一）用于承重结构的混凝土试块；（二）用于承重墙体的砌筑砂浆试块；（三）用于承重结构的钢筋及连接接头试件；（四）用于承重墙的砖和混凝土小型砌块；（五）用于拌制混凝土和砌筑砂浆的水泥；（六）用于承重结构的混凝土中使用的掺加剂；（七）地下、屋面、厕浴间使用的防水材料；（八）国家规定必须实行见证取样和送检的其他试块、试件和材料。在此基础上，部分省市对建筑工程材料的见证取样检测又有专门的规定,如上海市规定：对建筑工程所使用的全部原材料和混凝土试块、砌筑砂浆试块均实行见证取样检测制度。

随着《民用建筑工程室内环境污染控制规范》（GB 50325—2001）的公布和修订，

见证取样检测的范围逐步扩展到建筑装饰装修材料：随着对建筑节能的日益重视，见证取样检测的范围也开始扩展到保温隔热材料、建筑门窗等。

二、见证取样送检的程序和要求

按照见证取样制度，各地建设行政主管部门对见证取样送检的程序都有地方性的规定，一般见证取样送检的程序如下：

（1）工程开工时，建设单位或监理单位应委派或指定有见证上岗资格的人员担任该工程的见证人员，签发《见证取样和送检见证人备案表》，并报该工程的质量监督机构及进行见证检验的检测机构检查核对并备案。

（2）在施工过程中，见证人员应按照见证取样和送检计划，对施工现场的取样和送检进行见证，取样人员应在试件或其包装上作出标识、封志。标识和封志应标明工程名称、取样部位、取样日期、样品名称、样品数量和产地场地及编号等，并由见证人员和取样人员签字。见证人员和取样人员要对试件的代表性和真实性负责。见证人员应作《见证取样记录》，并将见证记录归入施工技术档案。

（3）见证人员应对试件进行监护并和施工企业取样人员一起将试件送至见证检测机构或采取有效的封样措施送样。

（4）检测机构在接受委托检验任务时，须由送检单位填写委托单，见证人员应在检验委托单上签名，检测机构应检查委托单及试件上的标识和封志，确认无误后方可进行检测。

（5）检测机构对见证手续不齐全或未按标准抽样不规范的见证取样试件，应拒绝接受检测。检测机构应严格按照有关规定和技术标准进行检测。出具公正、科学、准确的检验报告。检测机构应在检验报告中注明见证单位和见证人员姓名。见证取样和送检的检验报告必须加盖见证取样检测专用章。

（6）当见证取样检测结果表明该组试件不合格，按相应标准规范允许可加倍复试的，加倍复试取样送检程序仍按本细则实施，对加倍复试仍不合格的试件，检测机构应及时通知负责该工程的建设（监理）单位项目负责人和质量监督机构。不得隐瞒不报，检测机构应建立不合格试件台账记录。

（7）各见证取样检测机构对无封样措施的试件又无见证人员监送的试件一律拒收；未注明见证单位和见证人员检验报告无效，不得作为质量保证资料和竣工验收备案资料。

（8）见证检测试验应在具有见证检测资格的机构中选择。委托检测前，委托单位应与检测单位签订书面委托检测合同，合同内容有委托检测项目、检测依据、收费标准、费用支付形式、双方的权利和义务等。在施工过程中，见证人员应按照见证取样和送检计划，对施工现场的取样和送检进行见证。取（送）样人员应在试件或其包装上做出标识、封志，标识和封志应标明工程名称、取样部位、取样日期、样品名称和样品数量，并由见证人员和取（送）样人员签字。取（送）样人员应将取样情况记入施工日记，见证人员应制作见证记录，并将见证记录归入施工技术（或监理）档案。取（送）样人员应在有见证人员同步监督的情况下对试样办理送检手续。送检时，见证人员和取（送）样人员应当出示工作备案卡，并在送检单位填写的试验委托单上签字。检测单位应检查送检时取（送）样人员和见证人员的工作备案卡、委托单及试样上的标识和封志，在确认无误后方可接样检测。

三、试样标识

委托检测的试件要进行必要的标识，试件的标识应根据试样性能特征和相关规定标注。

（一）原材料试样的标识

（1）水泥、砂、石、掺和料等用编织袋包装试件，取样人宜在包装袋上用毛笔标识。标识内容包括：材料名称、试件编号。同一工程，有两个以上（含）的等级或品种时，将楼号缀在试件编号前，如2—18，2表示2号楼。

（2）砖、切块等块状材料，取样人宜在试件表面用毛笔标识。标识内容：试件编号。

（3）外加剂等塑料袋装试件、防水涂料等瓶装试件以及防水卷材等，取样人宜在包装外侧或防水卷材表面进行粘贴标识。标识内容包括：材料名称、试件编号。

（4）钢筋原材试件，取样人宜采用挂签标识。标识内容包括：试件编号、种类、牌号、规格、试验项目。

（二）施工检测试样的标识

（1）混凝土及砂浆试块，取样人宜在其成型面（抹光面）上用毛笔标识。标识内容包括：强度等级（含抗渗等级）、试件编号、成型时间。

（2）回填土等塑料袋装试样，取样人宜在包装袋上标识。标识内容：材料名称、试件编号（由步数和点数组成，如二—3，表示二步3号点）。

（3）钢筋连接试样，取样人宜采用挂签标识。标识内容包括：试件编号、种类、牌号、规格、试验项目。

（4）试配用的水泥、砂、石、外加剂、掺和料等原材料，取样人宜在试样外包装上用毛笔标识。标识内容包括：材料名称、试件编号。

四、见证人员的基本要求

（一）见证人员必须具备的条件

（1）见证人员应是本工程建设单位或监理单位人员。

（2）必须具有与承担工作相适应的专业知识，具备初级以上技术职称。

（3）培训考核合格，取得"见证取样人员上岗证书"。

（4）见证人员经培训考核合格后，由"检测实验管理办公室"备案和统一发证。

（5）必须具有建设单位或监理单位的书面授权书并向承担工程质量监督机构和检测单位备案。

（二）见证人员的职责

（1）现场见证取样时，见证人员必须在现场进行见证。

（2）见证人员在现场取样后，应对试样进行监护。包括现场养护期间的监护。

（3）见证人员见证取样后应立即亲自封样或加锁。原则上见证人应参加送样，也可采取现场封样加锁、检测单位开锁。

（4）见证人员必须在检测委托单上签名，并出示《见证人员证书》。

（5）见证人员应遵守国家、省、市有关法规及行业技术规范的有关规定。在见证取样中要坚持原则，坚持标准，实事求是。对不良现象要敢于抵制。见证人对取样的代表性、真实性负有法定责任。

（6）见证人员的权益受《国家质量法》保护。施工单位及有关人员，应对见证取样工作予以积极配合和支持。

（7）施工单位应安排专职取样人员，按工程形象进度和施工规程要求制订材料取样工作计划，并将计划预先通报给见证人员。见证人员有权按照施工验收规范要求督促取样员按期、按规范取样送检。

（8）见证人员应努力提高自身素质。见证人员应努力学习以适应专业要求，要熟练掌握建材、半成品等应检项目标准和取样方法，不断更新知识，提高工作水平。

（9）见证人员对所见证取样检测的项目，应建立档案，并分类建立台账，统一编号。台账内容应有：项目名称、进场日期、进场数量、取样时间、代表批量、会同取样人员、使用部位、不合格材料处理情况等。并随时准备接受质量监督人员检查。取样检测档案在工程竣工后，作为技术保证资料一并报工程质量监督站审查。

项目三 建筑材料基本性质与检测基本技能

由于建筑材料在建筑物中所处的部位不同，要求它们具有不同的功能，如梁、板、柱应具有承重的功能，墙不但应具有承重功能，还要具有保温、隔声的功能，屋面应具有保温、防水的功能。为了能够正确选择、合理运用、准确分析和评价建筑材料，作为工程技术人员，必须清楚建筑材料的基本性质，掌握相应的检测基本技能。

任务一　熟悉材料的物理性质与检测方法

一、材料与质量有关的性质

（一）三种密度

1.实际密度

材料在绝对密实状态下，单位体积的质量，称为实际密度（简称密度）。按下式计算：

$$\rho = \frac{m}{V} \qquad\qquad (1\text{-}1)$$

式中：ρ 为密度，单位为 g/cm^3；m 为材料在干燥状态下的质量，单位为 g；V 为材料在绝对密实状态下的体积，单位为 cm^3。

　　绝对密实状态下的体积，是指不包括材料内部孔隙的固体物质的真实体积。在常用建筑材料中，除钢材、玻璃（图1.7）等少数是接近于绝对密实的材料可认为不含孔隙外，绝大多数材料，如砖（图1.8）、混凝土都含有一定的孔隙。在测定含有孔隙的材料体积时，先将材料磨成粒径小于0.20mm的细粉，以排除其内部孔隙，干燥后，再用李氏比重瓶（图1.9）用排水（液）法测定其真实体积，然后计算其绝对密度。材料磨得越细，测

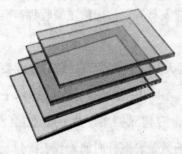

图1.7　玻璃

图1.8　黏土砖

图1.9　李氏比重瓶

得的体积越接近于绝对体积。对于水泥、石膏等材料，其本身是粉末状，就可以直接采用排水（液）法测定。

在测定某些较为致密的不规则的散粒材料（如卵石、砂等）的实际密度时，由于颗粒内部的封闭孔隙体积无法排除，常直接用排水法测其绝对体积的近似值，此时所测得的密度为近似密度。

2.表观密度

表观密度是指材料在自然状态下，单位体积的质量，按下式计算：

$$\rho_0 = \frac{m}{V_0} \qquad\qquad (1\text{-}2)$$

式中：ρ_0为材料的表观密度，单位为kg/m³；m为材料的质量，单位为kg；V_0为材料在自然状态下的体积，单位为m³。

自然状态下的体积，即表观体积，是指包括材料内部全部空隙（开口孔隙和封闭空隙）在内的外观几何形状的体积。对于外形规则的材料，其几何体积即为表观体积，如加气混凝土砌块（图1.10）等。对于外形不规则的材料，可用排水（液）法测定，但在测定前，待测材料表面应用薄蜡层进行密封，以免测液进入材料内部孔隙而影响测定结果。

图1.10 加气混凝土砌块

特别提示

　　材料孔隙内含有水分时，其质量和体积会发生变化，相同材料在不同含水状态下其表观密度也不相同，因此，表观密度应注明材料含水状态，若无特别说明，常指气干状态（材料含水率与大气湿度相平衡，但未达到饱和状态）下的表观密度。

3.堆积密度

散粒（粉状、粒状或纤维状）材料在自然堆积状态下单位体积的质量，称为堆积密度，按下式计算：

$$\rho_0' = \frac{m}{V_0'} \qquad\qquad (1\text{-}3)$$

式中：ρ_0' 为散粒材料的堆积密度，单位为kg/m³；m 为散粒材料的质量，单位为kg；V_0' 为散粒材料的自然堆积体积，单位为m³。

散粒材料在自然堆积状态下，其体积既包含颗粒在自然状态下的体积，又包含颗粒之间的空隙体积的总体积。

测定散粒材料的堆积密度时，材料的质量是指填充在一定容积的容器内的材料质量，其堆积体积是指所用容器的容积。

测定时若散粒材料的堆积方式是松散的，则测得的密度是松散堆积密度；若以捣实体积计算时，则测得的密度称紧密堆积密度。

工程中在计算材料用量、构件自重、配料计算以及确定堆放空间时，均需要用到材料的上述状态参数。常用建筑材料的密度如表1.2所示。

表1.2　常用建筑材料的密度、表观密度、堆积密度和孔隙率

材料名称	密度（g/cm³）	表现密度（kg/m³）	堆积密度（kg/m³）	孔隙率（%）
钢材	7.8～7.9	7850	—	0
花岗岩	2.7～3.0	2500～2900	—	0.5～3.0
石灰岩	2.4～2.6	1800～2600	1400～1700（碎石）	
砂	2.5～2.6	—	1500～1700	
黏土	2.5～2.7	—	1600～1800	
水泥	2.8～3.1	—	1200～1300	
烧结普通砖	2.6～2.7	1600～1900	—	20～40
烧结空心砖	2.5～2.7	1000～1480	—	
红松木	1.55～1.60	400～600		55～75

二、材料的孔隙率和密实度

（一）孔隙率

材料内部孔隙一般由自然形成或在生产、制造过程中产生，主要形成原因包括：材料内部混入水（如混凝土、砂浆、石膏制品等）；自然冷却作用（如浮石、火山渣等）；外加剂作用（如加气混凝土、泡沫塑料等）；焙烧作用（如膨胀珍珠岩颗粒、烧结砖等）。

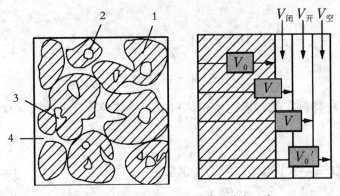

图1.11 材料孔（空）隙及体积示意

1—固体物质；2—闭口孔隙；3—开口孔隙；4—颗粒间隙

孔隙率是指材料体积内孔隙总体积占材料总体积的百分率，用 P 表示。由于 $V_P = V_0 - V$，则 P 值用下式表示：

$$P = \frac{V_0 - V}{V_0} \times 100\% = (1 - \frac{\rho_0}{\rho}) \times 100\% \qquad (1\text{-}4)$$

孔隙率可细分为开口孔隙率（P_k）和闭口孔隙率（P_b），显然，它们存在如下关系：

$$P = P_k + P_b \qquad (1\text{-}5)$$

材料的孔隙构造特征对建筑材料的各项基本性质具有重要的影响，如强度、吸水性、抗渗性、抗冻性和导热性等。一般而言，孔隙率较小且连通孔较少的材料，其吸水性较小，强度较高，抗渗性和抗冻性较好，绝热效果好。

（二）密实度

密实度是指材料内部固体物质的体积占材料总体积的百分率，以 D 表示，用下式计算：

$$D = \frac{V}{V_0} \times 100\% = \frac{\rho_0}{\rho} \times 100\% \qquad (1\text{-}6)$$

含有孔隙的固体材料密实度均小于1。材料的很多性能均与密实度有关，如强度、吸水性、耐久性。密实度越接近1，表明材料越密实；对同种材料来说，强度越高。

三、材料的空隙率和填充度

（一）空隙率

空隙率是指散粒材料在某容器的堆积体积中，颗粒间的空隙体积占堆积体积的百分率，以 P' 表示，可用下式计算：

$$P' = (\frac{V_0' - V}{V_0'}) \times 100\% = (1 - \frac{\rho_0'}{\rho_0}) \times 100\%$$ (1-7)

（二）填充度

填充度是指散粒材料在某容器的堆积体积中，被颗粒填充的程度，D' 可用下式表示：

$$D' = \frac{V_0}{V_0'} \times 100\% = \frac{\rho_0'}{\rho_0} \times 100\%$$ (1-8)

空隙率和填充度的关系：

$$P' + D' = 1$$ (1-9)

填充度或空隙率的大小，都能反映出散粒状材料颗粒之间相互填充的致密状态。

四、材料与水有关的性质

（一）亲水性和憎水性

1.亲水性和憎水性

材料在空气中与水接触时能被水润湿的性质称为亲水性。具有这种性质的材料称为亲水性材料（图1.12（a）），如砖、木材、混凝土等。

材料在空气中与水接触时不易被水润湿的性质称为憎水性（也称疏水性）。具有这种性质的材料称为憎水性材料（图1.12（b）），如沥青、石蜡、塑料等。

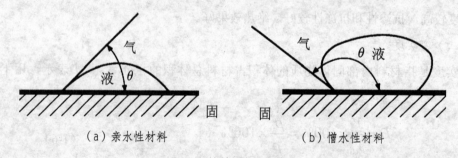

（a）亲水性材料　　　　　　（b）憎水性材料

图1.12 材料的润湿示意图

2.润湿边角

材料被水润湿的情况可用润湿边角 θ 来表示。

当材料与水接触时，在材料、水、空气三相的交界点，作沿水滴表面的切线，此切线与材料和水接触面的夹角 θ，称为润湿边角。

θ 角越小，表明材料越易被水润湿。

当 $\theta < 90°$ 时，材料表面吸附水，材料能被水润湿而表现出亲水性，这种材料称为亲

水性材料。

当 $\theta > 90°$ 时，材料表面不吸附水，称为憎水性材料。

当 $\theta = 0°$ 时，表明材料完全被水润湿。

3. 材料的含水状态

亲水性材料的含水状态可分为以下四种基本状态：干燥状态，即材料的孔隙中不含水或含水极微；气干状态，即材料的孔隙中所含水与大气湿度相平衡；饱和面干状态，即材料表面干燥．而孔隙中充满水达到饱和；湿润状态，即材料不仅孔隙中含水饱和，而且表面被水润湿附有一层水膜。除上述四种基本含水状态外，材料也可以处于两种基本状态之间的过渡状态。

大多数建筑材料（如石料、砖及砌块、混凝土、木材等）都属于亲水性材料，其表面均能被水润湿，且通过毛细管作用将水吸入材料的毛细管内部。沥青、石蜡等属于憎水性材料，其表面不能被水润湿，这类材料一般能阻止水分渗入毛细管中，因而能大大降低材料的吸水性。不仅可以用作防水材料，也可以用于亲水性材料的表面处理。

（二）吸水性和吸湿性

1. 材料的吸水性

材料在浸水状态下吸入水分的能力，称为吸水性，其大小用吸水率表示。吸水率有质量吸水率和体积吸水率之分。

（1）质量吸水率

质量吸水率是指材料在吸水饱和时，其内部所吸收水分的质量占材料干燥时质量的百分率，可用下式表示：

$$\omega_m = \frac{m_b - m_g}{m_g} \times 100\% \qquad (1\text{-}10)$$

式中：ω_m 为材料的质量吸水率，%；m_b 为材料在吸水饱和状态下的质量，g；m_g 为材料在干燥状态下的质量，g。

（2）体积吸水率

体积吸水率是指材料在吸水饱和时，所吸收水分的体积占干燥状态时材料自然体积的百分率。反映材料体积内被水充实的程度，可用下式表示：

$$\omega_V = \frac{m_b - m_g}{V_0} \times \frac{1}{\rho_w} \times 100\% \qquad (1\text{-}11)$$

式中：ω_V 为材料的体积吸水率，%；V_0 为干燥状态材料在自然状态下的体积，cm³；ρ_w 为水

的密度，g/cm^3。在常温下可取，$\rho_W=1$ g/cm^3。

建筑工程中所用的材料，通常采用质量吸水率表示其含水状态。

质量吸水率与体积吸水率存在如下关系：

$$\omega_V = \omega_m \times \rho_0 \qquad (1\text{-}12)$$

式中：ω_m 为材料的质量吸水率，%；ρ_0 为材料在干燥状态下的表观密度，g/cm^3。

材料的吸水性不仅取决于材料本身是属于亲水性材料还是憎水性材料，还与其与材料的孔隙率及孔隙特征有关。对于细微连通的孔隙，孔隙率越大，则吸水率越大。封闭的孔隙水分不易进去，而开口大孔虽然水分易进入,但不易存留，只能润湿孔壁，所以吸水率仍然较小。

吸水率大对材料性能是不利的。

2.材料的吸湿性

材料在潮湿空气中吸收水分的性质，称为吸湿性，用含水率表示。含水率是指材料内部所含水质量占材料干燥质量的百分率。可用下式表示：

$$\omega_h = \frac{m_s - m_g}{m_g} \times 100\% \qquad (1\text{-}13)$$

式中：ω_h 为材料的含水率，%；m_s 为材料在吸湿状态下的质量，g；m_g 为材料在干燥状态下的质量，g。

材料的含水率除了与材料本身的特性有关外，还随环境的温度和湿度的变化发生相应的变化。在环境湿度增大、温度降低时，材料含水率增大.反之减小；材料的开口微孔越多，内表面积越大，吸湿性越强。

材料吸水或吸湿后，原有的许多性能会发生改变，如强度降低、表观密度增大，保湿性变差，有的材料甚至会因吸水发生化学反应而变质。因此，材料的含水状态对材料性质有很大的影响。如图1.13为建筑物砖墙吸水，这对于建筑物的使用功能以及墙体本身的强度和耐久性都是极为不利的。

图1.13 建筑物砖墙吸水

特别提示

材料随着空气湿度的变化，既能在空气中吸收水分，又可向外界扩散水分，最终将使材料中的水分与周围空气的湿度达到平衡，这时材料的含水率称为平衡含水率。平衡含水率并不是固定不变的，它随环境温度和湿度的变化而改变。

（三）材料的耐水性

材料的耐水性指材料长期在水的作用下不破坏、强度也无明显下降的性质。材料的耐水性用软化系数表示，可用下式计算：

$$K_R = \frac{f_b}{f_g} \qquad (1\text{-}14)$$

式中：K_R为材料的软化系数；f_b为材料在吸水饱和状态下的抗压强度，MPa；f_g为材料在干燥状态下的抗压强度 MPa。

材料吸水后，强度均会有所降低。材料的软化系数反映材料吸水后强度降低的程度。软化系数越小，说明该材料耐水性越差。材料的软化系数在0~1之间，工程中将K_R>0.85的材料，称为耐水材料。长期处于水中或潮湿环境中的重要结构（图1.14），所用材料必须保证K_R>0.85；用于受潮较轻或次要结构的材料，其值也不宜小于0.75。

图1.14 长期处于水中的桥墩

（四）材料的抗渗性

材料抵抗压力水渗透的性质称为抗渗性，也称为不透水性。用渗透系数K_S表示，可用下式计算：

$$K_s = \frac{Wd}{Ath} \qquad (1\text{-}15)$$

式中：W——透过材料试件的水量（mL）；

t——透水时间（t）；

A——透水面积（cm^2）；

h——静水压力水头（cm）；

d——试件厚度（cm）。

渗透系数K_S反映了水在材料中流动的速度。K_S越大，表明水在材料中流动的速度越快，材料的透水性越好，其抗渗性越差。

建筑工程大量使用的砂浆、混凝土等材料，其抗渗性用抗渗等级表示。抗渗等级用材料抵抗的最大水压力来表示，如P6、P8、P10、P12等分别表示材料能抵抗0.6、0.8、1.0、1.2MPa的水压力不渗水。抗渗等级越大，材料的抗渗性能越好。

材料的抗渗性是决定材料耐久性的重要因素。在设计地下结构、压力管道。压力容器等结构时，均要求其所用材料具有一定的抗渗性能。抗渗性也是检验防水材料质量的重要

指标。

（五）材料的抗冻性

材料在吸水饱和状态下能经受多次冻融循环作用而不破坏，强度也不显著降低的性质，称为材料的抗冻性。

材料的抗冻性常用抗冻等级表示。抗冻等级是以规定的吸水饱和试件，在规定的试验条件下，经一定次数的冻循环后，强度降低不超过25%，质量损失不大于5%，此冻融循环次数即为抗冻等级，用F_n表示，n为冻融循环次数。显然，n越大，抗冻等级越高，抗冻性越好。

吸水饱和的材料，其孔隙内所含水结冰时体积膨胀约9%，对孔壁造成的压力使孔壁劈裂，导致材料破坏。材料中含有开口的毛细孔越多，材料强度越低，材料含水率越大，受到冻融循环时的损坏就越大。用于寒冷地区和环境中的结构材料，必须考虑具抗冻性能。

三、材料的热工性能

在建筑中，建筑材料除了须满足必要的强度及其他性能要求外，为了节约建筑物的使用能耗以及为生产和生活创造适宜的条件，常要求材料具有一定的热性质以维持室内温度。常考虑的与其有关的性质有材料的导热性、热容性和热变形性等。

（一）导热性

材料传导热量的能力，称为材料的导热性。常用导热系数λ表示，可用下式计算：

$$\lambda = \frac{Qd}{(t_1 - t_2)AZ} \tag{1-16}$$

式中：λ为导热系数，W/（m·K）；

Q为传导热量，J；

d为材料厚度，m；

A为材料传热面积，m^2；

（$t_1 - t_2$）为材料两侧温差，K；

Z为传热时间，s。

导热系数的物理意义为：单位厚度的材料，当两侧温差为1K时，在单位时间内通过单位面积的热量。导热系数是评定建筑材料保温隔热性能的重要指标，导热系数越小，材料的保温隔热性能越好。工程中通常把$\lambda < 0.23$W（m·K）的材料称为绝热材料。

材料的导热性与材料的化学组成与结构、材料的孔隙率、孔隙构造特征、材料的含水率、温度有关。其中孔隙率大小对材料的导热系数起着非常重要的作用。材料的孔隙率增加会降低材料的导热能力。大多数保温材料均为多孔材料，如泡沫玻璃（图1.15）、膨胀珍珠岩（图1.16）等。

图1.15 泡沫玻璃

图1.16 膨胀珍珠岩板

特别提示

　　材料的孔隙率越大者其导热系数越小，但如孔隙粗大而贯通，由于对流作用的影响，材料的导热系数反而增高。另外，材料的受潮受冻后，其导热系数会大大提高，这是由于水和冰的导热系数比空气的导热系数高很多。因此，绝热材料应经常处于干燥状态，以便发挥材料的绝热性能。

（二）热容性

　　材料在温度变化时吸收或放出热量的性质，称为材料的热容性，常用热量表示，可用下式表示：

$$Q=mc（t_1-t_2）\tag{1-17}$$

式中：Q为热容量，J；m为材料的质量，g；t_1-t_2为材料受热或冷却前后的温差，K；c为材料的比热J/g·K。

　　由上式可知，材料的比热越大，热容量也越大。建筑上使用比热大的材料，可以缓和建筑物室内的温度波动。

（三）热变形性

　　材料在温度变化时的尺寸变化，称为材料的热变形性，可用下式表示：

$$\Delta L=aL（t_1-t_2）\tag{1-18}$$

式中：ΔL为材料的线变形量，mm；a为线膨胀系数，1/K；L为材料原来的长度，mm；$（t_1-t_2）$为材料受热或冷却前后的温度差，K。

一般材料均都具有热胀冷缩这一自然属性。建筑工程总体上要求材料的热变形不要太大，对于像金属、塑料等线膨胀系数大的材料，因温度和日照都容易引起伸缩，成为构建产生位移的原因，在构件接合和组合时都必须予以注意。在有隔热保温要求的工程设计中，应尽量选用热容量大、导热系数小的材料。

任务二　掌握材料的力学性质及耐久性

一、材料的力学性质

材料的力学性质就是指材料在外力作用下，产生变形和抵抗破坏方面的性质。

（一）材料的强度和比强度

1.强度

材料在外力作用下抵抗破坏的能力，即为材料的强度。根据外力作用方式的不同，材料的强度有抗压强度、抗拉强度、抗剪强度及抗弯（折）强度等形式，如图1.17所示。

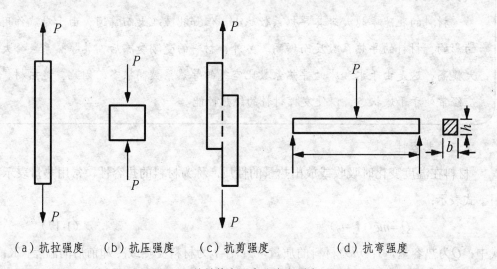

（a）抗拉强度　　（b）抗压强度　　（c）抗剪强度　　　　（d）抗弯强度

图1.17 材料静力强度分类和测定

材料的抗拉、抗压、抗剪强度，可用下式计算：

$$f = \frac{P}{A} \tag{1-19}$$

式中：f 为材料的抗拉、抗压或抗剪强度，MPa；P 为试件破坏时的最大荷载，N；A 为试件受力面积，mm^2。

材料的抗弯（折）强度，按受力特点、截面形状的不同，方法各异。当试件为矩形截面时，在支点中间或离支点各1/3处受到一个集中荷载作用时，抗弯强度分别按下式计算：

$$f_{tm} = \frac{3PL}{2bh^2} \quad \text{或} \quad f_{tm} = \frac{PL}{bh^2} \qquad (1\text{-}20)$$

式中：f_{tm} 为抗弯强度，MPa；P 为试件破坏时的最大荷载，N；L 为两支点之间的距离，mm；b、h 为试件截面的宽度和高度，mm。

材料的强度不仅与材料的组成有关，也与材料的结构形态有关。如材料的孔隙率增加，强度将降低，孔隙率和强度之间存在近似反比的关系；玻璃的抗拉强度很低，但制成玻璃纤维后，抗拉强度大大增强。此外，材料含水率增加或温度升高，强度一般也将会降低。试件的尺寸、加荷速度、表面状态等因素均会影响材料的强度的测定值。相同材料采用小尺寸试件测得的强度比大试件的高，加荷载速度较慢或表面不平将使所测强度值偏低。

在建筑工程中，大部分建筑材料依据其极限强度的大小划分为若干个不同的等级，这个等级就叫做强度等级。如：

烧结普通砖按抗压强度分为六个等级：Mu30、Mu25、Mu20、Mu15、Mu10、Mu7.5；

硅酸盐水泥按抗压和抗折强度分为四个等级：32.5、42.5、52.5、62.5等；

混凝土按其抗压强度分为十二个等级：C7.5、C10、…、C80等；

碳素结构钢按其抗拉强度分为五个等级，如Q195、Q215、Q235、Q255、Q275等。

建筑材料按强度划分为若干个强度等级，对生产者和使用者均有重要的意义，它可使生产者在生产中控制产品质量时有依据，从而确保产品的质量。对使用者而言，则有利于掌握材料的性能指标，便于合理选用材料、正确进行设计和控制工程施工质量。常用建筑材料的强度如表1.3所示。

表1.3　常用建筑材料的强度（MPa）

材料	抗压强度	抗拉强度	抗弯强度
花岗岩	100～250	5～8	10～14
烧结普通砖	7.5～30	—	1.8～4.0
普通混凝土	7.5～60	1.4	—
松木（顺纹）	30～35	80～120	60～100
建筑钢材	235～1600	235～1600	—

2.比强度

比强度是按单位质量计算的材料强度，其值等于材料强度与其表观密度之比。对于不同强度的材料进行比较，可采用比强度这个指标。比强度是按单位体积质量计算的材料强度，其值等于材料强度与其表观密度之比。它是衡量材料轻质高强性能的重要指标。优质

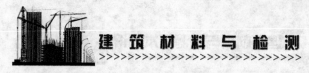

的结构材料，必须具有较高的比强度。几种主要材料的比强度如表1.4所示。

表1.4　钢材、木材和混凝土的强度比较

材料	表现密度ρ_0（kg/m³）	抗压强度f_c（MPa）	比强度f_c/ρ_0
低碳钢	7860	415	0.053
松土	500	34.3（顺纹）	0.069
普通混凝土	2400	29.4	0.012

由表1.4可知，玻璃钢和木材是轻质高强的高性能材料，而普通混凝土为质量大而强度较低的材料，所以努力促进普通混凝土这一当代最重要的结构材料向轻质、高强方向发展，是一项十分重要的工作。

（二）弹性与塑性

材料在外力作用下产生变形，当外力取消后，材料变形即可消失并能完全恢复原来形状的性质，称为弹性。材料的这种当外力取消后瞬间内即可完全消失的变形，称为弹性变形。弹性变形属可逆变形，其数值大小与外力成正比，其比例系数E称为材料的弹性模量。材料在弹性变形范围内，弹性模量E为常数，其值等于应力σ与应变ε的比值，即

$$E = \frac{\sigma}{\varepsilon}$$

（1-21）

式中：E为材料的弹性模量，MPa；σ为材料的应力，MPa；ε为材料的应变。

弹性模量是衡量材料抵抗变形能力的一个指标。E值越大，材料越不易变形，即刚度好。弹性模量是结构设计时的重要参数。

在外力作用下材料产生变形，如果取消外力，仍保持变形后的形状尺寸，并且不产生裂缝的性质，称为塑性。这种不能恢复的变形称为塑性变形。塑性变形为不可逆变形，是永久变形。

实际上纯弹性变形的材料是没有的，通常一些材料在受力不大时，仅产生弹性变形；受力超过一定极限后，即产生塑性变形。有些材料在受力时，如建筑钢材，当所受外力小于弹性极限时，仅产生弹性变形；而外力大于弹性极限后，则除了弹性变形外，还产生塑性变形。有些材料在受力后，弹性变形和塑性变形同时产生，当外力取消后，弹性变形会恢复，而塑性变形不能消失，如混凝土。弹塑性材料的变形曲线如图1.18所示，图中ab为可恢复的弹性变形，bo为不可恢复的塑性变形。

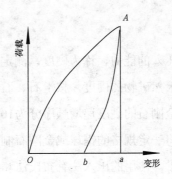

图1.18 弹塑性材料的变形曲线

（三）脆性与韧性

材料在外力作用下，当外力达到一定限度后，材料发生突然破坏，且破坏时无明显的塑性变形，这种性质称为脆性。具有这种性质的材料称为脆性材料，如砖、石材、陶瓷、玻璃、混凝土和铸铁（图1.19）等。脆性材料抵抗冲击荷载或振动荷载作用的能力很差。其抗压强度远大于抗拉强度，可高达数倍甚至数十倍。所以脆性材料不能承受振动和冲击荷载，也不宜用作受拉构件，只适于用作承压构件。建筑材料中大部分无机非金属材料均为脆性材料，如天然岩石、陶瓷、玻璃、普通混凝土等。

材料在冲击或振动荷载作用下，能吸收较大的能量，产生一定的变形而不破坏，这种性质称为韧性。如建筑钢材（图1.20）、木材等属于韧性较好的材料。材料的韧性用冲击韧性指标a_k表示。冲击韧性指标是指用带缺口的试件作冲击破坏试验时，断口处单位面积所吸收的功。其计算公式为：

$$a_k = \frac{A_K}{A} \tag{1-22}$$

式中：a_k为材料的冲击韧性，J/mm^2；A_K为试件破坏时所消耗的功，J；A为试件受力净截面积，mm^2。

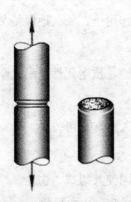

图1.19 铸铁的脆性破坏

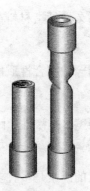

图1.20 低碳钢的韧性破坏

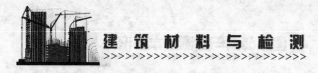

（四）硬度和耐磨性

1. 硬度

材料抵抗较硬物质刻划或压入的能力，称为硬度。测定硬度的方法很多，常用刻划法和压入法。刻划法常用于测定天然矿物的硬度，按滑石、石膏、方解石、萤石、磷灰石、正长石、石英、黄玉、刚玉、金刚石的硬度递增顺序分为10级；压入法常用于测定金属材料等的硬度，是以一定的压力将一定规格的钢球或金刚石制成的尖端压入试样表面，根据压痕的面积或深度来评价其硬度。常用的压入法有布氏法和维氏法，相应的硬度称为布氏硬度、洛氏硬度和维氏硬度。

材料的硬度与材料的强度有关。一般强度较高的材料，硬度也较大。工程中有时用硬度来间接推算材料的强度，如回弹法测定混凝土抗压强，实际是通过测定混凝土的表面硬度，间接推算混凝土的强度。

2. 耐磨性

材料表面抵抗磨损的能力，称为耐磨性。用耐磨率来表示：

$$N = \frac{m_1 - m_2}{A} \qquad (1\text{-}23)$$

式中：N 为耐磨率，g/cm^2；m_1 为材料磨损前质量，g；m_2 为材料磨损后质量，g；A 为试件受磨面积，cm^2。

材料的磨损性与材料组成结构及强度、硬度有关。

在建筑工程中，对于用作踏步、台阶、地面、路面等的材料，应具有较高的耐磨性。一般来说，强度较高且密实的材料，其硬度较大，耐磨性较好。

二、材料的耐久性

（一）概念

建筑材料除应满足各项物理、力学的功能要求外，还必须经久耐用，反映这一要求的性质称为耐久性。耐久性是指材料在内部和外部多种因素作用下，长久地保持其使用性能的性质。

耐久性是材料的一种综合性质，诸如抗冻性、抗风化性、抗老化性、耐化学腐蚀性等均属耐久性的范围。

此外，材料的强度、抗渗性、耐磨性等也与材料的耐久性有密切关系。

（二）影响因素

影响材料的耐久的因素是多种多样的，除材料内在原因使其组成、构造、性能发生变化以外，还要长期受到使用条件及各种自然因素的作用，这些作用可概括为以下几方面：

1. 物理作用

物理作用包括环境温度、湿度的交替变化，即冷热、干湿、冻融循环等作用。材料在经受这些作用后，将发生膨胀、收缩，产生内应力。长期的反复作用，将使材料逐渐遭到破坏。

2. 化学作用

化学作用包括大气和环境水中的酸、碱、盐等溶液或其他有害物质对材料的侵蚀作用，以及日光等材料的作用，使材料产生本质的变化而破坏。

3. 机械作用

机械作用包括荷载的维持作用或交变作用引起材料的疲劳、冲击、磨损等破坏。

4. 生物作用

生物作用包括菌类、昆虫等的侵害作用，导致材料发生腐朽、蛀蚀等破坏。

对材料耐久性最可靠的判断，是对其在使用条件下进行长期的观察和测定，但这需要很长的时间，往往不能满足工程的需要。所以常常根据使用要求，用一些实验室可测定又能基本反映其耐久性特性的短时间试验指标来表达。如：常用软化系数来反映材料的耐水性；用实验室的冻融循环试验得出的抗冻等级来反映材料的抗冻性能；采用较短时间的化学介质浸渍来反映实际环境中水泥石长期腐蚀现象等。

为防止材料在使用中因受到上述多种因素的作用而导致性能变差，在设计及材料的选用时，必须慎重考虑材料的耐久性问题，以便节约材料、减少维修费用，延长建筑物的使用寿命。

项目四　检测原始记录及数据处理

一、检测原始记录

原始记录的内容是否完整、准确，直接影响到检测结果的公正性、真实性和正确性。检测数据是检测活动的重要成果，必须按照检测依据的要求进行处理，以得出正确的检测结论。原始记录通常是以表格或图表等形式对检测活动所处的条件、观察到的现象、测得的数据和发生的事件进行记载。

为了保证检测的公正性，应尽可能采用盲样制度。即在接受样品时，通过对样品编号，隐去样品的生产和送检单位，检测人员不知道样品的来源。检测时检测人员对所检测的样品负责。

原始记录的基本要求：

（1）设计合理、依据确切、格式规范和使用方便。应根据检测依据的要求，合理设计原始记录表格，尤其注意不能遗漏依据中要求的记录内容。

（2）内容完整、信息齐全、书写清晰和页面整洁。原始记录应使用不褪色的蓝色或黑色笔书写，表格中无内容的空格应填入斜杠，不能留有空格；如发现记录有误，应在错误的记录信息上画一横线，不得擦涂，以免字迹模糊或消失，并将正确值填写在其右上方。对记录的所有改动应有改动人的签名或签名缩写，以示负责。

（3）记录原始、反映客观、填写及时和记载有效。原始记录应在检测过程中及时填写，不能事后根据回忆填写，也不能事后重新抄录。

（4）表达明确、数据准确、描述科学和用语严密。检测中得到的数据应按规定的精度记录，对观察到的现象，应使用检测依据中规定的术语进行描述。

原始记录一般应包括下列内容：

（1）样品名称、编号、规格型号、状态和等级等。

（2）检测项目、检测／评定依据等。

（3）主要仪器设备名称、型号、编号、检验、校准状态等。

（4）检测环境温度、湿度、气压和气候等。

（5）检测日期、检测及校核人员、记录的页码和总页数。

（6）测得的数据和观察到的现象。

（7）检测过程中出现的异常、偏离、失效、改变和修正等情况。

检测结果需要人工计算和判断的，原始记录中应包括计算公式、计算过程及计算结果。

二、检测的数据处理（数字修约）

数字修约：各种测量、计算的数值都需要按相关的计量规则进行数字修约。

（一）数字修约的有关术语

1. 修约间隔

修约间隔是确定修约保留位数的一种方式。修约间隔的数值一经确定，修约值即应为该数值的整数倍。如指定修约间隔为0.1，修约值即应在0.1的整数倍中选取，相当于将数值修约到一位小数。

2. 有效位数

对没有小数位且以若干个零结尾的数值，从非零数字最左一位向右数得到的位数减去无效零（即仅为定位用的零）的个数。

例：35 000，若有两个无效零，则为三位有效位数，应写为350×10^2；若有三个无效零，则为两位有效位数，应写为35×10^3。

对其他十进位数，从非零数字最左一位向右数而得到的位数，就是有效位数。

例：3.2，0.32，0.032，0.003 2 均为两位有效位数；0.032 0 为三位有效位数。

3．0.5 单位修约（半个单位修约）

0.5 单位修约是指修约间隔为指定数位的 0.5 单位，即修约到指定数位的 0.5 单位。

例如，将 60.28 修约到个数位的 0.5 单位，得 60.5。

4．0.2 单位修约

0.2 单位修约是指修约间隔为指定数位的 0.2 单位，即修约到指定数位的 0.2 单位。

例如，将 832 修约到"百"数位的 0.2 单位，得 840。

（二）确定修约位数的表达方式

1．指定数位

（1）指定修约间隔为 10^{-n}（n 为正整数），或指明将数值修约到 n 位小数。

（2）指定修约间隔为 1，或指明将数值修约到个数位。

（3）指定修约间隔为 10^n，或指明将数值修约到 10^n 数位（n 为正整数），或指明将数值修约到"十"、"百"、"千"、……数位。

2．指定将数值修约成 n 位有效位数

（三）进舍规则

（1）拟舍弃数字的最左一位数字小于 5 时，则舍去，即保留的各位数字不变。

例：将 12.1498 修约到一位小数，得 12.1。

例：将 12.1498 修约成两位有效位数，得 12。

（2）拟舍弃数字的最左一位数字大于 5；或者是 5，而其后跟有并非全部为 0 的数字时，则进一，即保留的末位数字加 1。

例：将 1268 修约到"百"数位，得 13×10^2。

例：将 1268 修约成三位有效位数，得 127×10。

例：将 10.502 修约到个数位，得 11。

（3）拟舍弃数字的最左一位数字为 5，而右面无数字或皆为 0 时，若所保留的末位数字为奇数（1，3，5，7，9）则进一，为偶数（2，4，6，8，0）则舍弃。

例：修约间隔为 0.1（或 10^{-1}）。

拟修约数值	修约值
1.050	1.0
0.350	0.4

例：修约间隔为 1 000（或 10^3）。

拟修约数值	修约值
2500	$2×10^3$
3500	$4×10^3$

（4）负数修约时，先将它的绝对值按上述 3 项规定进行修约，然后在修约值前面加上负号。

例：将下列数字修约到"十"数位。

拟修约数值	修约值
−355	$−36×10$
−325	$−32×10$

例：将下列数字修约成两位有效位数。

拟修约数值	修约值
−365	$−36×10$
−0.0365	−0.036

（四）不许连续修约

（1）拟修约数字应在确定修约位数后一次修约获得结果。

例：修约 15.454 6，修约间隔为 1。

正确的做法：

15 4546→15

不正确的做法：

15.4546→15.455→15.46→15.5→16

（2）在具体实施中，有时测试与计算部门先将获得数值按指定的修约位数多一位或几位报出，而后由其他部门判定。为避免产生连续修约的错误，应按下述步骤进行。

① 报出数值最右的非零数字为 5 时，应在数值后面加"（＋）"或"（－）"或不加符号，以分别表明已进行过舍、进或未舍未进。

例：16.50（＋）表示实际值大于 16.50，经修约舍弃成为 16.50；16.50（－）表示实际值小于 16.50，经修约进一成为 16.50。

② 如果判定报出值需要进行修约，当拟舍弃数字的最左一位数字为 5 而后面无数字或皆为零时，数值后面有（＋）号者进一，数值后面有（－）号者舍去，其他仍按进舍规则进行。

例：将下列数字修约到个数位后进行判定（报出值按指定的修约数位留一位或几位）。

实测值	报出值	修约值
15.4546	15.5（一）	15
16.5203	16.5（＋）	17
17.5000	17.5	18
−15.4546	−（15.5（一））	−15

（五）0.5单位修约与0.2单位修约

必要时，可采用0.5单位修约和0.2单位修约。

1. 0.5单位修约

将拟修约数值乘以2，按指定数位依进舍规则修约，所得数值再除以2。

例：将下列数字修约到个数位的0.5单位（或修约间隔为0.5）。

拟修约数值 （A）	乘2 （2A）	2A修约值 （修约间隔为1）	A修约值 （修约间隔为0.5）
60.25	120.50	120	60.0
60.38	120.76	121	60.5
−60.75	−121.50	−122	−61.0

2. 0.2单位修约

将拟修约数值乘以5，按指定数位依进舍规则修约，所得数值再除以5。

例：将下列数字修约到"百"数位的0.2单位（或修约间隔为20）。

拟修约数值 （A）	乘5 （5A）	5A修约值 （修约间隔为100）	A修约值 （修约间隔为20）
830	4150	4200	840
842	4210	4200	840
−930	−4650	−4600	920

 思考与训练

1. 指出所居住场所或教室中常用建筑材料的种类和主要作用。

2. 建筑材料按照化学成分如何进行分类？

3. 分组讨论建筑材料检测中见证取样的必要性。

4. 利用业余时间找到几种现行建筑材料的产品标准，了解建筑材料各级标准的基本内容和格式。

5．什么是材料的实际密度、体积密度和堆积密度？它们有何不同之处？

6．建筑材料的亲水性和憎水性在建筑工程中有什么实际意义？

7．什么是材料的吸水性、吸湿性、耐水性、抗渗性和抗冻性？各用什么指标表示？

8．材料的孔隙率与孔隙特征对材料的表观密度、吸水、吸湿、抗渗、抗冻、强度及保温隔热等性能有何影响？

9．弹性材料与塑性材料有何不同？材料的脆性与韧性有何不同？

10．为什么新建房屋的保暖性能较差？

11．某一块状材料的全干质量为115g，自然状态体积为44cm³，绝对密实状态下的体积为37cm³，试计算其实际密度、表观密度、密实度和孔隙率。

12．已知某种普通烧结砖的密度为2.5g/cm³，表观密度为1 800kg/m³，试计算该砖的孔隙率和密实度？

13．某种石子经完全干燥后，其质量为482g，将其放入盛有水的量筒中吸水饱和后，水面由原来的452cm³上升至630cm³，取出石子擦干表面水后称质量为487g，试求该石子的表观密度、体积密度及吸水率。

14．计算下列材料的强度值。

（1）边长为10cm的混凝土正立方体试块，抗压破坏荷载为265kN。

（2）直径为10mm的钢材拉伸试件，破坏时的拉力为25kN。

模块二　水泥及其检测

知识目标：1. 了解硅酸盐水泥的矿物组成、凝结硬化机理和技术性质

　　　　　2. 了解掺混合材料的硅酸盐水泥和其他品种水泥的基本性质

　　　　　3. 熟悉水泥的技术参数、质量标准和检测标准

　　　　　4. 掌握水泥检测的方法、步骤

能力目标：1. 能够抽取水泥检测的试样

　　　　　2. 能够对检测项目进行检测，精确读取检测数据

　　　　　3. 能够按规范要求对检测数据进行处理，并评定检测结果

　　　　　4. 能够填写规范的检测原始记录并出具规范的检测报告

职业知识

在土木工程中，能通过自身的物理化学作用，由浆体变成坚硬的固体，并能把散粒材料或块状材料胶结成为一个整体的材料，称为胶凝材料。

胶凝材料按其化学成分可分为无机胶凝材料（水泥、石灰等）和有机胶凝材料（沥青、树脂等）。无机胶凝材料按其凝结硬化条件和使用特征又可分为气硬性胶凝材料和水硬性胶凝材料两大类。

气硬性胶凝材料不能在水中硬化，但能在空气或其他条件下硬化、保持或发展强度，如石膏、石灰等；水硬性胶凝材料不仅能在空气中硬化，而且在水中能更好地硬化、保持或继续发展强度，如水泥等。本模块我们主要讲解水泥相关的知识。

水泥属于水硬性胶凝材料，是建筑工程中最为重要的建筑材料之一，工程中主要用于配制混凝土、砂浆和灌浆材料。

水泥的品种繁多，按其矿物组成，水泥可分为硅酸盐系列、铝酸盐系列、硫酸盐系列、铁铝酸盐系列、氟铝酸盐系列等。按其用途和特性又可分为通用水泥、专用水泥和特性水泥。

通用水泥是指目前建筑工程中常用的六大水泥，即硅酸盐水泥、普通硅酸盐水泥、矿渣硅酸盐水泥、火山灰硅酸盐水泥、粉煤灰硅酸盐水泥、复合硅酸盐水泥。专用水泥是指有专门用途的水泥，如砌筑水泥、大坝水泥、道路水泥、油井水泥等。特性水泥是指具有与常用水泥不同的特性，多用于有特殊要求的工程，主要品种有快硬硅酸盐水泥、快凝硅酸盐水泥、抗硫酸盐水泥、膨胀水泥、白色硅酸盐水泥等。

水泥品种虽然很多，但硅酸盐系列水泥是产量最大、应用范围最广的，因此，本章对硅酸盐系列水泥作重点介绍，对其他水泥只作一般的介绍。

知识一 通用硅酸盐水泥

一、硅酸盐水泥的组成与生产

凡由硅酸盐水泥熟料、0%～5%的石灰石或粒化高炉矿渣、适量石膏磨细制成的水硬性胶凝材料，称为硅酸盐水泥。未掺入混合材料的称为Ⅰ型硅酸盐水泥，代号为P.Ⅰ；掺入不超过5%的混合材料的称为Ⅱ型硅酸盐水泥，代号为P.Ⅱ。

生产硅酸盐水泥的原料主要是石灰质原料、黏土质原料及化学成分校正料铁矿石等。石灰质原料，如石灰石、白垩等，主要提供氧化钙；黏土质原料，如黏土、粉煤灰、页岩等，主要提供氧化硅、氧化铝、氧化铁等。为调整硅酸盐水泥凝结时间，还要加入石膏等。

硅酸盐水泥生产的主要过程如图2.1所示。

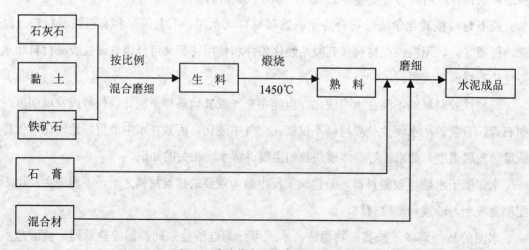

图2.1 硅酸盐水泥生产的主要过程

硅酸盐水泥熟料是以适当比例的石灰石、黏土、铁矿粉等原料经磨细制得生料，将生料在窑内煅烧（1450℃左右）而得，其矿物成分及其与水作用时的性质见表2.1。

由于各矿物性能不同，所以，在水泥熟料中，四种矿物的含量不同时，其相应水泥的各种性能也不同，即用途也将不同。例如增加C_3S和C_3A的含量可生产出高强水泥和早强水泥；增加C_2S、C_4AF的含量，同时降低C_3S和C_3A的含量可生产出低热硅酸盐水泥。目前，高性能水泥熟料中C_3S+C_2S的含量均在75%以上。

表2.1 熟料矿物组成及其与水作用时的性质

性质	硅酸三钙	硅酸二钙	铝酸三钙	铁铝酸四钙
	37%～60%	15%～37%	7%～15%	10%～18%
水化热	多	少	最多	中
凝结硬化速度	快	慢	最快	快
强度	早期高	早期低	早期低	早期中
	后期高	后期高	后期低	后期低
耐蚀性	差	好	最差	中

二、硅酸盐水泥的水化与凝结、硬化

硅酸盐水泥为干粉状，加适量水拌和后，水泥与水发生水化反应，形成可塑性浆体，常温下会逐渐失去塑性、产生强度，并形成坚硬的水泥石。

（一）硅酸盐水泥的水化

硅酸盐水泥加水拌和后，水泥颗粒立即分散于水中并与水发生化学反应，生成水化产物并放出热量。其水化反应及水化产物如下：

$$2（3CaO \cdot SiO_2）+6H_2O === 3CaO \cdot 2SiO_3 \cdot 3H_2O+3Ca（OH）_2$$
水化硅酸钙凝胶　　　　氢氧化钙晶体

$$2（2CaO \cdot SiO_2）+4H_2O === 3CaO \cdot 2SiO_3 \cdot 3H_2O+Ca（OH）_2$$

$$3CaO \cdot Al_2O_3+6H_2O === 3CaO \cdot Al_2O_3 \cdot 6H_2O$$
水化铝酸三钙晶体

$$4CaO \cdot Al_2O_3 \cdot Fe_2O_3+7H_2O === 3CaO \cdot Al_2O_3 \cdot 6H_2O+CaO \cdot Fe_2O_3 \cdot H_2O$$
水化铁酸钙凝胶

为延缓凝结时间、方便施工而加入的石膏也参与反应，在凝结硬化初期与水化铝酸三钙反应，生成$3CaO \cdot Al_2O_3 \cdot 3CaSO_4 \cdot 31H_2O$，称为高硫型水化硫铝酸钙晶体，又称钙矾石。在凝结硬化后期，因石膏的浓度减少，生成的产物为$3CaO \cdot Al_2O_3 \cdot CaSO_4 \cdot 12H_2O$，称为低硫型水化硫铝酸钙晶体，二者合称为水化硫铝酸钙晶体。

由此可见硅酸盐水泥在水化后，主要有五种水化产物，按形态又分有凝胶和晶体。凝

胶占水化产物的绝大多数，在水中几乎不溶。氢氧化钙晶体则微溶于水。

（二）硅酸盐水泥的凝结硬化

1. 凝结硬化过程

水泥在加水后即产生水化反应，随水化反应的进行，水泥浆逐步变稠，最终因水化产物的增多而失去可塑性，即凝结。之后逐步产生强度，即硬化。水泥在刚刚与水拌和时，水泥熟料颗粒与水充分接触，因而水化速度快，单位时间内产生的水化产物多，故早期强度增长快。随着水化的进行，水化产物逐渐增多，这些水化产物对未水化的水泥熟料内核与水的接触和水化反应起到了一定的阻碍作用，故后期的强度发展逐步减慢。若温度、湿度适宜，则水泥石的强度在几年、甚至数十年后仍可缓慢增长，如图2.2所示。

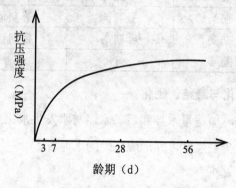

图2.2 硅酸盐水泥强度发展与龄期关系

2. 影响水泥凝结硬化的主要因素

（1）水泥熟料矿物组成及细度：水泥中各矿物的相对含量不同时，水泥的凝结硬化特点就不同，见表2.1。水泥磨的越细，水泥颗粒平均直径小，比表面积大，水化时与水接触面积大，水化速度快，相应的水泥凝结硬化速度就快，早期强度就高。

（2）水灰比：是指水泥浆中水与水泥质量之比。当水灰比较大时，水泥的初期水化反应得以充分进行；但是水泥颗粒间由于被水隔开的距离较远，颗粒间相互连接形成骨架结构所需的凝结时间长，所以水泥浆凝结较慢。

水泥完全水化所需的水灰比约为0.15~0.25，而实际工程中往往加入更多的水，以便利用水的润滑取得较好的塑性。当水泥浆的水灰比较大时，多余的水分蒸发后形成的孔隙较多，造成水泥石的强度降低。

（3）石膏的掺量：生产水泥时掺入石膏，主要是作为缓凝剂使用，以延缓水泥的凝结硬化速度。掺入石膏后，由于钙矾石晶体的生成，还能改善水泥石的早期强度。但石膏的掺量过多时，不仅不能缓凝，而且可能对水泥石的后期性能造成危害。

（4）环境温度和湿度：水泥水化的速度与环境的温度和湿度有关，只有处于适当温度下，水泥的水化、凝结和硬化才能进行，通常温度较高时，水化、凝结和硬化速度就快，温度降低时水化、凝结硬化延缓，当环境温度低于0℃时，水化反应停止。水泥也只有在环境潮湿的情况下，水化及凝结硬化才能保持足够的化学用水，保证强度的发挥。因此，使用水泥时必须注意养护，使水泥在适宜的温度及湿度环境中进行凝结硬化，从而不断增长其强度。

（5）龄期：水泥的水化硬化是一个较长时期内不断进行的过程，随着水泥颗粒内各熟料矿物水化程度的提高，凝胶体不断增加，毛细孔不断减少，使水泥石的强度随着龄期增长而增加。实践证明，水泥一般在28d（天）内强度发展较快，28d后增长缓慢。

（6）外加剂：凡对硅酸三钙和铝酸三钙的水化能产生影响的外加剂，都能改变硅酸盐水泥的水化及凝结硬化。如加入促凝剂就能促进水泥水化硬化；相反加入缓凝剂就会延缓水泥的水化硬化，影响水泥早期强度的发展。

三、硅酸盐水泥的技术要求

国家标准《硅酸盐水泥、普通硅酸盐水泥》（GB175—1999）规定了细度、凝结时间、体积安定性、强度等技术要求。

（一）细度

水泥颗粒越细，凝结硬化越快，早期和后期强度越高，但硬化时的干缩增大。国标规定，硅酸盐水泥的比表面积应大于300m³/kg（勃氏法测得值）。否则为不合格品。

（二）凝结时间

国标规定硅酸盐水泥的初凝时间不得早于45min，终凝时间不得迟于390min。测定时需采用标准稠度的水泥浆，将该水泥浆所需要的水量称为标准稠度用水量（以水与水泥质量的百分比表示）。

（三）体积安定性

体积安定性指水泥石在硬化过程中体积变化的均匀性。如产生不均匀变形，即会引起翘曲或开裂，称为体积安定性不良。

体积安定性不良的原因是：①水泥中含有过多的游离氧化钙和游离氧化镁（均为严重过火），两者后期逐步水化产生体积膨胀，致使已硬化的水泥石开裂；②石膏掺量过多，在硬化后的水泥石中，继续产生膨胀性产物高硫型水化硫铝酸钙，引起水泥石开裂。

体积安定性用沸煮法（试饼法或雷氏夹法）来检验。该法仅能测定游离氧化钙的危害，对游离MgO和石膏不做检验，一般在生产中限制它们的含量。即：硅酸盐水泥中MgO含量不得超过5.0%，如经压蒸安定性检验合格，允许放宽到6.0%。硅酸盐水泥中SO_3的含量不得超过3.5%。

体积安定性不合格的水泥不得使用。

（四）强度等级

水泥的强度是由水泥胶砂试件测定的，即将水泥、标准砂和水按规定的比例（1：3：0.5）搅拌、成型，制作为40mm×40mm×160mm的试件。在标准养护条件下（在（20±1）℃的水中）养护，测定3d、28d的抗压强度和抗折强度。以此强度值（4个值）将硅酸盐水泥划分为普通型和早强型，前者分为42.5、52.5、62.5三个强度等级，后者分有42.5R、52.5R、62.5R三个强度等级。各强度等级硅酸盐水泥的各龄期强度不得低于表2.2里的数值。

表2.2 通用硅酸盐水泥强度指标（GB 175—2007）

品　种	强度等级	抗压强度（Mpa）		抗折强度（Mpa）	
		3d	28d	3d	28d
硅酸盐水泥	42.5	≥17.0	≥42.5	≥3.5	≥6.5
	42.5R	≥22.0		≥4.0	
	52.5	≥23.0	≥52.5	≥4.0	≥7.0
	52.5R	≥27.0		≥5.0	
	62.5	≥28.0	≥62.5	≥5.0	≥8.0
	62.5R	≥32.0		≥5.5	
普通硅酸盐水泥	42.5	≥17.0	≥42.5	≥3.5	≥6.5
	42.5R	≥22.0		≥4.0	
	52.5	≥23.0	≥52.5	≥4.0	≥7.0
	52.5R	≥27.0		≥5.0	
矿渣硅酸盐水泥 火山灰硅酸盐水泥 粉煤灰硅酸盐水泥 复合硅酸盐水泥	32.5	≥10.0	≥32.5	≥2.5	≥5.5
	32.5R	≥15.0		≥3.5	
	42.5	≥15.0	≥42.5	≥3.5	≥6.5
	42.5R	≥19.0		≥4.0	
	52.5	≥21.0	≥52.5	≥4.0	≥7.0
	52.5R	≥23.0	≥52.5	≥5.0	≥7.0

注：R为早强型。

此外对水泥中的不溶物、烧失量、碱含量等也作了要求。

课堂讨论

　　1. 讨论水泥初凝和终凝对于工程的重要意义？

　　2. 为什么在测定水泥的凝结时间、体积安定性时，要将水泥净浆拌到标准稠度，也就是一个规定的稠度呢？

四、水泥石的腐蚀与防止

（一）软水侵蚀（溶出性侵蚀）

不含或仅含少量重碳酸盐的水称为软水，如雨水、雪水、淡水及多数江水、湖水等。当水泥石与静止或无压力的软水接触时，水泥石中的氢氧化钙微溶于水，水溶液迅速饱和。因而对水泥石性能的影响不大。但在流动的或有压力的软水中，由于水不断地将水泥石内的氢氧化钙溶解，使水泥石的孔隙率增加，同时由于氢氧化钙浓度的降低，部分水化产物分解从而引起水泥石强度下降。

（二）盐类腐蚀

1. 硫酸盐腐蚀

在海水、某些湖水和沼泽水及地下水以及某些工业废水或流经高炉矿渣或炉渣的水中常常含有钠、钾、铵等硫酸盐。这些硫酸盐与水泥石中的氢氧化钙作用生成硫酸盐，进而与水泥石中的水化铝酸钙C_3AH_6或C_4AH_{12}作用，生成具有膨胀性的高硫型水化硫铝酸钙，使水泥石开裂。

2. 镁盐腐蚀

海水、某些地下水或某些沼泽水中常含有大量的镁盐，主要是硫酸镁和氯化镁。它们可与水泥石中的氢氧化钙产生如下反应：

$$MgCl_2+Ca（OH）_2 == CaCl_2+Mg（OH）_2$$

$$MgSO_4+Ca（OH）_2 == CaSO_4+Mg（OH）_2$$

生成的氢氧化镁松软而无胶凝能力，氯化钙则极易溶于水使孔隙率大大增加，生成的硫酸钙则又可发生上述的硫酸盐腐蚀，同时由于碱度降低，造成部分水化产物分解。因此，镁盐腐蚀属于双重腐蚀，故特别严重。

（三）酸类腐蚀

1. 碳酸腐蚀

在工业废水和某些地下水中常溶解有较多的CO_2，当与水泥石接触时，即产生下述反应：

$$CO_2+H_2O+Ca（OH）_2 == CaCO_3+H_2O$$

生成的$CaCO_3$可以继续与碳酸反应，即有：

$$CO_2+H_2O+CaCO_3 \Longleftrightarrow Ca（HCO_3）_2$$

生成的$Ca（HCO_3）_2$易溶于水。当水中含有较多的CO_2，并超过上述平衡浓度时，上述反应向右进行，即将水泥石中微溶于水的$Ca（OH）_2$转换为易溶于水的$Ca（HCO_3）_2$，从而加剧溶失，使孔隙率增加。

2. 一般酸腐蚀

工业废水，某些地下水、沼泽水中常含有一定量的无机酸和有机酸。它们都对水泥石具有腐蚀作用，即它们都可以和水泥石中的Ca（OH）$_2$反应，产物或是易溶的，或是膨胀性的产物，并且由于Ca（OH）$_2$被大量消耗，引起的碱度降低，促使水化产物大量分解，从而引起水泥石强度急剧降低。腐蚀作用最快的是无机酸中的盐酸、氢氟酸、硝酸、硫酸和有机酸中的醋酸、蚁酸和乳酸。

（四）强碱腐蚀

碱类溶液在浓度不大时，一般对水泥石没有大的腐蚀作用，所以认为是无害的。但铝酸盐含量较高的硅酸盐水泥在遇到强碱（NaOH 或KOH）时也会受到腐蚀并破坏。这是因为发生了下述反应：

$$3CaO \cdot Al_2O_3 + NaOH = 3Na_2O \cdot Al_2O_3 + Ca（OH）_2$$

生成的铝酸钠$3Na_2O \cdot Al_2O_3$易溶于水。当水泥受到干湿交替作用时，水泥石中的NaOH与空气中的CO_2按下式反应：

$$NaOH + CO_2 + H_2O = Na_2CO_3 + H_2O$$

生成的Na_2CO_3在毛细孔中结晶析出，使水泥石开裂。

此外，糖、氨盐、动物脂肪、含烷酸的石油产品对水泥石也有一定的腐蚀作用。

（五）腐蚀的原因与防止

1. 水泥石易受腐蚀的基本原因

（1）水泥石中含有易受腐蚀的成分，即氢氧化钙和水化铝酸钙等。

（2）水泥石本身不密实含有大量的毛细孔隙。

2. 加速腐蚀的因素

液态的腐蚀介质较固体状态引起的腐蚀更为严重，较高的温度、较快的流速或较高的压力及干湿交替等均可加速腐蚀过程。

3. 腐蚀的防止

（1）根据环境特点，选择适宜的水泥品种或掺入活性混合材料。其目的是减少易受腐蚀成分。

（2）减小水泥石的孔隙率，提高密实度。通过降低水灰比，采用质量好的骨料、加减水剂或引气剂、改善施工操作方法等。

（3）设置隔离层或保护层。采用耐腐蚀的涂料或板材保护水泥砂浆或混凝土不与腐蚀物接触。如采用花岗岩板材、耐酸陶瓷板、塑料、沥青、环氧树脂等保护层或隔离层。

五、硅酸盐水泥的特性与应用

（一）硅酸盐水泥的性质与应用

（1）早期及后期强度均高：适合早强要求高的工程（如冬季施工、预制、现浇等工程）和高强度混凝土（如预应力钢筋混凝土）。

（2）抗冻性好：适合严寒地区受反复冻融作用的混凝土工程。

（3）抗碳化性好：适合用于空气中CO_2浓度高的环境。

（4）耐磨性好：适合于道路、地面工程。

（5）干缩小：可用于干燥环境的混凝土工程。

（6）水化热高：不得用于大体积混凝土工程。但有利于低温季节蓄热法施工。

（7）耐热性差：因水化后氢氧化钙含量高。不适合耐热混凝土工程。

（8）耐腐蚀性差：不宜用于受流动水、压力水、酸类和硫酸盐侵蚀的工程。

（9）湿热养护效果差：硅酸盐水泥在常规养护条件下硬化快、强度高。但经过蒸汽养护后，再经自然养护至28d测得的抗压强度往往低于未经蒸汽养护的28d抗压强度。

（二）硅酸盐水泥的存放

水泥在存放时，会吸收空气中的水蒸气和二氧化碳，发生水化和碳化作用，因而对水泥的强度不利。因此水泥在干燥条件下存放。正常条件存放的水泥按水泥标号、品种、出厂日期分别堆放，并应先存先用。

知识二　掺混合材料的硅酸盐水泥

一、混合材料

掺入到水泥或混凝土中的人工或天然矿物材料称为混合材料。

（一）非活性混合材料

常温下不能与氢氧化钙和水反应，也不能产生凝结硬化的混合材料，称为非活性混合材料。在水泥中主要起到调节标号、降低水化热、增加水泥产量、降低成本等作用。主要使用的有石灰石、石英砂、缓慢冷却的矿渣等。

（二）活性混合材料

常温下可与氢氧化钙反应生成具有水硬性的水化产物，凝结硬化后产生强度的混合材料，称为活性混合材料。它们在水泥中的主要作用是调整水泥标号、增加水泥产量、改善某些性能、降低水化热和成本等。常用活性混合材料有：

1. 粒化高炉矿渣

粒化高炉矿渣又称水淬高炉矿渣。其活性来自非晶态的（即玻璃态的）氧化硅和氧化铝，称为活性氧化硅和活性氧化铝。

2. 火山灰质混合材料

常见火山灰质混合材料有：

（1）含水硅酸质混合材料：主要有硅藻土、硅藻石、蛋白石和硅质渣等。其活性来源为活性氧化硅。

（2）铝硅玻璃质混合材料：主要有火山灰、浮石、凝灰岩等。其活性来源为活性氧化硅和活性氧化铝。

（3）烧黏土质混合材料：主要有烧黏土、炉渣、煅烧的煤矸石等。其活性来源主要为活性氧化铝和少量活性氧化硅。掺此类活性混合材料的水泥的耐硫酸盐腐蚀性差，因水化后，水化铝酸钙含量较高。

3. 粉煤灰

粉煤灰是煤粉锅炉吸尘器所吸收的微细粉尘。灰份经熔融、急冷成为富含玻璃体的球状体。其活性来源主要为活性氧化铝和少量活性氧化硅。

（三）掺活性混合材料的硅酸盐水泥的水化特点

掺活性混合材料的硅酸盐水泥在与水拌和后，首先是水泥熟料矿物水化，之后，水泥熟料矿物的水化产物氢氧化钙与活性混合材料发生水化（亦称二次反应）产生水化产物。由水化过程可知，掺活性混合材料的硅酸盐水泥的早期强度较硅酸盐水泥低。

二、普通硅酸盐水泥

普通硅酸盐水泥由硅酸盐水泥熟料、（6%～15%）活性混合材料和适量石膏组成。其中非活性混合材料的掺量不得大于10%，窑灰不得大于5%。代号为P·O。

普通硅酸盐水泥的技术要求为：

（1）细度：筛孔尺寸为80μm的方孔筛的筛余不得超过10%。

（2）凝结时间：初凝时间不得早于45min，终凝时间不得迟于10h。

（3）强度与强度等级：根据抗压和抗折强度，将普通水泥划分为32.5、42.5、52.5及32.5R、42.5R、52.5R等6个强度等级。各龄期强度不得低于表2.2中的数值。

其他技术要求与硅酸盐水泥相同。

由于混合材料的掺入量较小，故普通硅酸盐水泥的性质和用途与硅酸盐水泥基本相同，略有差异。其主要差别表现为：

（1）早期强度略低。

（2）耐腐蚀性稍好。

（3）水化热略低。

（4）抗冻性及抗渗性较好。

（5）抗碳化性略差。

（6）耐热性较好。

（7）耐磨性略差。

三、矿渣硅酸盐水泥、火山灰质硅酸盐水泥、粉煤灰硅酸盐水泥和复合硅酸盐水泥

（一）定义

（1）矿渣硅酸盐水泥由硅酸盐水泥熟料、（20%～70%）粒化高炉矿渣、适量石膏组成。允许用石灰石、窑灰、粉煤灰和火山灰质混合材料中的一种材料代替粒化高炉矿渣，代替量不得超过水泥质量的8%，替代后水泥中粒化高炉矿渣不得小于20%。代号P·S。

（2）火山灰质硅酸盐水泥由硅酸盐水泥熟料、（20%～50%）火山灰质混合材料和适量石膏共同磨细制成。代号P·P。

（3）粉煤灰硅酸盐水泥由硅酸盐水泥熟料、（20%～40%）粉煤灰和适量石膏共同磨细制成。代号P·F。

（二）技术要求

矿渣硅酸盐水泥、火山灰质硅酸盐水泥、粉煤灰硅酸盐水泥的强度等级划分有32.5、42.5、52.5及32.5R、42.5R、52.5R等六个等级。各龄期的抗压强度和抗折强度应不低于表2.3中的数值。

矿渣硅酸盐水泥的三氧化硫含量不得超过4.0%，火山灰质硅酸盐水泥和粉煤灰硅酸盐水泥不得超过3.5%。细度、凝结时间、体积安定性、氧化镁含量的要求与普通硅酸盐水泥相同。

表2.3 矿渣水泥、火山灰水泥、粉煤灰水泥各等级、各龄期强度值

强度等级	抗压强度/MPa		抗折强度/MPa		强度等级	抗压强度/MPa		抗折强度/MPa	
	3d	28d	3d	28d		3d	28d	3d	28d
32.5	10.0	32.5	2.5	5.5	42.5R	19.0	42.5	4.0	6.5
32.5R	15.0	32.5	3.5	5.5	52.5	21.0	52.5	4.0	7.0
42.5	15.0	42.5	3.5	6.5	52.5R	23.0	52.5	4.5	7.0

（三）性质与应用

对比这三种水泥可以看出三者的化学组成或化学活性基本相同，因而这三种水泥的大多数性质相同或接近。同时由于三种活性混合材料的物理性质和表面特征等有些差异，又使得这三种水泥分别具有某些特性。这三种水泥与硅酸盐水泥或普通硅酸盐水泥相比具有

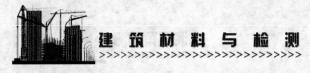
以下特点：

1. 三种水泥的共性

（1）早期强度低、后期强度高。其原因是水泥熟料相对较少，且活性混合材料水化慢、故早期强度低，后期由于二次反应的不断进行和水泥熟料的不断水化，水化产物不断增多，强度可赶上或超过同强度等级的硅酸盐水泥或普通硅酸盐水泥。这三种水泥不适合早期强度要求高的混凝土工程，如冬季施工、要求早期强度的现浇工程等。

（2）对温度敏感，适合高温养护。这三种水泥在低温下水化明显减慢，强度低；采用高温养护时可加速活性混合材料的水化，并可加速水泥熟料的水化，故可大大提高早期强度，且不影响常温下后期强度的发展。而硅酸盐水泥或普通硅酸盐水泥，利用高温养护虽可提高早期强度，但后期强度的发展受到影响，即比一直在常温下养护的混凝土强度低。这是因为在高温下这两种水泥的水化速度很快，短时间内即生成大量的水化产物，这些产物对水泥熟料的后期水化起到了阻碍作用。因此硅酸盐水泥和普通硅酸盐水泥不适合高温养护。

（3）耐腐蚀性好。水泥熟料少及活性混合材料的水化（即二次反应）使水泥石中的易受腐蚀成分水化铝酸钙，特别是氢氧化钙的含量大为降低。因此耐腐蚀性好，适合于耐腐蚀性要求较高的工程如水工、海港、码头等工程。

（4）水化热少。水泥中熟料相对含量少，因而水化放热量少，尤其早期水化放热速度慢，适合用于大体积混凝土工程中。

（5）抗碳化性较差。因水泥石中氢氧化钙含量少。不适用于二氧化碳浓度高的工业区厂房，如翻砂车间。

（6）抗冻性较差。矿渣及粉煤灰易泌水形成连通孔隙，火山灰一般需水量大，会增加内部孔隙含量，故这三种水泥的抗冻性较差。但矿渣硅酸盐水泥较其他两种稍好。

2. 三种水泥的特性

（1）矿渣硅酸盐水泥：泌水性大，抗渗性差，干缩较大，但耐热性较好。泌水性大造成了较多的连通孔隙，从而使抗渗性降低。矿渣本身耐热性高且矿渣水泥水化后氢氧化钙的含量少，故耐热性较好。

适合于耐热要求的混凝土工程，不适合于有抗渗要求的混凝土工程。

（2）火山灰质硅酸盐水泥：保水性好、抗渗性好，但干缩大、易开裂和起粉、耐磨性较差。这主要是因为火山灰质混合材料内部含大量微细孔隙。

适用于有抗渗要求的混凝土工程，但不宜用于干燥环境。

（3）粉煤灰硅酸盐水泥：泌水性大，易产生失水裂纹、抗渗性差、干缩小、抗裂性

较高。这是由于粉煤灰的比表面积小，对水的吸附力较小，拌和需水量少的缘故。

不宜用于干燥环境和抗渗要求的混凝土，常用五种水泥的组成、性质及应用的异同见表2.4。

表2.4 五种常用水泥的组成、性质及异同点

项目		硅酸盐水泥	普通硅酸盐水泥	矿渣硅酸盐水泥	火山灰硅酸盐水泥	粉煤灰硅酸盐水泥
组成	组成	硅酸盐水泥熟料、很少量（0%~5%）混合材料、适量石膏	硅酸盐水泥熟料、少量（6%~15%）混合材料、适量石膏	硅酸盐水泥熟料、多量（20%~70%）粒化高炉矿渣、适量石膏	硅酸盐水泥熟料、多量（20%~50%）火山灰质混合材料、适量石膏	硅酸盐水泥熟料、多量（20%~40%）粉煤灰、适量石膏
	共同点	硅酸盐水泥熟料、适量石膏				
	不同点	无或很少量的混合材料	少量混合材料	多量活性混合材料（化学组成或化学活性基本相同）		
				粒化高炉矿渣	火山灰质混合材料	粉煤灰
性质		1.早期、后期强度高；2.耐腐蚀性差；3.水化热大；4.抗碳化性好；5.抗冻性好；6.耐磨性好；7.耐热性差	1.早期强度稍低，后期强度高；2.耐腐蚀性稍好；3.水化热略小；4.抗碳化性好；5.抗冻性好；6.耐磨性较好；7.耐热性稍好；8.抗渗性好	1.早期强度低，后期强度高；2.对温度敏感，适合高温养护；3.耐腐蚀性好；4.水化热小；5.抗冻性较差；6.抗碳化性较差		
				1.泌水性大、抗渗性差；2.耐热性较好；3.干缩较大	1.保水性好、抗渗性差；2.干缩大；3.耐磨性差	1.泌水性大（快）、易产生失水裂纹；抗渗性差；2.干缩小、抗裂性好；3.耐磨性差
应用	优先使用	早期强度要求高的混凝土，有耐磨要求的混凝土，严寒地区反复遭受冻融作用的混凝土，抗碳化性能要求高的混凝土，掺混合材料的混凝土		水下混凝土，海港混凝土，大体积混凝土，耐腐蚀性要求较高的混凝土，高温下养护的混凝土		
		高强度混凝土	普通气候及干燥环境中的混凝土，受干湿交替作用的混凝土	有耐热要求的混凝土	有抗菌素渗要求的混凝土	受载较晚的混凝土
	可以使用	一般工程	高强度混凝土，水下混凝土，高温养护混凝土，耐热混凝土	普通气候环境中的混凝土		
				抗冻性要求较高的混凝土，有耐磨性要求的混凝土	—	—
	不宜或不得使用	大体积混凝土，耐腐蚀性要求高的混凝土		早期强度要求高的混凝土，抗碳化性要求高的混凝土，抗冻性要求高的混凝土，掺混合材料的混凝土，低温或冬季施工混凝土		
		耐热混凝土，高温养护混凝土	—	抗渗性要求高的混凝土	干燥环境中的混凝土，有耐磨要求的混凝土	
						有抗渗要求的混凝土

（四）复合硅酸盐水泥的性质及应用

由硅酸盐水泥熟料、两种或两种以上混合材料（16%~50%）、适量石膏磨细而成的水硬性胶凝材料，称为复合硅酸盐水泥（简称为复合水泥）。允许用不超过8%的窑灰代替部分混合材料。掺粒化高炉矿渣时混合材料的掺量不得与矿渣硅酸盐水泥重复。

活性混合材料除前述三大类外（GB/T203的粒化高炉矿渣，GB/T1596的粉煤灰，GB/T2847的火山灰质混合材），还可以使用粒化精炼铬铁渣（JC/T417）、粒化增钙液态渣（JC/T454）；非活性混合材料可使用石灰石、砂岩、钛渣等。

复合硅酸盐水泥的初凝时间不得早于45min，终凝时间不得迟于10h；强度等级有32.5、42.5、52.5和32.5R、42.5R、52.5R，各强度等级各龄期的强度见表2.5。

表2.5 复合水泥各强度等级、各龄期强度最低值

强度等级	抗压强度/MPa		抗折强度/MPa		强度等级	抗压强度/MPa		抗折强度/MPa	
	3d	28d	3d	28d		3d	28d	3d	28d
32.5	11.0	32.5	2.5	5.5	42.5R	21.0	42.5	4.0	6.5
32.5R	16.0	32.5	3.5	5.5	52.5	22.0	52.5	4.0	7.0
42.5	16.0	42.5	3.5	6.5	52.5R	26.0	52.5	5.0	7.0

复合硅酸盐水泥的早期强度高于矿渣硅酸盐水泥（或火山灰质硅酸盐水泥或粉煤灰硅酸盐水泥），接近普通硅酸盐水泥。其余性质与矿渣硅酸盐水泥（或火山灰质硅酸盐水泥、粉煤灰硅酸盐水泥）基本相同，应用范围也基本相同。

知识三 高铝水泥的组成及要求

一、组成与水化

高铝水泥属铝酸盐水泥，其主要矿物成分为铝酸一钙$CaO \cdot Al_2O_3$（简写为CA），CA水化硬化速度快，当温度低于25℃时，生成水化铝酸一钙晶体$CaO \cdot Al_2O_3 \cdot 10H_2O$或水化铝酸二钙晶体$2CaO \cdot Al_2O_3 \cdot 8H_2O$和氢氧化铝凝胶$Al_2O_3 \cdot 3H_2O$等。由它们组成的水泥石强度很高。当温度高于30℃时，生成水化铝酸三钙$3CaO \cdot Al_2O_3 \cdot 6H_2O$晶体和氢氧化铝凝胶，或$CaO \cdot Al_2O_3 \cdot 10H_2O$和$2CaO \cdot Al_2O_3 \cdot 8H_2O$晶型转变为$3CaO \cdot Al_2O_3 \cdot 6H_2O$（高温、高湿下转变迅速），并放出大量水。由此组成的水泥石孔隙率很大（达50%以上），强度很低。

二、技术要求

细度要求为0.08mm方孔筛的筛余小于10%，初凝不得早于30min、终凝不得迟于6h、各龄期的强度值不得低于表2.6中的数值。

表2.6 高铝水泥各标号各龄期强度数值（GB201—2000）

水泥标号	抗压强度，MPa		抗折强度，MPa	
	1d	3d	1d	3d
CA—50	40	50	5.5	6.5
CA—60	20	45	2.5	5.0
CA—70	30	40	5.0	6.0
CA—80	25	30	4.0	5.0

三、性质与应用

高铝水泥的性质和应用主要有以下特点：

（1）强度高，特别是早期强度很高。其一天强度可达到最高强度的80%以上，故适用于紧急抢修工程。

（2）抗渗性、抗冻性好。高铝水泥拌和需水量少，而水化需水量大，故硬化后水泥石的孔隙率很小。

（3）抗硫酸盐腐蚀性好。因水化产物中不含有氢氧化钙，并且氢氧化铝凝胶包裹其他水化产物起到保护作用以及水泥石的孔隙率很小，故适合抗硫酸盐腐蚀工程，但不耐碱。

（4）水化放热极快且放热量大。不适合大体积混凝土工程。

（5）耐热性高。高温时产生了固相反应，烧结结合代替了水化结合，使得高铝水泥在高温下仍具有较高的强度，故适合耐热工程（<1400℃）。

（6）长期强度降低较大。不适合长期承载结构。

知识四　其他水泥

一、白色硅酸盐水泥

白色硅酸盐水泥的组成、性质与硅酸盐水泥基本相同，所不同的是在配料和生产过程中忌铁质等着色物质，所以具有白颜色。

白色水泥的细度要求为0.08mm方孔筛的筛余小于10%；初凝时间不得早于45min，终凝时间不得迟于12h；体积安定性（沸煮法）合格；划分有32.5、42.5、52.5、62.5四个标号，各标号各龄期的强度不得低于表2.7中的数值；白度分为特级、一级、二级、三级，各等级，白度不得低于表2.8中的数值。此外还根据标号和白度等级将产品划分为优等品、一等品、合格品，各级应满足表2.9的要求。

表2.7 白色硅酸盐水泥的强度要求（GB2015—2005）

强度等级	抗压强度/MPa		抗折强度/MPa	
	3d	28d	3d	28d
32.5	12.0	32.5	3.0	6.0
42.5	17.0	42.5	3.5	6.5
52.5	22.0	52.5	4.0	7.0

表2.8 白色硅酸盐水泥白度等级（GB2015—1991）

等级	特级	一级	二级	三级
白度（%）	86	84	80	75

表2.9 白色硅酸盐水泥产品等级（GB2015—1991）

白水泥等级	白度级别	标号
优等品	特级	62.5、52.5
一等品	一级	52.5、42.5
	二级	52.5、42.5
合格品	二级	32.5
	三级	42.5、32.5

　　白色硅酸盐水泥中加适量耐碱颜料即得彩色硅酸盐水泥。二者均用于装饰用白色或彩色灰浆、砂浆和混凝土，如人造大理石、水磨石、斩假石等。

二、快硬硅酸盐水泥

　　该水泥的组成特点是C_3S和C_3A含量高、石膏掺量较多、故该水泥快硬、早强。

　　快硬硅酸盐水泥的细度要求为比表面积在330~450m²/kg左右；初凝时间不得早于45min，终凝时间不得迟于10h；划分有32.5、37.5、42.5三个标号，各标号各龄期强度不低于表2.10中的数值。

表2.10 快硬水泥各龄期强度值

强度等级	抗压强度/MPa			抗折强度/MPa		
	1d	3d	28d	1d	3d	28d
32.5	15.0	32.5	52.5	3.5	5.0	7.2
37.5	17.0	37.5	57.5	4.0	6.0	7.6
42.5	19.0	42.5	62.5	4.5	6.4	8.0

　　快硬硅酸盐水泥的早期、后期强度均高、抗渗性及抗冻性高、水化热大、耐腐蚀性差，适合早强、高强混凝土及抗震混凝土工程以及紧急抢修、冬季施工等工程。

三、膨胀水泥

膨胀水泥在凝结硬化的过程中生成适量膨胀性水化产物，故在凝结硬化时体积不收缩或微膨胀。

膨胀水泥由强度组份和膨胀组份组成。按水泥的主要组成（强度组份）分为硅酸盐型膨胀水泥、铝酸盐型膨胀水泥和硫铝酸盐型膨胀水泥。膨胀值大的水泥又称为自应力水泥。

膨胀水泥主要用于收缩补偿混凝土工程、防水砂浆和防水混凝土、构件的接缝、接头、结构的修补、设备机座的固定等。自应力水泥主要用于自应力钢筋混凝土压力管。

课堂讨论

1、什么样的水泥为废品水泥？什么样的水泥为不合格水泥？水泥在运输和保管中应注意哪些问题？

2、何为普通硅酸盐水泥？普通硅酸水泥中掺入少量混合材料的主要作用是什么？与硅酸盐水泥比较普通硅酸盐水泥有何不同？

能力训练

在下列混凝土工程中，请分别选用合理的水泥品种：

1. 采用蒸汽养护的预制构件；

2. 大体积混凝土工程；

3. 有硫酸盐腐蚀的地下工程；

4. 严寒地区遭受反复冻融的工程及干湿交替的部位；

5. 紧急抢修工程以及冬季施工；

6. 高炉基础；

7. 海港码头工程。

项目一 水泥的进场检验与取样

知识目标：1. 能熟练说出水泥的种类、表示方法

2. 能根据现行检测标准总结出常用水泥的性能及质量标准、使用环境

3. 能清楚表述进场水泥的检验项目、方法、步骤

4. 能熟练说出水泥的外观质量检查要点

5. 能清楚表述水泥的现场取样方法

水泥作为建筑材料中最重要的材料之一，在工程建设中发挥着巨大的作用。正确选择、合理使用水泥，严格质量验收并且妥善保管就显得尤为重要，它是确保工程质量的重要措施。

任务一 了解水泥的选用方法

水泥的选用包括水泥品种的选择和强度等级的选择两方面。强度等级应与所配制的混凝土或砂浆的强度等级相适应。在此重点考虑水泥品种的选择。

一、按环境条件选择水泥品种

环境条件主要指工程所处的外部条件，包括环境的温、湿度及周围所存在的侵蚀性介质的种类及浓度等。如严寒地区的露天混凝土应优先选用抗冻性较好的硅酸盐水泥、普通水泥，而不得选用矿渣水泥、粉煤灰水泥、火山灰水泥，若环境具有较强的侵蚀性介质时，应选用掺混合材料的水泥，而不宜选用硅酸盐水泥。

二、按工程特点选择水泥品种

冬季施工及有早强要求的工程应优先选用硅酸盐水泥，而不得使用掺混合材料的水泥；对大体积混凝土工程如：大坝、大型基础、桥墩等应优先选用水化热较小的低热矿渣水泥和中热硅酸盐水泥，不得使用硅酸盐水泥；有耐热要求的工程如：工业窑炉、冶炼车间等，应优先选用耐热性较高的矿渣水泥、铝酸盐水泥；军事工程、紧急抢修工程应优先选用快硬水泥、双快水泥；修筑道路路面、飞机跑道等优先选用道路水泥。

任务二　掌握水泥的编号和取样

对于通用水泥出厂前按同品种、同强度等级编号和取样。袋装水泥和散装水泥应分别编号和取样。每一编号为一取样单位。水泥出厂编号按水泥厂年生产能力规定：120万t以上，不超过1200t为一编号；60万t以上至120万t，不超过1000t为一编号；30万t以上至60万t，不超过600t为一编号；10万t以上至30万t，不超过400t为一编号；10万t以下，不超过200t为一编号。取样应有代表性，可连续取，亦可从20个以上不同部位取等量样品，总量至少12kg。试样应充分搅拌均匀，通过0.9mm方孔筛，检测室用水必须是洁净的淡水，检测室温度应为（20±2）℃，相对湿度应大于50%。养护箱温度为（20±1）℃，相对湿度应大于90%。养护水的温度应为（20±1）℃，水泥试样、标准砂、拌合用水及试模的温度，均应与检测室温度相同。所取样品按相应标准规定的方法进行出厂检验，检验项目包括需要对产品进行考核的全部技术要求。

任务三　掌握水泥的验收方法

一、品种验收

水泥袋上应清楚标明：产品名称，代号，净含量，强度等级，生产许可证编号，生产者名称和地址，出厂编号，执行标准号，包装年、月、日。掺火山灰质混合材料的普通水泥还应标上"掺火山灰"字样，包装袋两侧应印有水泥名称和强度等级，硅酸盐水泥和普通硅酸盐水泥的印刷采用红色，矿渣水泥的印刷采用绿色，火山灰、粉煤灰水泥和复含水泥采用黑色。

二、数量验收

水泥可以袋装或散装，袋装水泥每袋净含量50kg，且不得少于标志质量的98%；随机抽取20袋总质量不得少于1000kg，其他包装形式由双方协商确定，但有关袋装质量要求，必须符合上述原则规定；散装水泥平均堆积密度为1450kg/m³，袋装压实的水泥为1600kg/m³。

三、质量验收

水泥出厂前应按品种、强度等级和编号取样试验，袋装水泥和散装水泥应分别进行编号和取样，取样应有代表性，可连续取，亦可从20个以上不同部位取等量样品，总量至少12kg。

交货时水泥的质量验收可抽取实物试样以其检验结果为依据，也可以水泥厂同编号水泥的检验报告为依据。采取何种方法验收由双方商定，并在合同或协议中注明。

以抽取实物试样的检验结果为验收依据时，买卖双方应在发货前或交货地共同取样和鉴封，取样数量20kg，缩分为二等分。一份由卖方保存40d，一份由买方按标准规定的项目和方法进行检验。在40d内买方检验认为水泥质量不符合标准要求时，可将卖方保存的一份试样送水泥质量监督检验机构进行仲裁检验。

以水泥厂同编号水泥的检验报告为验收依据时，在发货前或交货时买方在同编号水泥中抽取试样，双方共同签封后保存三个月；或委托卖方在同编号水泥中抽取试样，签封后保存三个月。在三个月内，买方对水泥质量有疑问时，则买卖双方应将签封的试样送省级或省级以上国家认可的水泥质量监督检验机构进行仲裁检验。

四、结论

出厂水泥应保证出厂强度等级，其余技术要求应符合国标规定。

废品：凡氧化镁、三氧化硫、初凝时间、安定性中的任何一项不符合标准规定者均为废品。

不合格品：硅酸盐水泥、普通水泥凡是细度、终凝时间、不溶物和烧失量中的任何一项不符合标准规定者；矿渣水泥、火山灰水泥、粉煤灰水泥和复合水泥凡是细度、终凝时间中的任何一项不符合规定者或混合材料掺加量超过最大限量和强度低于商品强度等级的指标时；水泥包装标志中水泥品种、强度等级、生产者名称和出厂编号不全的水泥。

任务四　掌握水泥的储存与保管

水泥在保管时，应按不同生产厂、不同品种、强度等级和出厂日期分开堆放，严禁混杂；在运输及保管时要注意防潮和防止空气流动，先存先用，不可储存过久。若水泥保管不当会使水泥因风化而影响水泥正常使用，甚至会导致工程质量事故。

一、水泥的风化

水泥中的活性矿物与空气中的水分、二氧化碳发生反应，而使水泥变质的现象，称为风化。

水泥中各熟料矿物都具有强烈与水作用的能力，这种趋于水解和水化的能力称为水泥的活性。具有活性的水泥在运输和储存的过程中，易吸收空气中的水及CO_2，使水泥受潮而成粒状或块状，过程如下。

水泥中的游离氧化钙、硅酸三钙吸收空气中的水分发生水化反应，生成氢氧化钙，氢氧化钙又与空气中的二氧化碳反应,生成碳酸钙并释放出水。这样的连锁反应使水泥受潮加快,受潮后的水泥活性降低、凝结迟缓,强度降低,通常水泥强度等级越高,细度越细,吸湿受潮也越快。在正常储存条件下,储存3个月,强度降低约10%~25%,储存6个月,强度降低约25%~40%。因此规定,常用水泥储存期为3个月,铝酸盐水泥为2个月,双快水泥不宜超过1个月,过期水泥在使用时应重新检测,按实际强度使用。

水泥一般应入库存放。水泥仓库应保持干燥,库房地面应高出室外地面30cm,离开窗户和墙壁30cm以上,袋装水泥堆垛不宜过高,以免下部水泥受压结块,一般为10袋,如存放时间短,库房紧张,也不宜超过15袋;袋装水泥露天临时储存时,应选择地势高,排水条件好的场地,并认真做好上盖下垫,以防水泥受潮。若使用散装水泥,可用铁皮水泥罐仓,或散装水泥库存放。

二、受潮水泥处理

受潮水泥处理参见表2.11。

表2.11 受潮水泥的处理

受潮程度	处理方法	使用方法
有松块、小球,可以捏成粉末,但无硬块	将松块、小球等压成粉末,同时加强搅拌	经试验按实际强度等级使用
部分结成硬块	筛除硬块,并将松块压碎	经试验依实际强度使用 用于不重要、受力小的部位 用于砌筑砂浆
硬块	将硬块压成粉末,换取25%硬块重量的新鲜水泥作强度试验	经试验按实际强度等级使用

课堂讨论

散装、袋装水泥取样,应该遵循怎样的取样顺序?

工学结合

在校外实训基地现场取样员的指导下,独立展开见证取样工作。要求写出工作日记,详细记录见证取样程序、取样方法及心得体会,真正见证取样的能力。

项目二 水泥的性能检测

知识目标：1. 熟练掌握水泥细度、标准稠度用水量、凝结时间、安定性、胶砂强度
       等性能检测的方法

     2. 能够说出相关的仪器设备名称及操作方法

     3. 掌握水泥的技术指标及主要矿物成分

水泥的常规检测项目有水泥的细度、标准稠度用水量、凝结时间、体积安定性和水泥胶砂强度。

任务一 通用水泥细度的检验（筛析法）

一、检测试验的目的

通过筛析法测定筛余量，评定水泥细度是否达到标准要求。

二、检验标准及主要质量指标检验方法标准

《水泥细度检验方法 筛析法》（GB/T 1345—2005）。

GB/T 1345—2005规定：水泥细度为选择性指标；矿渣硅酸盐水泥、火山灰质硅酸盐水泥、粉煤灰硅酸盐水泥和复合硅酸盐水泥的细度以筛余表示，其80μm方孔筛筛余不大于10%或45μm方孔筛筛余不大于30%。

细度检验方法有负压筛法、水筛法和干筛法三种，当三种检验方法测试结果发生争议时，以负压筛法为准。

三、主要仪器设备

（1）负压筛析仪：由内筛座、负压筛、负压源和收尘器组成，如图2.3所示。

（2）试验筛：由圆形筛框和筛网组成，分负压筛和水筛两种，如图2.4所示。

（3）水筛架和喷头。

（4）天平最大感量100g，分度值不大于0.05g。

四、试验步骤（负压筛法）

（1）筛析试验前，将负压筛放在筛座上，盖上筛盖，接通电源，检查控制系统，调整负压在4000～6000Pa范围内。

（2）称取试样25g。置于洁净的负压筛中，盖上筛盖，放在筛座上，开动筛析仪连续筛析2min，在此期间如有试样附着在筛盖上，可轻轻敲击使试样落下。筛毕，用天平称量

图2.3 负压筛析仪   图2.4 试验筛

筛余量。

五、试验注意事项

当工作负压小于4000Pa时，应清理吸尘器内水泥，使负压恢复正常。

六、试验结果处理

水泥试样筛余百分数按式（2-1）计算（精确至0.1%）：

$$F = C\frac{R_s}{m} \times 100\% \qquad (2-1)$$

式中：F——水泥试样的筛余百分数，%；

R_s——水泥筛余物的质量，g；

m——水泥试样的质量，g。

课堂讨论

　　水泥细度为什么不是越细越好？

能力训练

　　在校内建材实训中心完成水泥细度检测。要求明确检测目的，做好检测准备，分组讨论并制定检测方案，认真填写水泥细度检测实训报告和实训效果自评反馈表。

任务二　标准稠度用水量测定试验

一、检测试验的目的

水泥的凝结时间、安定性均受水泥浆稠稀的影响，为了不同水泥具有可比性，水泥必须有一个标准稠度，通过此项试验测定水泥浆达到标准稠度时的用水量，作为凝结时间和安定性试验用水量的标准。

二、检验标准及主要质量指标检验方法标准

（1）《通用硅酸盐水泥》（GB 175—2007）。

（2）《水泥标准稠度、凝结时间、体积安定性检测方法》（GB/T 1346—2001）。

GB/T 1346—2001 规定，当采用标准法时，以试杆沉入净浆并距底板（6±1）mm 时水泥净浆为标准稠度净浆，其拌和水量为该水泥的标准稠度用水量（P）；当采用代用法时，以试锥下沉深度（28±2）mm 时的净浆为标准稠度净浆，其拌和水量为该水泥的标准稠度用水量（调整水量法）或标准稠度用水量。

三、主要仪器设备

（1）水泥净浆搅拌机，如图2.5所示。

（2）代用法维卡仪。

（3）标准法维卡仪，如图2.6所示。

（4）量水器：最小刻度为0.1mL，精度1%。

（5）天平：分度值不大于1g，最大称量不小于1kg。

四、试验步骤

（一）标准法

（1）搅拌机具用湿布擦过后，将拌和水倒入搅拌锅内，然后在5～10s 内小心将称好的500g 水泥加入水中。

图2.5 水泥净浆搅拌机图

图2.6 维卡仪

（2）拌和时，低速搅拌120s，停15s，同时将搅拌机具粘有的水泥浆刮入锅内，接着高速搅拌120s，停机。

（3）拌和结束后，立即将拌和的水泥浆装入已置于玻璃底板上的试模内，用小刀插捣，轻振数次，刮去多余的净浆。抹平后迅速将试模和底板移到维卡仪上，调整试杆与水泥浆表面接触，拧紧螺丝1～2s后，突然放松，使试杆垂直自由沉入水泥浆中，在试杆停止沉入或放松30s时记录试杆距底板之间的距离。

（二）代用法

（1）搅拌机具用湿布擦过后，将拌和水倒入搅拌锅内，然后在5～10s内小心将称好的500g水泥加入水中。

（2）拌和时，低速搅拌120s，停15s，同时将搅拌机具粘有的水泥浆刮入锅内，接着高速搅拌120s，停机。

（3）采用代用法测定水泥标准稠度用水量时，可采用调整水量法或不变水量法，采用调整水量法时拌和水据经验确定，采用不变水量法时拌和水用142.5mL。

（4）水泥净浆搅拌结束后，立即将拌和好的水泥浆装入锥模中，用小刀插捣，轻振数次，刮去多余的净浆。抹平后迅速放至试锥下面固定的位置上，将试锥与水泥净浆表面接触，拧紧螺丝1～2s后，突然放松，使试锥垂直自由沉入净浆中，到试锥停止下沉或释放试锥30s时，记录试锥下沉深度。

五、注意事项

（1）维卡仪的金属棒能自由滑动。

（2）调整至试锥接触锥模顶面时指针对准零点。

（3）沉入深度测定应在搅拌后1.5min内完成。

六、试验结果处理

（一）标准法

采用标准法时，以试杆沉入净浆并距底板（6±1）mm的水泥浆为标准稠度净浆，其拌和水为该水泥的标准稠度用水量（P）。

（二）代用法

采用代用法，用调整水量方法测定时，以试锥下沉深度（28±2）mm时的净浆为标准稠度净浆，其拌和水量为该水泥的标准稠度用水量（P），按水泥质量百分比计算；用不变水量方法测定时，据试锥下沉深度S（mm）按式（2-2）计算得标准稠度用水量（P）。

$$P = 33.4 - 0.185S \tag{2-2}$$

标准稠度用水量也可从仪器上对应的标尺上读取，当$S < 13$mm时，应改用调整水量

法测定。

> **课堂讨论**
>
> 　　哪些因素会影响检测数据的测定?

> **能力训练**
>
> 　　在校内建材实训中心完成标准稠度有水量的测定任务。要求明确检测目的,做好检测准备,分组讨论并制定检测方案,认真填写标准稠度有水量测定实训报告和实训效果自评反馈表。

任务三　水泥凝结时间检验

一、检测试验的目的

通过水泥凝结时间的测定,得到初凝时间和终凝时间,与国家标准进行比较,判定水泥凝结时间指标是否符合要求。

二、检验标准及主要质量指标检验方法标准

(1)《水泥标准稠度、凝结时间、体积安定性检测方法》(GB/T 1346—2001)。

(2)《通用硅酸盐水泥》(GB 175—2007)。

GB 175—2007 规定:硅酸盐水泥初凝时间不小于45min,终凝时间不大于390min;普通硅酸盐水泥、矿渣硅酸盐水泥、火山灰质硅酸盐水泥、粉煤灰硅酸盐水泥和复合硅酸盐水泥初凝时间不小于45min,终凝时间不大于600min。

三、主要仪器设备

(1)凝结时间测定仪(如图2.7所示)。

(2)量水器:最小刻度为0.01mL,精度1%。

(3)天平:最大称量不小于1 000g,分度值不大于1g。

(4)温热养护箱:温度(20±3)℃,相对湿度>90%,如图2.8所示。

四、试验步骤

(1)试件的制备。按标准稠度用水量测定方法制备标准稠度水泥净浆(水泥500g,拌和水为检测的标准稠度用水量),一次装满试模振动数次刮平后,立即放入养护箱内,记录水泥加入水中的时间即为凝结时间的起始时间。

图2.7 凝结时间测定仪　　　　　　　图2.8 温热养护箱

（2）初凝时间测定。试件在养护箱中养护至30min时进行第一次测定。测定时，将试针与水泥净浆表面接触，拧紧螺钉1～2s后，突然放松，使试针铅垂直自由沉入净浆中，观察试针停止下沉或释放试针30s时指针的读数，并同时记录此时的时间。

（3）终凝时间测定。在完成初凝时间测定后，将试模连同浆体从玻璃板上平移取下，并翻转180°将小端向下放在玻璃板上，再放入养护箱内继续养护，接近终凝时间时，每隔15min测定一次，并同时记录测定时间。

五、注意事项

（1）测定前调整试件接触玻璃板时，指针对准零点。

（2）整个测定过程中试针以自由下落为准，且沉入位置至少距试模内壁10mm。

（3）每次测定不能让试针落入原孔，每次测完须将试针擦净并将试模放入养护箱，整个测试防止试模受振。

（4）临近初凝，每隔5min测定一次，临近终凝，每隔15min测定一次。达到初凝或终凝时应立即重复测一次，当两次结论相同时，才能定为达到初凝状态或终凝状态。

六、试验结果处理

初凝时间确定：当试针沉至距底板（4±1）mm时，为初凝时间，从水泥加入水中起至初凝状态的时间为初凝时间，用"min"表示。

终凝时间确定：当试针沉入试体0.5mm时（即环形附件开始不能在试件上留下痕迹时）为终凝状态，从水泥加入水中起至终凝状态的时间为终凝时间，用"min"表示。

能力训练

在校内建材实训中心完成水泥凝结时间的测定任务。要求明确检测目的，做好检测准备，分组讨论并制定检测方案，认真填写水泥凝结时间测定实训报告和实训效果自评反馈表。

任务四 水泥安定性检验

一、检测试验的目的

通过测定沸煮后标准稠度水泥净浆试样的体积和外形的变化程度，评定体积安定性是否合格。

二、检验标准及主要质量指标检验方法标准

（1）《通用硅酸盐水泥》（GB 175—2007）。

（2）《水泥标准稠度、凝结时间、体积安定性检测方法》（GB/T 1346—2001）。

GB 175—2007 规定：硅酸盐水泥、普通硅酸盐水泥、矿渣硅酸盐水泥、火山灰质硅酸盐水泥、粉煤灰硅酸盐水泥和复合硅酸盐水泥安定性沸煮法检验必须合格。测定方法可以用试饼法也可用雷氏法，有争议时以雷氏法为准。

三、主要仪器设备

（1）雷氏夹：由铜质材料制成，其结构如图2.9所示。当一根指针的根部先悬挂在一根金属丝或尼龙丝上，另一根指针的根部再挂上300g重量的砝码时，两根指针的针尖距离增加应在（17.5±2.5）mm 范围以内，即2x＝（17.5±2.5）mm，当去掉砝码后针尖的距离能恢复至挂砝码前的状态。

（2）沸煮箱：有效容积约为410mm×240mm×310mm，箱的内层由不易锈蚀的金属材料制成。篦板与加热器之间的距离大于50mm，能在30±5min内将箱内的试验用水由室温升至沸腾并可保持沸腾状态3h以上，整个试验过程中不需补充水量，如图2.10所示。

（3）雷氏夹膨胀值测定仪：如图2.9所示，标尺最小刻度为0.5mm。

（4）水泥净浆搅拌机。

（5）湿热养护箱。

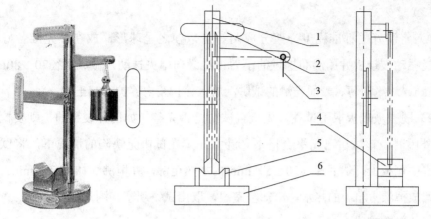

图2.9 雷氏夹测定仪

1-支架；2-标尺；3-弦线；4-雷氏夹；5-垫块；6-底座

图2.10 沸煮箱

四、试验步骤

（一）雷氏法

（1）将预先准备好的雷氏夹放在已稍擦油的玻璃板上，并立刻将已制好的标准稠度净浆装满雷氏夹，一只手轻扶雷氏夹，一手用小刀插捣数次抹平，盖上稍擦油的玻璃板，置养护箱内养护（24±2）h。

（2）调整好沸煮箱内的水位，保证在整个沸煮过程中都没过试件，不需中途加水，同时又保证能在（30±5）min 内升至沸腾。

（3）脱去玻璃板，取下试件，测量雷氏夹指针尖端间的距离（A），精确到0.5mm，接着将试件放入沸煮箱的试件架上，指针朝上，试件之间互不交叉，然后在（30±5）min 内加热至沸并恒沸（180±5）min。

（4）沸煮结束后，立即放掉沸煮箱中的热水，冷却至室温，取出试件，测量雷氏夹指针尖端的距离（C），准确至0.5mm。

（二）试饼法

（1）将制好的标准稠度净浆分成两等份，使之呈球形，放在预先准备好的玻璃板上，轻轻振动玻璃板并用湿布擦过的小刀由边缘向中央抹动，做成直径70～80mm、中心厚约10mm、边缘渐薄、表面光滑的试饼，放入养护箱内养护（24±2）h。

（2）脱去玻璃板取下试件。先检查试饼是否完整（如已开裂翘曲，则要检查原因，确证无外因时，该试饼已属不合格不必沸煮），在试饼无缺陷的情况下，将试饼放在沸煮箱的水中篦板上，然后在（30±5）min 内加热至沸，并恒沸（180±5）min。沸煮结束后，立即放掉沸煮箱中的热水，冷却至室温，取出试饼观察、测量。

五、注意事项

（1）需平行测试两个试件。

（2）凡水泥净浆接触的玻璃板都要稍涂一层油（起隔离作用）。

（3）试饼应在无任何缺陷条件下方可沸煮。

六、试验结果判断

（一）雷氏法

当沸煮前后两个试件指针端距离差（C-A）的平均值不大于5.0mm 时，即认为该水泥安定性合格，当（C-A）相差超过5mm时，应用同一样品立即重做一次试验，再如此则认为水泥安定性不合格。安定性不合格的水泥则判定为不合格品。

（二）试饼法

目测未发现裂缝，钢直尺测量未弯曲（钢直尺和试饼底部紧靠，以两者间不透光为不弯曲）的试饼为安定性合格，当两个试饼判别结果有矛盾时，该水泥的安定性为不合格。安定性不合格的水泥则判定为不合格品。

> **能力训练**
>
> 在校内建材实训中心完成水泥体积安定性的检测任务。要求明确检测目的，做好检测准备，分组讨论并制定检测方案，认真填写水泥体积安定性检测实训报告和实训效果自评反馈表。

任务五　水泥胶砂强度检验

一、检测试验的目的

通过检验不同龄期的抗压强度、抗折强度，确定水泥的强度等级或评定水泥强度是否

·68·

符合标准要求。

二、检验标准及主要质量指标检验方法标准

（1）《通用硅酸盐水泥》（GB 175—2007）。

（2）《水泥胶砂强度检验方法》（GB/T 17671—1999）。

三、主要仪器设备

（1）行星式胶砂搅拌机：由搅拌锅，搅拌叶，电动机等组成，符合（JC/T 681—1997）标准，如图2.11所示。

（2）水泥胶砂试模：由三个模槽组成，可同时成型三条截面为40mm×40mm，长度为160mm的菱形试件，符合（JC/T 726—1999）标准，如图2.12所示。

（3）水泥胶砂试体成型振实台：符合（JC/T 682—1997）标准。

（4）抗折抗压试验机，如图2.13所示。

（5）抗压夹具：受压面积40mm×40mm，符合（JC/T 683—1997）标准。

图2.11 行星式胶砂搅拌机

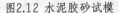

图2.12 水泥胶砂试模　　　　　　　图2.13 抗折抗压试验机

四、试验步骤

（1）配合比。对于GB/T 17671限定的通用水泥，按水泥试样、标准砂（ISO）、水，以质量计的配合比为1∶3∶0.5，每一锅胶砂成型三条试件，需水泥试样（450±2）g，标准砂（ISO）（1350±5）g，水（225±1）g。

（2）搅拌。把水加入锅内，再加入水泥，把锅放在固定架上，上升至固定位置后开动搅拌机，低速搅拌30s后，在第一个30s开始搅拌的同时均匀加入砂（当各级砂是分装时，从最大粒级开始，依次将所需的每级砂量加完）然后把机器转至高速，再拌30s，停拌90s。在第一个15s内，用胶皮刮具将叶片和锅壁上的胶砂刮入锅中间，在高速下继续搅拌60s，各个搅拌阶段，时间误差应在1s以内。

（3）成型。胶砂制备后应立即成型，将空模及模套固定于振实台上，将胶砂分两层装入试模，装第一层时每模槽内约放300g胶砂，并将料层插平振实60次后，再装入第二层胶砂，插平后再振实60次，然后从振实台上取上试模，用金属直尺以90°的角度架在试模模顶一端，沿试模长度方向从横向以锯割动作慢慢向另一端移动，将超出试模部分的胶砂刮去并抹平，然后做好标记。

（4）养护。将做好标记的试模放入养护箱内至规定时间拆模，对于24h龄期的试件，应在试验前20min内脱模，并用湿布覆盖到试模表面。对于24h以上龄期的试件，应在成型后20～24h间脱模，并放入相对湿度大于90%的标准养护室或水中养护（温度（20±1）℃）。

（5）试验。养护到期的试件，应在试验前15min 从水中取去，擦去表面沉积物，并用湿布覆盖到试验。先进行抗折试验，后做抗压试验。

①抗折试验：将试件长向侧面放于抗折试件机的两个支撑圆柱上，通过加荷圆柱，以（50±10）N/s速率均匀将荷载加在试件相对侧面至折断，记录破坏荷载（F_p）。

②抗压试验：以折断后保持潮湿状态的两个半截棱柱体以侧面为受压面，分别放入抗压夹具内，并要求试件中心、夹具中心、压力机压板中心，三心合一，偏差为±0.5mm，以（2.4±0.2）kN/s 的速率均匀加荷至破坏，记录破坏荷载（F_p）。

五、注意事项

（1）试模内壁应在成型前涂薄层的隔离剂。

（2）脱模时应小心操作，防止试件受到损伤。

（3）养护时不应将试模叠放。

六、试验结果处理

（一）抗折强度计算

抗折强度按式（2-3）计算：

$$f_V = \frac{3F_p L}{2bh^2} = 0.00234 F_p \tag{2-3}$$

式中：F_p——棱柱体折断时的荷载，kN；

b——试件断面正方形的边长，取40mm；

L ——支撑圆柱中心距。

以一组3个棱柱体抗折强度的平均值为试验结果，当3个强度值中有超出平均值±10%时，应剔除后再取平均值作为抗折强度试验结果。

（二）抗压强度计算

抗压强度按式（2-4）计算：

$$f_c = \frac{F_p}{A} = 0.000625 F_p \quad （精确至0.1MPa） \tag{2-4}$$

式中：F_p——受压破坏最大荷载，kN；

A——受压面积，为40mm×40mm。

以一组6个棱柱体得到的6个抗压强度的技术平均值为试验结果。当6个测定值中有一个超出6个平均值的±10%时，应剔除这个结果，以剩下的5个抗压强度的平均值为结果，若5个测定值中再有超出平均数±10%时，则此组结果作废。当强度值低于标准要求的最低强度值时，应视为不合格。

能力训练

在校内建材实训中心完成水泥胶砂强度的测定任务。要求明确检测目的，做好检测准备，分组讨论并制定检测方案，认真填写水泥胶砂强度测定实训报告和实训效果自评反馈表。

项目三　水泥的合格判定

一、原始记录

原始记录填写必须认真，不得潦草，不得随意涂改。如有修改，检测人员必须签字确认。原始记录表应编号整理，妥善保存。本模块涉及的水泥检测原始记录有水泥比表面积测定记录、水泥物理性能检测记录，水泥胶砂流动度，凝结时间测定记录。

二、检测报告

检测报告应分类连续编号，填写必须规范。检测报告中三级签字（检测人员、审核人员、技术负责人）必须齐全，无公章的检测报告无效。所有下发的检测报告都应有签字手续，并登记台账。

检测报告应认真审核，严格把关，不符合要求的一律不得签发。检测报告一经签发，

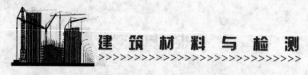
建筑材料与检测
>>>>>>>>>>>>>>>>>>>>>>>>>>>>

即具有法律效力，不得涂改和抽撤。

水泥检测报告样式见表2.12和2.13：

表2.12 水泥强度、物理性能检验记录

委托编号：　　　　　　样品编号：　　　　　　　　　　　第　页共　页

委托单位			施工单位			检测日期	
工程名称			使用部位			检测地点	水泥试验室
样品信息	厂别	品种	强度等级	出厂日期	合格证编号	样品状态	代表数量(t)
检测依据	GBl75-2007《通用硅酸盐水泥》						
环境条件	成型室温度(℃)		成型室湿度(%)	养护箱温度(℃)	养护箱湿度(%)		养护水温度(℃)
主要仪器设备	仪器名称		型号规格		管理编号		校准有效期至
	万能试验机		WE-10B		(C)0l-003		年 月 日
	抗折试验机		KJZ-5000		(C)01-008		年 月 日
检测过程异常情况		描述：		采取控制措施：			
备注							

一、细度检测(80vm 负压筛析法)：

序号	试样总量(g)	筛余量(g)	试验筛修正系数(c)	细度(%)	细度平均值(%)
l	25.00		0.86		
2	25.00				

二、标准稠度用水量、凝结时间、安定性检测：

l.稠度检测(□标准法□试锥法)

样品重(g)	加水量(mL)	□试杆距底板距离(mm)	加水时间	标准稠度加水量(mL)	标准稠度用水量(%)
500					
500					
500					

2.凝结时间检测(标准法)

样品重(g)		加水量(mL)		加水时间	
初凝过程	时间				
	试杆距底板距离(mm)				
终凝过程	时间				
	试针沉入试件深度(mm)				
初凝			终凝		
初凝时间			终凝时间		

审核：　　　　　　　　校对：　　　　　　　　　　　　检测：

水泥及其检测

<<<<<<<<<<<<

表2.13 水泥强度、物理性能检验记录

委托编号：　　　　　　　　样品编号：　　　　　　　　第　页共　页

3、安定性检测(雷氏法)					
沸煮开始时间		沸煮结束时间		沸煮时间	
试件沸煮前雷氏夹指针尖端距离编号		C-1		C-2	
沸煮前雷氏夹指针尖端距离	C1(mm)		C2(mm)		
沸煮后雷氏夹指针尖端距离	A1(mm)		A2(mm)		
雷氏夹指针尖端增加距离	C1-A1(mm)		C2-A2(mm)		
C-A平均值.（mm）		C-A差值的绝对值(mm)			
结果					

三、胶砂强度检测：

试验配料	水泥(g)	标准砂(g)	水(g)	流动度(mm)
	450	1350	225	
成型日期			成型时间	
龄期	3d		28d	
破型日期				
破型时间				

抗折检测	试件编号	荷载Ff(N)	强度Rf(MPa)	试件编号	荷载Ff(N)	强度Rf(MPa)
	D-1			D-4		
	D-2			D-5		
	D-3			D-6		
	代表值(MPa)					

抗压检测	试件编号	荷载Ff(kN)	强度Rc(MPa)	试件编号	荷载Ff(kN)	强度Rc(MPa)
	D-1			D-4		
	D-2			D-5		
	D-3			D-6		
	代表值(MPa)					

公式	抗折强度：$Rf=1.5FfL/b3$　L——支撑圆柱之间的距离,mm　B——棱柱体正方形截回的边长,mm 抗压强度：$Rc=Fc/A$，A——受压部分面积,mm³

审核：　　　　　　　　校对：　　　　　　　　检测：

思考与训练

1．硅酸盐水泥的矿物组成有哪些？它们与水作用时各表现出什么特征？各自的水化产物是什么？

2．硅酸盐水泥的主要水化产物是什么？硬化后水泥石的组成有哪些？

3．简述硅酸盐水泥的凝结硬化机理。影响凝结硬化过程的因素有哪些？如何影响？

4．什么是细度？为什么要对水泥的细度作规定？硅酸盐水泥和普通硅酸盐水泥的细度指标各是什么？

5．规定水泥标准稠度及标准稠度用水量有何意义？

6．何谓水泥的体积安定性？产生的原因是什么？如何进行检测？水泥体积安定性不良如何处理？

7．何谓水泥的凝结时间？国家标准为什么要规定水泥的凝结时间？

8．混合材料有哪些类？掺入水泥后的作用分别是什么？硅酸盐水泥常掺入哪几种活性混合材料？

9．为什么用不耐水的石灰拌制成灰土、三合土具有一定的耐水性？

10．与硅酸盐水泥和普通水泥相比，粉煤灰水泥、矿渣水泥和火山灰水泥有什么特点（共性）？这几种水泥又各有什么个性？

11．下列品种的水泥与硅酸盐水泥相比，它们的矿物组成有何不同，为什么？

双快水泥　白色硅酸盐水泥　低热矿渣水泥和中热水泥

12．水泥在运输和存放过程中为何不能受潮和雨淋？储存水泥时应注意哪些问题？

13．试述铝酸盐水泥的矿物组成、水化产物及特性，在使用中应注意哪些问题？

14．称取25g某矿渣硅酸盐水泥做细度检测，称得筛余量为2.0g，问该水泥的细度是否达到标准要求？

15．某硅酸盐水泥试件，在抗折试验机和抗压试验机上的测试结果见表题15，试评定该硅酸盐水泥的强度等级。

表题15

荷载	抗折破坏荷载		抗压破坏荷载			
龄期	3d	28d	3d		28d	
检测结果读数	1.7	3.1	50	58	140	130
	1.9	3.3	60	70	137	150
	1.8	3.2	58	62	136	137
平均值						

模块三　普通混凝土用细骨料(砂)及其检测

知识目标：1. 掌握普通混凝土用砂的基本类型及其性质

2. 熟悉普通混凝土用砂的质量标准

能力目标：1. 能够合理准确取样

2. 能够对砂常规检测项目进行检测，精确读取检测数据

3. 具有按规范要求对检测数据进行处理，并评定检测结果的初步能力

4. 具有对工程中所用砂进行合理提取和检测能力

5. 具有对工程中用所检测出的数据分析其合理及其适用与否的初步能力

职业知识

普通混凝土是由水泥、砂、石、水、外加剂和外掺料组成的。混凝土的技术性质在很大程度上是由原材料的性质及其相对含量决定的，同时也与施工工艺（拌合、浇筑、养护等）有关。因此，了解各原材料的性质、作用及其质量要求，对合理选择材料及其保证混凝土的质量至关重要。砂、石在混凝土中起骨架作用，故称为骨料（集料）。砂子填充石子的空隙，砂、石构成的坚硬骨架可拟制由于水泥浆硬化和水泥石干燥而产生的收缩。混凝土中砂的作用是调节比例，使配合比最优，从而在少用水泥的情况下更好的发挥各种材料的作用。

一、混凝土用细集料（砂）基本类型及其性质

粒径为0.15~4.75的集料为细集料（砂）。砂按产源有天然砂或人工砂。天然砂是岩石风化后所形成的大小不等，由不同矿物散粒组成的混合物，一般有海砂、山砂及河砂。山砂的颗粒多具棱角，表面粗糙，与水泥黏结较好。河砂的颗粒多呈圆形，表面光滑，与水泥的黏结较差。因而在水泥用量相同的情况下，山砂拌制的混凝土流动性较差，但强度较高，而河砂则与之相反。人工砂是由人工采集的块石加工而成的，棱角多，较洁净，但造价高。工程中常选用河砂配制混凝土。混合砂是由人工砂和天然砂按一定比例混合制成的

砂，它执行人工砂的技术要求和检测方法。把人工砂和天然砂相混合，可充分利用地方资源，降低机制砂的生产成本。一般在当地缺乏天然砂源时，可采用人工砂或混合砂。

根据砂用途将其分为三类：Ⅰ类宜用于强度等级大于C60的混凝土；Ⅱ类宜用于强度等级C30—C60及抗冻、抗渗或其他要求的混凝土；Ⅲ类宜用于强度等级小于C30的混凝土（或建筑砂浆）。

二、混凝土用砂的质量标准

砂的质量要求主要有以下几个方面：

（一）细度模数和颗粒级配

细度模数是表征天然砂粒径的粗细程度及类别的指标。砂的粗细程度是指不同粒径的砂粒，混合在一起后的总体砂的粗细程度。建筑用砂通常分为粗、中、细三个级别。在相同质量条件下，细砂的总表面积较大，粗砂的总表面积较小。在混凝土中，砂子表面需用水泥浆包裹，以赋予流动性和黏结强度，砂子的总表面积越大，则需要包裹砂粒表面的水泥浆就越多，反之越少。因此，一般用粗砂配制混凝土比用细砂所用的水泥用量要省。

砂的颗粒级配，是指不同粒径砂颗粒的分布情况。在混凝土中砂粒之间的空隙是由水泥浆所填充，为节约水泥和提高混凝土强度，就应尽量减小空隙率。从表示砂颗粒级配的图3.1可以看出：如果用同样粒径的砂，空隙率最大（图3.1（a））；两种粒径的砂搭配起来，空隙率就减小（图3.1（b））；三种粒径的砂搭配，空隙率就更小（图3.1（c））。因此，要减小空隙率，就必须由大小不同的颗粒合理搭配。

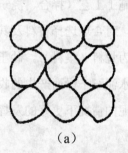 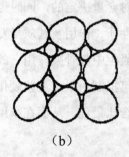 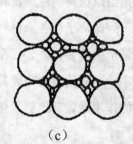

　　　　（a）　　　　　　　　　（b）　　　　　　　　　（c）

图3.1　砂的颗粒级配

在拌制混凝土时，砂的粗细程度和颗粒级配应同时考虑。当砂中含有较多的粗颗粒，并以适量的中颗粒及少量的细颗粒填充其空隙，则该种颗粒级配的砂，其空隙率及总表面积均较小，是比较理想的，不仅水泥用量少，而且还可以提高混凝土的密实性与强度。

砂的颗粒级配和粗细程度，常用筛分析法进行测定。用细度模数表示砂的粗细程度，用级配区表示砂的级配。筛分析法，是用一套方孔公称直径为4.75mm、2.36mm、

1.18mm、0.60 mm、0.30 mm、0.15 mm的标准筛，将经（105±5）℃的温度下烘干至恒重的500g干砂试样由粗到细依次过筛，然后称量余留在各筛上的砂的质量，计算出各筛上的分计筛余百分率a_1、a_2、a_3、a_4、a_5、a_6（各筛上的筛余量除以砂样总量的百分率，精确至0.1%）及累计筛余百分率A_1、A_2、A_3、A_4、A_5和A_6（各个筛和比该筛粗的所有分计筛余百分率之和，精确至0.1%）。累计筛余百分率与分计筛余百分率的关系见表3.1。

表3.1 分计筛余与累计筛余的关系

筛孔公称直径	分计筛余（%）	累计筛余（%）
4.75mm	a_1	A_1
2.36mm	a_2	A_2
1.18mm	a_3	A_3
0.60mm	a_4	A_4
0.30mm	a_5	A_5
0.15mm	a_6	A_6

砂的粗细程度用细度模数M_X表示，其计算公式为（精确至0.01）：

$$M_X = \frac{(A_2 + A_3 + A_4 + A_5 + A_6) - 5A_1}{100 - A_1} \quad\quad (3\text{-}1)$$

细度模数M_X越大，表示砂越粗。建筑用砂规定：M_X=3.7～3.1为粗砂，M_X=3.0～2.3为中砂，M_X=2.2～1.6为细砂，M_X=1.5～0.7为特细砂。

根据0.60mm筛孔的累计筛余量（按质量计，%），将颗粒级配划分成三个级配区（见表3.2）。普通混凝土用砂的级配要符合级配要求的条件是：应处于表3.2中的任何一个级配区中。但砂的实际筛余率，除4.75mm和0.60mm筛号外，其余都允许稍有超出，但超出总量（几个粒级累计筛余百分率超出的和，或只是某一粒级的超出百分率）不应大于5%。

表3.2 砂颗粒级配

	Ⅰ区	Ⅱ区	Ⅲ区
4.75mm	10～0	10～0	10～0
2.36mm	35～5	25～0	15～0
1.18mm	65～35	50～10	25～0
0.60mm	85～71	70～41	40～6
0.30mm	95～80	92～70	85～55
0.15mm	100～90	100～90	100～90

以累计筛余百分率为纵坐标，以筛孔尺寸为横坐标，根据表3.2的数值可以画出砂Ⅰ、Ⅱ、Ⅲ三个级配区的筛分曲线（图3.2）。

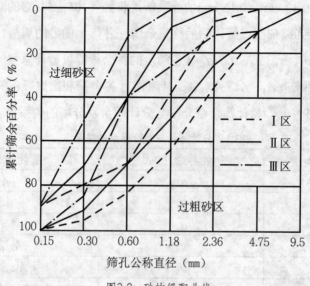

图3.2 砂的级配曲线

配制混凝土时，宜优先选用Ⅱ区砂。当采用Ⅰ区砂时，应适当提高砂率，并保证足够的水泥用量，以满足混凝土的和易性；当采用Ⅲ区砂时，宜适当降低砂率，以保证混凝土强度；当采用特细砂时，应符合相应的规定。

砂的细度模数相同，颗粒级配可以不同，所以配制混凝土选用砂时，应同时考虑砂的细度模数和颗粒级配。

在实际工程中，若砂的级配不合适，可采用人工掺配的方法来改善。即将粗、细砂按适当的比例进行掺和使用；或将砂过筛，筛除过粗或过细颗粒。

课堂检测

两种砂的级配相同，细度模数是否也相同？反之，两种砂的细度模数相同，级配是否也相同？

（二）含泥量、石粉含量和泥块含量

天然砂中含泥量指砂中粒径小于0.075mm的颗粒含量；人工砂中石粉含量，是指人工砂中粒径小于0.075mm的颗粒含量；泥块含量，是指砂中粒径大于1.18mm，经水洗手捏后小于0.60 mm的颗粒含量。

天然砂中的含泥量影响混凝土的强度，天然砂中的泥与人工砂中石粉的成分不同，石粉能够完善混凝土中细集料的级配，提高混凝土的密实性，但含量也要进行控制。而泥和泥块对混凝土的抗压、抗渗、抗冻等均有不同程度的影响，尤其是包裹型泥更为严重。泥遇水成浆，胶结在砂石表面，不易分离，影响水泥与砂石的黏结力。天然砂的含泥量和泥块含量及人工砂的石粉含量和泥块含量应符合表3.3的规定。

表3.3 砂的含泥量、石粉含量、泥块含量及砂中有害物质含量

项目		指标		
		Ⅰ类	Ⅱ类	Ⅲ类
天然砂含泥量、泥块含量	含泥量（按质量计，%），<	1.0	3.0	5.0
	泥块含量（按质量计，%），<	0	1.0	2.0
人工砂中石粉含量、泥块含量	亚甲蓝试验MB值<1.4或合格			
	石粉含量（按质量计，%），<	3.0	5.0	7.0
	泥块含量（按质量计，%），<	0	1.0	2.0
	亚甲蓝试验MB值≥1.4或不合格			
	石粉含量（按质量计，%），<	1.0	3.0	5.0
	泥块含量（按质量计，%），<	0	1.0	2.0
有害杂质含量	云母（按质量计，%），<	1.0	2.0	2.0
	硫化物与硫酸盐（按SO3质量计，%），<	0.5	0.5	0.5
	有机物（比色法）	合格	合格	合格
	轻物质（按质量计，%），<	1.0	1.0	1.0
	氯化物（以氯离子质量计，%），<	0.01	0.02	0.06

注：亚甲蓝试验是专门用于检测粒径小于0.075mm的物质，是属于纯石粉还是泥土的试验方法。

（三）有害物质含量

砂中有害物质包括有云母、硫化物与硫酸盐、氯盐和有机物等。砂中不应混有草根、树叶、树枝、塑料、煤块、炉渣等杂物。表面光滑的小薄片云母与水泥浆的黏结差，会影响混凝土的强度和耐久性。砂中如含有云母、有机物、硫化物及硫酸盐等，其含量应符合表3.3的规定。

（四）砂的坚固性

砂的坚固性是指砂在气候、环境变化或其他物理因素作用下抵抗破裂的能力。天然砂的坚固性用硫酸钠溶液检验，砂样经5次循环后，其质量损失应符合表3.4的规定。人工砂采用压碎指标反映其坚固性，人工砂总压碎值指标值测定不应超过表3.4的规定。

表3.4 砂的坚固性指标

项目	指标		
	Ⅰ类	Ⅱ类	Ⅲ类
天然砂，质量损失（%）<	8	8	10
人工砂，单级最大压碎指标（%）<	20	25	30

（五）细集料（砂）物理性质

1. 表观密度、堆积密度和空隙率

砂应满足表观密度大于2500kg/m³，松散堆积密度大于1350 kg/m³，空隙率小于47%。

2. 含水状态

砂的含水状态分为干燥、气干、饱和面干及湿润状态。水工混凝土多以饱和面干状态作为基准状态设计配合比。工业与民用建筑中则习惯用干燥状态的砂（含水率小于5%）及石子（含水率小于2%）来设计配合比。

（六）碱–骨料反应

水泥、外加剂等混凝土组成物及环境中的碱与砂中碱活性矿物在潮湿环境下会缓慢发生导致混凝土开裂破坏的膨胀反应。对于长期处于潮湿环境的重要混凝土结构用砂，应进行骨料的碱活性检验。

项目一　进场检测与取样

任务一　进场检测项目与检测设备

一、依据标准

《建筑用砂》（GB/T 14684—2001）

二、检测分类

检测分为出厂检测和型式检测。

（一）出厂检验项目

建筑用砂：颗粒级配、细度模数、松散堆积密度和泥块含量。对天然砂应增加含泥量及云母含量测定，对人工砂应增加石粉含量及坚固性测定。

（二）型式检测项目

有下列情况之一时，应进行型式检测：（1）新产品投产和老产品转产时；（2）原料资源或生产工艺发生变化时；（3）正常生产时；（4）国家质量监督机构要求检查时。

建筑用砂型式检测的项目：颗粒级配、含泥量、石粉含量和泥块含量、有害物质及坚固性，碱活性根据需要进行。

三、检测设备

（一）砂的筛分析检测设备

（1）试验筛：砂的筛分析试验采用直径分别为9.50mm、4.75 mm、2.36mm、1.18mm、0.60mm、0.30mm、0.15mm的方孔筛各一只，筛的底盘和盖各一只，筛框为300mm或200mm。其产品质量应符合现行国家标准《金属丝编织网试验筛》（GB／T6003.1）和《金属穿孔板试验筛》（GB／T 6003.2）的要求。

（2）天平：称量1000g，感量1g。

（3）摇筛机。

（4）烘箱：能使温度控制在（105±5）℃。

（5）搪瓷盘、毛刷等。

（二）含泥量检测设备

（1）天平：称量1000g，感量1g。

（2）烘箱：能使温度控制在（105±5）℃。

（3）方孔筛：筛孔直径为0.075mm和1.18mm的筛各一个。

（4）洗砂用的容器（深度大于250mm）。

（5）搪瓷盘、毛刷等。

（三）泥块含量检测设备

（1）天平：称量1000g，感量1g；称量5000g，感量5g。

（2）烘箱：能使温度控制在（105±5）℃。

（3）方孔筛：筛孔公称直径为600μm和1.18mm的筛各一个。

（4）洗砂用的容器（深度大于250mm）。

（5）搪瓷盘、毛刷等。

（四）表观密度检测设备

（1）容量瓶：500mL。

（2）天平：称量1000g，感量1g；称量5000g，感量5g。

（3）烘箱：能使温度控制在（105±5）℃。

（4）干燥器、搪瓷盘、滴管、毛刷等。

（五）堆积密度与空隙率检测设备

（1）天平：称量10kg，感量1g。

（2）烘箱：能使温度控制在（105±5）℃。

（3）容量筒：圆柱形金属筒，内径108mm，净高109mm，容积1L。

（4）漏斗、直尺、浅盘、料勺、毛刷等。

（六）有机物质含量检测设备

（1）天平：称量1000g，感量0.1g；称量100g，感量0.01g。

（2）量筒：1000mL，250 mL，100 mL和10mL。

（3）方孔筛：孔径为5.00mm筛一只。

（4）烧杯、玻璃棒、移液管。

（5）氧化钠、鞣酸、乙醇、蒸馏水等。

（6）标准溶液。称取2g鞣酸粉，溶解于98mL浓度为10%的乙醇溶液中，取该溶液25mL，注入浓度为3%的氢氧化钠溶液中，加塞后剧烈摇动，静置24h，即得标准溶液。

任务二　取样

一、取样依据

依据标准如下：

《建筑用砂》（GB/T 14684—2001）

二、验收批

按同品种、分类、规格、适用等级及日产量每600t为一批，不足600t亦为一批。一般以同一产地、同一规格的砂分批验收。采用大型工具（如火车、货船或汽车）运输的，应以400m³或600t为一验收批；采用小型工具运输的（如拖拉机等），应以200m³或300t为一验收批。不足上述量者，应按一验收批进行验收。如进货量大且质量稳定的可以1000t为一验收批。

三、取样方法

每验收批取样方法应按下列规定执行：

（1）从料堆上取样时，取样部位应均匀分布。取样前应先将取样部位表层铲除，然后由各部位抽取大致相等的砂8份，组成一组样品。

（2）从皮带运输机上取样时，应在皮带运输机机尾的出料处用接料器定时抽取砂4份，组成一组样品。

（3）从火车、汽车、货船上取样时，应从不同部位和深度抽取大致相等的砂8份组成，一组样品。

四、取样数量

每组样品的取样数量，对于单项检验项目，砂的每组样品取样数量应分别满足表3.5的规定。当需要做多项检验时，可在确保样品经一项检测后不影响其他检测结果的前提下，用同组样品进行多项不同的检测。

表3.5 单项检验项目所需砂的最小取样质量

序号	检验项目	最少取样质量（g）
1	颗粒级配	4400
2	表观密度	2600
3	堆积密度与空隙率	5000
4	含泥量	4400
5	泥块含量	20000
6	石粉含量	6000
7	有机物含量	2000
8	云母含量	600
9	轻物质含量	3200
10	坚固性	天然砂为8000；人工砂为20000
11	硫化物与硫酸盐含量	600
12	氧化物含量	4400
13	碱活性	20000

五、样品处理

将所取试样置于平板上。若为砂样，应在潮湿状态下拌合均匀，堆成厚度约2cm的"圆饼"，然后沿互相垂直的两条直线把"圆饼"分成大致相等的4份，取其对角两份重新拌匀，在堆成"圆饼"。重复以上过程，直至缩分后的材料量略多于检测所需量。

项目二 性能检测

一、检测依据

依据标准如下：

《建筑用砂》（GB/T 14684—2001）

二、性能检测

任务一 砂的筛分检测

一、试样制备

先将见证取样的样品通过公称直径9.5mm的方孔筛，并计算筛余。称取经缩分后试样不少于550g的两份，分别倒入两个浅盘中，然后将两份试样置于温度为（105±5）℃的烘箱中烘干至恒重。冷却至室温备用。

二、试验步骤

（1）称取烘干试样500g（特细砂可称250g），将试样倒入已按筛孔大小顺序（大孔在上、小孔在下）叠放好的套筛顶层筛中。

（2）将套筛置于摇筛机上，盖上筛盖并将固定架拧紧，开启摇筛机，筛分10分钟；取下套筛，按筛孔由大到小的顺序，在清洁的浅盘上逐个进行手筛，筛至每分钟通过量小于试样总量的0.1%为止；将通过的试样并入下一只筛中，并和下一只筛中的试样一起进行手筛。按照这样的顺序依次进行，直至所有筛子全部筛完为止。

（3）当试样含泥量超过5%时，应先将试样水洗，然后烘干至恒重，再进行筛分。

（4）试样在各只筛子上的筛余量均不得超过按式（3-2）计算得出的剩留量，否则应将该筛的筛余试样分成两份或数份，再次进行筛分，并以筛余量之和作为该筛的筛余量。

$$m_t = \frac{A\sqrt{d}}{300} \qquad\qquad (3\text{-}2)$$

式中：m_t为某一筛上的剩留量，g；d为筛孔边长，mm；A为筛的面积，mm^2。

（5）分别称出各筛的筛余试样质量（精确至1g），所有筛的分计筛余量和筛底剩余量的总和与筛分前试样总量相比，相差不得超过1%，否则须重新试验。

三、数据处理与分析

根据各号筛的筛余量计算分计筛余率和累计筛余率计算细度模数（按式（3-1）进行计算），以两次试验结果的算术平均值作为测定值，精确至0.1。当两次试验所得的细度模数之差大于0.20时，应重新取试样进行试验。根据各筛两次试验累计筛余的平均值，评定该试样的颗粒级配分布情况，精确至1%。

任务二 砂的含泥量和泥块含量检测

砂的含泥量是指砂中粒径小于0.075mm的颗粒含量。砂的泥块含量是指砂中粒径大于1.18mm，经水洗、手捏后变成小于600μm的颗粒含量。砂的含泥量与泥块含量会降低混凝土拌和物的流动性，或增加用水量，同时由于它们对骨料的包裹，大大降低了骨料与水泥石之间的界面黏结强度，从而使混凝土的强度和耐久性降低，变形增大。故泥含量与泥块含量高的砂在使前应用水冲洗或淋洗。

一、砂的含泥量检测

（一）试样制备

将试样在潮湿状态下用四分法缩分至约1100g，置于温度为（105±5）℃的烘箱中烘干至恒重，冷却至室温后，称取400g（m_0）试样各两份备用。

（二）检测步骤

（1）取一份烘干的试样置于容器中，并注入饮用水，使水面高出砂面约150mm，充分拌混均匀后浸泡2h，然后，用手在水中淘洗试样，使尘屑、淤泥和黏土与砂粒分离。润湿筛子，将浑浊液倒入套筛中（1.18mm筛套在0.075 mm筛上），滤去小于75μm的颗粒。在检测中，严禁砂粒丢失。

（2）再加水于容器中，重复上述过程，直到筒内洗出的水清澈为止。

（3）用水冲洗剩留在筛上的细粒。并将75μm筛放在水中（使水面略高出筛中砂粒的上表面）来回摇动，以充分洗除小于75μm的颗粒。然后将两只筛上剩留的颗粒和容器中已经洗净的试样一并装入浅盘，置于温度为（105±5）℃的烘箱中烘干至恒重，取出来冷却至室温后，称量试样的重量（m_1）。

（三）数据处理与分析

泥含量按下式计算（精确至0.1%）：

$$\omega_c = \frac{m_0 - m_1}{m_0} \times 100\% \qquad (3-3)$$

式中：ω_c为砂中含泥量，%；m_0为检测前烘干试样的质量，g；m_1为检测后烘干试样的质量，g。

泥含量检测结果评定以两次检测结果的算术平均值作为测定值，两次结果的差值超过0.5%时，测试结果无效，应重新取样进行检测。

二、砂的泥块含量检测

（一）试样制备

将样品在潮湿状态下用四分法缩分至500g，置于温度为（105±5）℃的烘箱中烘干至恒重后取出，冷却到室温后，用1.18mm方孔筛筛分，取不少于400g筛上的砂，分为两份备用。特细砂按实际筛分量。

（二）检测步骤

（1）称取试样200g（m_1）置于容器中，并注入饮用水，使水面高出砂面约150mm。充分搅混均匀后浸泡24h，然后用手在水中碾碎泥块，再把试样放在600μm方孔筛上，用水淘洗，直至水清澈为止。

（2）保留下来的试样应小心地从筛中取出，装入浅盘后，置于温度为（105±5）℃的烘箱中烘干至恒重，冷却后称量其质量（m_2）。

（三）数据处理与分析

砂中泥块含量按式（3-4）计算（精确至0.1%）：

$$\omega_{c \cdot L} = \frac{m_1 - m_2}{m_1} \times 100\%$$ （3-4）

式中：$\omega_{c \cdot L}$为泥块含量，%；m_1为检测前的干燥试样质量，g；m_2为检测后的干燥试样质量，g。

取两次检测结果的算术平均值作为测定值。

任务三　砂的表观密度检测

一、试样制备

将样品在潮湿状态下缩分至660g，置于温度为（105±5）℃的烘箱中烘干至恒重后取出，冷却到室温后，分为大致相等的两份备用。

二、检测步骤

（1）称取烘干砂300g（精确至1 g），装入容量瓶中，注入冷开水至接近500 ml的刻度处，旋转摇动容量瓶，排除气泡，塞紧瓶盖，静置24h。然后用滴管小心加水至容量瓶500 ml的刻度处，塞紧瓶盖，擦干瓶外水分，称其重量（精确至1 g）。

（2）倒出瓶内水和砂，洗净容量瓶，再向瓶内注水至500 ml的刻度处，擦干瓶外水分，称其质量（精确至1 g）。

三、数据处理与分析

砂的表观密度按式（3-5）计算（精确至10kg/m³）：

$$\rho_0 = \left(\frac{m_0}{m_0 + m_2 - m_1} \right) \times \rho_H$$ （3-5）

式中：ρ_0、ρ_H为砂的表观密度和水的密度，kg/m³；

m_0、m_1、m_2为烘干试样质量，试样、水及容量瓶的总质量，水及容量瓶的质量和，g。

取两次检测结果的算术平均值作为测定值，如两次之差大于20kg/m³，需重新试验。

任务四　砂的堆积密度与空隙率检测

一、试样制备

按规定取样，用浅盘装试样约3L，在温度为（105±5）℃的烘箱中烘干至恒重，冷却至室温，筛除大于4.75mm的颗粒，分成大致相等的两份备用。

二、检测步骤

（1）松散堆积密度测定。取一份试样，通过漏斗或料勺，从容量瓶中心上方50mm处徐徐装入，装满并超出筒口。用钢尺沿筒口中心线向两个相反方向刮平（勿触动容量筒），称出试样和容量筒总质量，精确至1g。

（2）紧密堆积密度测定。取试样一份分两次装满容量筒。每次装完后在筒底垫放一根直径为10 mm的圆钢（第二次垫放钢筋与第一次方向垂直），将筒按住，左右交替击地面25次。再加试样直至超过筒口，用直尺沿筒口中心向两边刮平，称出试样和容量筒总质量，精确至1g。

三、数据处理与分析

（1）松散或紧密堆积密度按式（3-6）计算（精确至10kg/m³）：

$$\rho_1 = \frac{m_1 - m_2}{V} \qquad\qquad (3\text{-}6)$$

式中：ρ_1为松散或紧密堆积密度，kg/m³；

m_1、m_2分别为试样和容量筒总质量，g，容量筒质量，g；

V为容量筒容积，L。

（2）空隙率按式（3-7）计算（精确至1%）：

$$V_0 = \left(1 - \frac{\rho_1}{\rho_2}\right) \times 100\% \qquad\qquad (3\text{-}7)$$

式中：V_0为空隙率（%）；

ρ_1为试样松散（或紧密）堆积密度，kg/m³；

ρ_2为试样表观密度，kg/m³。

取两次检测结果的算术平均值作为测定值。

任务五　砂中有机物含量的检测

一、试样制备

按规定取样，筛去试样中5mm以上颗粒，用四分法缩分至500g，风干备用。

二、检测步骤

向250mL量筒中装入风干试样至130mL刻度处，再注入浓度为3%的氢氧化钠溶液至200mL刻度处。加塞后剧烈摇动，静置24h。

三、数据处理与分析

比较试样上部溶液与新配标准溶液的颜色，若上部溶液浅于标准色，则试样的有机物含量合格。若颜色接近，应将试样连同上部溶液倒入烧杯，在60~70℃的水浴中加热2~3h，再进行比较。若浅于标准色，则试样的有机物含量合格；若深于标准色，应按下述方法做进一步试验：取原试样一份，用3%氢氧化钠溶液洗除有机质，再用清水淘洗干净，与另一份原试样分别按相同的配合比制成水泥砂浆，测定其28d的抗压强度。若原试样配制的砂浆强度不低于洗除有机物后试样制成的砂浆强度的95%时，则认为该砂的有机物含量合格。

项目三　合格判定

检测（含重复检测）后，各项指标都符合《建筑用砂》（GB/T 14684—2001）的规定时，可判定为产品合格；若检测有一项性能指标不符合规定，则应从同一批产品中加倍取样，对不符合要求的项目进行重复检测，复检后该项目符合规定，可判定该类产品合格，仍然不符合本标准规定时，则该批产品判为不合格。

 能力训练

1. 混凝土用细骨料（砂）的常规性能检测有哪些？与这些检测项目相应的取样数量是多少？各性能检测所用仪器设备有哪些？

2. 在混凝土用细骨料（砂）中，为什么提出级配和细度的要求？两者有何区别？

3. 某实训室现有干砂500g，其筛分结果见表题3。试评价该砂级配情况和细度。

表题3　砂样筛分试验数据

筛孔公称直径	4.75.00mm	2.36mm	1.18mm	600μm	300μm	150μm	75μm
筛余量（g）	15	100	70	65	90	115	45

模块四　普通混凝土用粗骨料(石)及其检测

知识目标：1. 掌握普通混凝土用石的基本类型及其性质

　　　　　2. 熟悉普通混凝土用石的质量标准

能力目标：1. 能够合理准确取样

　　　　　2. 能够对石常规检测项目进行检测，精确读取检测数据

　　　　　3. 具有按规范要求对检测数据进行处理，并评定检测结果的初步能力

　　　　　4. 具有对工程中所用石进行合理提取和检测能力

　　　　　5. 具有对工程中用所检测出得数据分析其合理及其适用与否的初步能力

职业知识

一、混凝土用粗骨料（石）基本类型及其性质

混凝土中的粗集料是指粒径为4.75~150mm的矿质材料，常用的有卵石和碎石。卵石又称砾石，是在自然条件下形成、公称粒径大于4.75mm的岩石颗粒，按其产源可分为河卵石、海卵石和山卵石等几种，其中河卵石应用较多。卵石中有机杂质含量较高，但与碎石比较，卵石表面光滑且少棱角，空隙率及表面积小，拌制的混凝土水泥浆用量少，和易性较好，但与水泥石胶结力差。在相同条件下，卵石混凝土的强度等级比碎石混凝土低。

碎石大多由天然岩石经破碎、筛分而成，表面粗糙，棱角多，较洁净，与水泥浆黏结比较牢固。碎石是工程中用量最多的粗集料。常见混凝土用石如图4.1所示。

《建筑用卵石、碎石》（GB/T 14685—2001）按技术要求将卵石、碎石分为三类。Ⅰ类宜用于强度等级大于C60的混凝土；Ⅱ类宜用

图4.1　常见的混凝土用石

于强度等级C30—C60及抗冻、抗渗或其他要求的混凝土；Ⅲ类宜用于强度等级小于C30的混凝土（或建筑砂浆）。

二、混凝土用石的质量标准

卵石和碎石的质量要求主要有以下几个方面。

（一）颗粒级配

1. 最大粒径（DM）

粗集料公称粒级的上限称为该粒级的最大粒径。石子的粒径越大，其表面积相应减小，因而包裹其表面所需的水泥浆量减少，可节约水泥；试验研究证明，最佳的最大粒径取决于混凝土的水泥用量。当最大粒径在80~150mm以下变动时，最大粒径增大，水泥用量明显减少；但当最大粒径大于150mm时，对节约水泥并不明显。因此，在大体积混凝土中，条件许可时，应尽可能采用较大粒径的粗集料。在水利、水港等大型工程中常采用120mm或150mm，在房屋建筑工程中，由于构件尺寸小，一般最大粒径只用40mm或60mm。集料最大粒径还受结构型式和配筋疏密限制，根据《混凝土结构工程施工及验收规范》（GB 50204—2002）规定，混凝土用粗集料的最大粒径不得大于结构截面最小尺寸的1/4，同时不得大于钢筋最小净距的3/4；对于混凝土实心板，骨料的最大粒径不宜超过板厚的l/3，且不得超过40mm；对泵送混凝土，碎石最大粒径与输送管内径之比，宜小于或等于1：3，卵石最大粒径与输送管内径之比宜小于或等于1：2.5。

2. 颗粒级配

粗集料与细集料一样，也要求有良好的颗粒级配，以减小空隙率，增强密实性，从而可以节约水泥，保证混凝土的和易性及混凝土的强度。特别是配制高强度混凝土，粗集料的级配特别重要。粗集料的级配有连续级配和间断级配两种。连续级配，是按颗粒尺寸由小到大连续分级，每级骨料都占有一定比例，如天然卵石。连续级配颗粒差小，颗粒上、下限粒径之比较大，配制的混凝土拌和物和易性好，不易发生离析，目前应用较广泛。间断级配，是人为剔除某些中间粒级颗粒，大颗粒的空隙直接由比它小得多的颗粒去填充，颗粒级差大，颗粒上下限粒径之比较大，空隙率的降低比连续级配快得多，可最大限度地发挥骨料的骨架作用，减小水泥用量。但混凝土拌和物易产生离析现象，增加施工困难，工程应用较少。

粗集料级配按供应情况分为连续粒级和单粒级两种。单粒级集料可以避免连续级配中的较大粒径集料在堆放及装卸过程中产生离析现象，可以通过不同组合，配制成各种不同要求的级配集料，以保证混凝土的质量，便于大型混凝土搅拌厂使用。

水工混凝土所用粗集料粒径大，为避免堆放、运输产生离析，常在石子使用前，按

普通混凝土用粗骨料(石)及其检测

颗粒大小分为若干单粒级，分别堆放。筛分时分为4级，即4.75~20 mm（小石）、20~40 mm（中石）、40~80 mm（大石）、80~120 mm（或150 mm）（特大石）。根据建筑物结构情况和施工条件，可以采用一级、二级、三级或四级的石子配合使用。若石子最大粒径为20 mm，采用一级配，即小石一级；最大粒径为40 mm，采用二级配，即用小石与中石两级；最大粒径为80 mm，采用三级配，即用小石、中石、大石三级；最大粒径为120 mm（或150 mm）采用四级配，即用小石、中石、大石、特大石四级。各级石子的配合比例，需通过试验确定最佳比例，其原理为空隙率达到最小或堆积密度达到最大且满足混凝土拌和物和易性要求。

施工现场的分级石子中往往存在超（逊）径现象。超（逊）径是指在某一级石子中混有大于（小于）这一级粒径的石子。《水工混凝土施工规范》（DL/T 5144—2001）规定：以原孔筛检验，超径量小于5%，逊径量小于10%；以超（逊）径筛检验，超径量为零，逊径量小于2%。若不符合要求，要进行二次筛分或调整集料级配。

粗集料的级配也是通过筛分试验来确定，其方孔筛的筛孔公称直径有：2.36mm、4.75mm、9.5mm、16.0mm、19.0mm、26.5mm、31.5mm、37.5mm、53.0mm、63.0mm、75.0mm和90.0mm共十二个筛。分计筛余百分率及累计筛余百分率的计算与砂相同。依据我国《建筑用卵石、碎石》（GB/T 14685—2001）的规定，普通混凝土用碎石或卵石的颗粒级配应符合表4.1的规定。

表4.1　碎石或卵石的颗粒级配

级配情况	公称粒径（mm）	累计筛选（按质量，%）											
		方孔筛筛孔边尺寸（mm）											
		2.36	4.75	9.5	16.0	19.0	26.5	31.5	37.5	53	63	75	90
连续粒径	5~10	95~100	80~100	0~15	0	—	—	—	—	—	—	—	—
	5~6	95~100	85~100	30~60	0~10	0	—	—	—	—	—	—	—
	5~20	95~100	90~100	40~80	—	0~10	—	—	—	—	—	—	—
	5~25	95~100	90~100	—	30~70	—	0~5	0	—	—	—	—	—
	5~31.5	95~100	90~100	70~90	—	15~45	—	0~5	0	—	—	—	—
	5~40	—	95~100	70~90	—	30~65	—	—	0~5	0	—	—	—
单粒径	10~20	—	95~100	85~100	—	0~15	0	—	—	—	—	—	—
	16~31.5	—	95~100	—	85~100	—	—	0~10	—	0	—	—	—
	20~40	—	—	95~100	—	80~100	—	—	0~10	—	0	—	—
	31.5~63	—	—	—	95~100	—	—	75~100	45~75	—	0~10	0	—
	40~80	—	—	—	—	95~100	—	—	70~100	—	30~60	0~10	0

· 91 ·

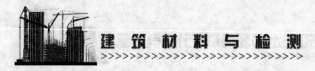
（二）针、片状颗粒含量

卵石、碎石颗粒的长度大于该颗粒所属粒级的平均粒径2.4倍的为针状颗粒；厚度小于平均粒径0.4倍的为片状颗粒。平均粒径是指该粒级上、下限粒径的平均值。为提高混凝土强度和减小骨料间的空隙，石子比较理想的颗粒形状应是三维长度相等或相近的立方体形或球形颗粒，而三维长度相差较大的针、片状颗粒粒形较差。在石子中，针、片状颗粒不仅本身在受力时容易折断，影响混凝土的强度，而且会增大骨料的空隙率，使混凝土拌和物的和易性变差。

针、片状颗粒含量按标准规定的针状规准仪及片状规准仪来逐粒测定，凡颗粒长度大于针状规准仪上相应间距者为针状颗粒；颗粒厚度小于片状规准仪上相应孔宽者，为片状颗粒。根据标准规定，卵石和碎石的针、片状颗粒含量应符合表4.2的规定。

表4.2　碎石和卵石技术要求

项目	技术要求		
	Ⅰ类	Ⅱ类	Ⅲ类
碎石压碎指标（%）	10	20	30
卵石压碎指标（%）	12	16	16
针片状颗粒含量（按质量计，%）	5	15	25
含泥量（按质量计，%）	0.5	1.0	1.5
泥块含量（按质量计，%）	0	0.5	0.7
硫化物和硫酸盐（折算为SO_3质计，%），<	0.5	1.0	1.0
有机质含量（比色法）	合格	合格	合格
坚固性（质量损失，%）	5	8	12
岩石抗压强度（MPa）	在饱和水状态下，火成岩应不小于80；变质岩应不小于60；水成岩应不小于30		

（三）泥含量和泥块含量

泥含量指粒径小于$75\mu m$的颗粒含量；泥块含量指粒径大于4.75mm，经水洗、手捏后变成小于2.36mm的颗粒含量。同砂子一样，石子中的泥和泥块对混凝土而言是有害的，必须严格控制其含量。各类产品中含泥量及泥块含量应符合表4.2的规定。

（四）强度

为保证混凝土的强度要求，粗集料必须质地致密、具有足够的强度。碎石或碎石的强度，可用岩石的抗压强度和压碎值指标两种方法表示，具体见表4.2。岩石抗压强度检验，是将碎石的母岩制成直径与高均为5cm的圆柱体试件或边长为5cm的立方体，在水饱和状态下，测定其极限抗压强度值。

压碎指标检验，是将一定质量的风干状态下公称粒径为9.5～19.0mm的石子装入标准圆模内，放在压力机上在160~300s内均匀加荷至200kN，稳定5s，卸荷后称取试样质量 m_o，然后用公称直径为2.36mm的方孔筛筛除被压碎的细粒，称出剩余在筛上的试样质量 m_1，按下式计算压碎指标值占 δ（以三次试验结果的算术平均值作为压碎指标测定值）：

$$\delta_{\alpha} = \frac{m_0 - m_1}{m_0} \times 100\% \qquad (4-1)$$

压碎指标表示石子抵抗压碎的能力，混凝土用碎石或卵石的压碎指标值愈小，表示石子抗破碎的能力愈强。

（五）坚固性

坚固性是卵石、碎石在自然风化和其他外界物理、化学等因素作用下抵抗破裂的能力。石子由于湿循环或冻融交替等作用引起体积变化会导致混凝土破坏。具有某种特征孔结构的岩石会表现出不良的体积稳定性。曾经发现，由某些页岩、砂岩等配制的混凝土，较易遭受冰冻以及骨料内盐类结晶所导致的破坏。骨料越密实、强度越高、吸水率越小，其坚固性越好；而结构越疏松、矿物成分越复杂、构造越不均匀，其坚固性越差。

采用硫酸钠溶液法进行检测，卵石和碎石经5次循环后，其质量损失应符合表4.2的规定。

（六）有害物质

为保证混凝土的强度和耐久性，对石子中的硫化物及硫酸盐含量、有机质含量等必须认真检验，不得大于表4.2所列指标。重要工程多用石子，应进行碱活性检验。

（七）碱骨料反应

水泥、外加剂等混凝土组成物及环境中的碱与石子中碱活性矿物在潮湿环境下会缓慢发生导致混凝土开裂破坏的膨胀反应。对于长期处于潮湿环境的重要混凝土，其所使用的碎石或卵石应进行骨料的碱活性检验。当判定骨料存在潜在的碱硅反应时，应控制混凝土中的碱含量不超过3kg/m³。或采用能抑制碱骨料反应的有效措施。

（八）表观密度、堆积密度、空隙率

表观密度应大于2500 kg/m³，堆积密度应大于1350 kg/m³，空隙率应小于47%。

项目一　进场检验与取样

任务一　检测项目与检测设备

一、依据标准

《建筑用卵石、碎石》（GB/T 14685—2001）

二、检测分类

检测分为出厂检测和型式检测。

（一）出厂检验项目

建筑用卵石、碎石：颗粒级配、含泥量、泥块含量及针片状含量。

（二）型式检测项目

有下列情况之一时，应进行型式检测：（1）新产品投产和老产品转产时；（2）原料资源或生产工艺发生变化时；（3）正常生产时；（4）国家质量监督机构要求检查时。

建筑用卵石、碎石型式检测的项目：颗粒级配、含泥量和泥块含量、针片状颗粒含量、有害物质、强度及坚固性，碱集料反应根据需要进行。

三、检测设备

（一）石子筛分析试验设备

（1）试验筛：筛分析试验采用公称直径分别为90.0mm、75.0mm、63.0mm、53.0mm、37.5mm、31.5mm、26.5mm、19.0mm、16.0mm、9.5mm、4.75 mm和2.36mm的方孔筛各一只，并附有筛底和盖。

（2）天平和秤：天平的称量5kg，感量5g；秤的称量10kg，感量1g。

（3）烘箱：能使温度控制在（105±5）℃。

（4）摇筛机。

（5）搪瓷盘、毛刷等。

（二）针状和片状颗粒的总含量检测设备

（1）针状规准仪（图4.2）和片状规准仪（图4.3）。

（2）台秤：称量10kg，感量10g。

（3）试验筛：筛孔公称直径分别为4.75mm、9.5mm、16.0mm、19.0mm、26.5mm、31.5mm及37.5mm的方孔筛各一只。

（4）游标卡尺。

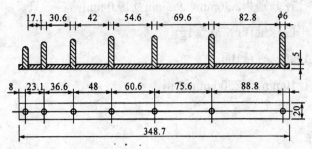

图4.2 针状规准仪（单位：mm）

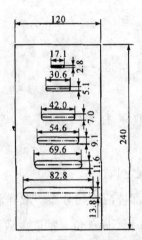

图4.3 片状规准仪（单位：mm）

（三）含泥量检测设备

（1）台秤：称量10kg，感量10g。

（2）烘箱：能使温度控制在（105±5）℃。

（3）试验筛：筛孔公称直径为75μm和1.18mm的方孔筛各一个。

（4）容器：容积约10L的瓷盘或金属盒，烘干用的浅盘等。

（5）搪瓷盘、毛刷等。

（四）泥块含量检测设备

（1）台秤：称量10kg，感量1g。

（2）烘箱：能使温度控制在（105±5）℃。

（3）试验筛：筛孔公称直径为2.36mm和4.75mm的方孔筛各一个。

（4）水桶及搪瓷盘。

（五）强度检测设备

（1）压力试验机：量程300kN，示值相对误差2%。

（2）压碎值测定仪。

（3）方孔筛：孔径分别为2.36mm、9.5mm及19.0 mm筛各一只。

（4）天平：天平的称量1kg，感量1g。

（5）秤：称量10kg，感量10g。

（6）垫棒：直径10mm，长500 mm圆钢。

任务二　取样

一、取样依据

依据标准

《建筑用卵石、碎石》（GB/T 14685—2001）

二、验收批

同模块三 项目一 进场检验与取样 任务二 取样 二、验收批

三、取样方法

每验收批取样方法应按下列规定执行：

（1）从料堆上取样时，取样部位应均匀分布。取样前应先将取样部位表层铲除，然后在堆料的顶部、中部和底部选15个不同部位，抽取大致相等的石子15份，各自组成一组样品。

（2）从皮带运输机上取样时，应在皮带运输机机尾的出料处用接料器定时抽取石子8份，各自组成一组样品。

（3）从火车、汽车、货船上取样时，应从不同部位和深度抽取大致相石子16份，各自组成一组样品。

四、取样数量

对于每一单项检验项目，石子的每组样品取样数量应分别满足表4.3的规定。当需要做多项检验时，可在确保样品经一项检测后不影响其他检测结果的前提下，用同组样品进行多项不同的检测。

表4.3　单项检验项目所需碎石或卵石的取样质量 （单位：kg）

序号	检验项目	最大公称粒径（mm）							
		9.5	16.0	19.0	26.5	31.5	37.5	63.0	75.0
1	颗粒级配	9.5	16.0	19.0	25.0	31.5	37.5	63	80
2	含泥量	8.0	8.0	24.0	24.0	40.0	40.0	80.0	80.0
3	你快含量	8.0	8.0	24.0	24.0	40.0	40.0	80.0	80.0

普通混凝土用粗骨料(石)及其检测

续表

序号	检验项目	最大公称粒径（mm）							
4	有机质含量	按检测要求的粒级和数量取样							
5	硫化物及硫酸盐含量								
6	坚固性								
7	岩石抗压强度	随机选取完整石块锯切或钻取成检测用样品							
8	压碎指标值	按检测要求的粒级和数量取样							
9	表观密度	8.0	8.0	8.0	8.0	12.0	16.0	24.0	24.0
10	针片状颗粒含量	1.2	4.0	8.0	12.0	20.0	40.0	40.0	40.0
11	堆积密度与空隙率	40.0	40.0	40.0	40.0	80.0	80.0	120.0	120.0
12	碱—集料反应	20.0	20.0	20.0	20.0	20.0	20.0	20.0	20.0

五、样品的处理

碎石或卵石缩分时，应将样品置于平板上，在自然状态下拌和均匀，并堆成锥体，然后沿互相垂直的两条直径把锥体分成大致相等的四份，取其对角的两份重新拌匀，再堆成锥体。重复上述过程，直至把样品缩分至检测所需量为止。

项目二　性能检测

依据标准如下：

《建筑用卵石、碎石》（GB/T 14685—2001）

任务一　石子的颗粒级配检测

一、试样制备

试验前，根据石子的最大粒径不同，将样品缩分至表4.4所规定的试样最少用量，并烘干或风干后备用。

表4.4　筛分析所需试样的最少用量

公称粒径（mm）	9.5	16.0	19.0	26.5	31.5	37.5	63.0	75.0
试样最少用量（kg）	1.9	3.2	3.8	5.0	6.3	7.5	12.6	16.0

二、试验步骤

（1）按表4.4的规定称取试样，精确至1g。将试样倒入按筛孔大小从上到下放置的套筛上。

（2）将套筛在摇筛机上筛10min，取下套筛，按筛孔大小顺序再逐个用手筛，当每只筛上的筛余层厚度大于试样的最大粒径值时，应将该筛上的筛余试样分成两份，再次进行筛分，直至各筛每分钟的通过量不超过试样总量的0.1%。

（3）称取各筛筛余的质量，精确至试样总质量的0.1%各筛的分计筛余量和筛底剩余量的总和与筛分前测定的试样总量相比，其相差不得超过1%。

三、数据处理与分析

（1）计算分计筛余（各筛上筛余量除以试样的百分率），精确至0.1%。

（2）计算累计筛余（该筛的分计筛余与筛孔大于该筛的各筛的分计筛余百分率总和），精确至1%。

（3）根据各筛的累计筛余，评定该试样的颗粒级配。

任务二　石子的针片状颗粒含量检测

一、试样制备

按规定取样，将试样缩分至略大于表4.5规定的数量，称量（m_0），烘干或风干后备用。按表4.5的规定称取试样一份，然后按表4.6规定的粒级对石子进行筛分。

表4.5　针状和片状颗粒总含量检测所需试样最少质量

最大公称粒径（mm）	9.5	16.0	19.0	26.5	31.5	≥37.5
试样不少于（kg）	0.3	1	2	3	5	30

表4.6　针状和片状颗粒总含量检测的粒径划分及相应的规准仪孔宽或间距

公称粒径（mm）	4.75~9.5	9.0~16.0	16.0~19.0	19.0~26.5	26.5~31.5	31.5~37.5
片状规准仪上相对应的孔宽（mm）	2.8	5.1	7.0	9.1	11.6	13.8
针状规准仪上相对应的孔宽（mm）	17.1	30.6	42.0	54.6	69.6	82.8

二、检测步骤

（1）按表4.6规定的粒级用规准仪逐粒对试样进行鉴定，凡颗粒长度大于针状规准仪相应间距者，为针状颗粒。厚度小于片状规准仪上相对应孔宽的，为片状颗粒。

（2）公称粒径大于37.5mm的碎石或卵石可用卡尺鉴定其针、片状颗粒，卡尺卡口的设定宽度符合表4.7规定。

表4.7　公称粒径大于37.5mm用卡尺卡口的设定宽度

公称粒径（mm）	37.5~63.0	63.0~75.0
片状颗粒的卡口宽度（mm）	18.1	27.6
针状颗粒的卡口宽度（mm）	108.6	165.6

（3）称量由各粒级挑出的针状和片状颗粒的总重量（m_1）。

三、数据处理与分析

针、片状颗粒含量ω_p按式（4-2）计算（精确至0.1%）：

$$\omega_p = \frac{m_1}{m_0} \times 100\% \tag{4-2}$$

式中：ω_p为针、片状颗粒的总含量，%；m_1为试样中针、片状颗粒的总含量，g；m_0为试样总质量，g。

任务三　石子含泥量和泥块含量检测

一、石子的含泥量检测

（一）试样制备

检测前，将试样用缩分至表4.8规定的量（注意防止细粉丢失），并置于温度为（105±5）℃的烘箱内烘干至恒重，冷却至室温后分成两份备用。

表4.8　含泥量检测所需试样的最少质量

公称粒径（mm）	9.5	16.0	19.0	26.5	31.5	37.5	63.0	75.0
试样不少于（kg）	2	2	6	6	10	10	20	20

（二）检测步骤

（1）称取一份试样（m_0）装入容器中摊平，并注入饮用水，使水面高出石子表面150mm，用手在水中淘洗颗粒，使尘屑、淤泥和黏土与较粗的颗粒分离，并使之悬浮或溶解于水中。缓缓地将浑浊液倒入1.18mm及75μm的套筛上（1.18mm筛放在上面），整个试验过程中应注意避免大于75μm的颗粒丢失。

（2）再次加水于容器中，重复上述过程，直至洗出的水清澈为止。

（3）用水冲洗剩留在筛上的细粒，并将75μm筛放在水中（使水面略高于筛内颗粒）来回摇动，以充分洗除小于75μm的颗粒，然后，将两只筛上剩留的颗粒和筒中已洗净的试样一并装入浅盘。置于温度为（105±5）℃的烘箱中烘干至恒重。冷却至室温后取出，称取试样的质量（m_0）。

（三）数据处理与分析

卵石、碎石泥含量ω_c。检测结果按式（4-3）计算（精确至0.1%）：

$$\omega_c = \frac{m_0 - m_1}{m_0} \times 100\% \qquad (4\text{-}3)$$

式中：ω_c为碎（卵）石中的含泥量，%；m_0为检测前烘干试样的质量，g；m_1为检测后烘干试样的质量，g。

含泥量检测结果评定以两次检测结果的算术平均值作为测定值，两次结果的差值超过0.2%时，测试结果无效，应重新取样进行检测。

二、石子的泥块含量检测

（一）试样制备

检测前，将样品缩分至略大于表4.4所示的量，缩分时应注意防止所含黏土块被压碎。缩分后的试样在（105±5）℃的烘箱内烘干至恒重，冷却至室温后分成两份备用。

（二）检测步骤

（1）筛去粒径2.36mm以下的颗粒，称其筛余重量（m_1）。

（2）将试样在容器中摊平，加入饮用水使水面高出试样表面，24h后把水放出，用手碾压泥块，然后把试样放在2.36mm的筛上，摇动淘洗，直至洗出的水清澈为止。

（3）将筛上试样小心地取出，置于温度（105±5）℃烘箱中烘干至恒重，取出，冷却至室温后称其重量（m_2）。

（三）数据处理与分析

泥块含量$\omega_{c \cdot L}$检测结果按式（4-4）计算（精确至0.1%）

$$\omega_{c \cdot L} = \frac{m_1 - m_2}{m_1} \times 100\% \qquad (4\text{-}4)$$

式中：$\omega_{c \cdot L}$为泥块含量，%；m_1为检测前的干燥试样质量，g；m_2为检测后的干燥试样质量，g。

取两次检测结果的算术平均值作为测定值。

任务四　石子强度检测

一、试样制备

按规定取样，风干后筛除大于19.0mm及小于9.5mm的颗粒，并去除针片状颗粒，拌匀后分成大致相等的三份备用（每份3000g）。

二、检测步骤

（1）置圆模于底盘上，取试样1份，分两层装入模内，每装完一层试样后，一手按住模子，一手将底盘放在圆钢上振颤摆动，左右交替颠击地面各25次，两层颠实后，平整模内试样表面，盖上压头。

（2）装有试样的模子置于压力机上，开动压力试验机，按1kN/s的速度均匀加荷200kN并稳荷5s，然后卸荷，取下受压圆模，倒出试样，用孔径2.36mm的筛筛除被压碎的细粒，称取留在筛上的试样质量，精确至1g。

三、数据处理与分析

压碎指标值按下式计算，精确至0.1%；

$$\delta_\alpha = \frac{m_0 - m_1}{m_0} \times 100\% \qquad (4\text{-}5)$$

式中：δ_α为 压碎指标值，%；

m_0为试样的质量，g；

m_1为压碎试验后筛余的试样质量，g。

压碎指标值取三次试验结果的算术平均值，精确至1%。

项目三　合格判定

检测（含重复检测）后，各项指标都符合《建筑用卵石、碎石》（GB/T 14684—2001）的规定时，可判定为产品合格；若检测有一项性能指标不符合规定，则应从同一批产品中加倍取样，对不符合要求的项目进行重复检测，复检后该项目符合规定，可判定该类产品合格，仍然不符合本标准规定时，则该批产品判为不合格。

建 筑 材 料 与 检 测

>>>>>>>>>>>>>>>>>>>>>>>>>>>>>>>>>

思考与训练

1. 混凝土用粗集料（石）的常规性能检测有哪些？与这些检测项目相应的取样数量是多少？各性能检测所用仪器设备有哪些？

2. 钢筋混凝土梁截面最小尺寸为300mm，采用的钢筋直径为25mm，钢筋间距80mm。问石子最大粒径应选多大？

3. 混凝土用粗集料（石）有哪些级配类型？工程中选用哪种级配较为理想并说明原因。

模块五　普通混凝土性能及其检测

知识目标：1. 了解普通混凝土的基本性质

　　　　　2. 熟悉普通混凝土的技术参数与检测标准

　　　　　3. 掌握普通混凝土的检测方法、步骤

　　　　　4. 掌握普通混凝土配合比设计方法

能力目标：1. 能够正确抽取、制备混凝土检测用的试样

　　　　　2. 能够对混凝土常规项目进行检测

　　　　　3. 能够按规范要求对检测数据进行处理，并评定检测结果

　　　　　4. 能够独立设计普通混凝土配合比

　　　　　5. 能够填写规范的检测原始记录并出具规范的检测报告

混凝土是由胶凝材料、粗骨料、细骨料和水（或不加水）按适当的比例配合、拌和制成混合物，经一定时间后硬化而成的人造石材。混凝土材料的应用可追溯到古老年代。数千年前，我国劳动人民及埃及人就用石灰与砂配制成砂浆砌筑房屋。后来罗马人又使用石灰、砂及石料配制成混凝土，并在石灰中掺入火山灰配制成用于海岸工程的混凝土，这类混凝土强度不高，使用量少。

现代意义上的混凝土，是在约瑟夫·阿斯帕丁1824年发明波特兰水泥以后才出现的。1830年前后水泥混凝土问世；1850年出现了钢筋混凝土，使混凝土技术发生了第一次革命；1928年制成了预应力钢筋混凝土，产生了混凝土技术的第二次革命；1965年前后混凝土外加剂，特别是减水剂的应用，使轻易获得高强度混凝土成为可能，混凝土的工作性显著提高，导致了混凝土技术的第三次革命。目前，混凝土技术正朝着超高强、轻质、高耐久性、多功能和智能化方向发展。

水泥混凝土经过170多年的发展，已演变成了有多个品种的土木工程材料，混凝土通常按以下几个方面分类：

按所用胶凝材料可分为水泥混凝土、沥青混凝土、水玻璃混凝土、聚合物混凝土、聚

合物水泥混凝土、石膏混凝土和硅酸盐混凝土等几种。

按表观密度分为三类：重混凝土，其干表观密度大于2600kg/m³，采用重骨料和水泥配制而成，主要用于防辐射工程，又称为防辐射混凝土；普通混凝土，其干表观密度为2000~2500kg/m³，一般在2400kg/m³左右，用水泥、水与普通砂、石配制而成，是目前土木工程中应用最多的混凝土，广泛用于工业与民用建筑、道路与桥梁、海工与大坝、军事等工程，主要用作承重结构材料，目前全世界普通混凝土年用量达40多亿m³，我国年用量在15亿m³以上；轻混凝土，其干表观密度小于1950kg/m³，包括轻骨料混凝土、大孔混凝土和多孔混凝土，可用作承重结构、保温结构和承重兼保温结构。混凝土的材料组成见图5.1。

图5.1　混凝土材料组成

项目一　职业能力

任务一　普通混凝土的主要技术性质

混凝土是各组成材料按一定比例配合、搅拌而成的尚未凝固的材料，称为混凝土拌和物，亦即新拌混凝土。普通混凝土的主要技术性质包括混凝土拌和物的和易性，硬化混凝土的强度、变形及混凝土的耐久性。

一、混凝土拌和物的和易性

（一）和易性的概念

和易性是指混凝土拌和物易于各种施工工序（拌和、运输、浇筑、振捣等）操作并能获得质量均匀、密实的性能，也叫混凝土工作性。它是一项综合技术性质，包括流动性、黏聚性和保水性三方面含义。

1. 流动性

流动性是指混凝土拌和物在自重或机械振捣作用下能产生流动，并均匀密实地填满模板的性能。流动性反映混凝土拌和物的稀稠：若混凝土拌和物太干稠，流动性差，难以振捣密实，易造成内部或表面孔洞等缺陷；若拌和物过稀，流动性好，但容易出现分层离析现象（水泥浆上浮、石子颗粒下沉），从而影响混凝土的质量。

2. 黏聚性

黏聚性是指混凝土拌和物各颗粒间具有一定的黏聚力，在施工过程中能够抵抗分层离析，使混凝土保持整体均匀的性能。黏聚性反映混凝土拌和物的均匀性。若混凝土拌和物黏聚性不好，混凝土中骨料与水泥浆容易分离，造成混凝土不均匀，振捣后会出现蜂窝、空洞等现象。

3. 保水性

保水性是指混凝土拌和物保持水分的能力，在施工过程中不产生严重泌水的性能。保水性反映混凝土拌和物的稳定性。保水性差的混凝土内部容易形成透水通道，影响混凝土的密实性，并降低混凝土的强度和耐久性。

混凝土拌和物的和易性是以上三个方面性能的综合体现，它们之间既相互联系，又相互矛盾。提高水灰比，可使流动性增大，但黏聚性和保水性往往变差；要保证拌和物具有良好的黏聚性和保水性，则流动性会受到影响。不同的工程对混凝土拌和物和易性的要求也不同，应根据工程具体情况对和易性三个方面既要有所侧重，又要互相照顾。

（二）和易性的测定

由于混凝土拌和物的和易性是一项综合的技术性质，目前还很难用一个单一的指标来全面衡量混凝土拌和物的和易性。通常以坍落度试验和维勃稠度试验来评定混凝土拌和物的和易性。先测定其流动性，再以直观经验观察其黏聚性和保水性。

1. 坍落度试验

在平整、润湿且不吸水的操作面上放置坍落筒，如图5.2所示，将混凝土拌和物分三次（每次装料1/3筒高）装入坍落度筒内，每次装料后，用插捣棒从周围向中间插捣25

图5.2 坍落度筒

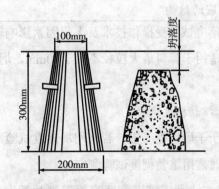

图5.3 混凝土拌和物坍落度测定

次，以使拌和物密实。待第三次装料、插捣密实后，刮平表面，然后垂直提起坍落度筒。拌和物在自重作用下会向下坍落，坍落的高度（以mm计）就是该混凝土拌和物的坍落度，如图5.3所示。

坍落度数值越大，表示混凝土拌和物的流动性越好。根据坍落度大小，将混凝土拌和物分为四级（见表5.1）：

表5.1　混凝土按坍落度的分级

级　别	名　称	坍落度（mm）
T_1	低塑性混凝土	10~40
T_2	塑性混凝土	50~90
T_3	流动性混凝土	100~150
T_4	大流动性混凝土	≥160

在进行坍落度试验过程中，同时观察拌和物的黏聚性和保水性。用捣棒在已坍落的拌和物锥体侧面轻轻击打，如果锥体逐渐下沉，表示拌和物黏聚性良好；如果锥体突然倒坍或部分崩裂或出现离析现象，表示拌和物黏聚性较差。若有较多的稀浆从锥体底部析出，锥体部分的拌和物会因失浆而骨料外露，表明混凝土拌和物保水性不好；如无这种现象，表明保水性良好。

施工中，选择混凝土拌和物的坍落度，一般根据构件截面的大小、钢筋分布的疏密、混凝土成型方式等因素来确定。若构件截面尺寸较小、钢筋分布较密，且为人工捣实，坍落度可选择大一些；反之，坍落度可选择小一些。混凝土的坍落度值可参考表5.2选用。

表5.2　混凝土的坍落度值

结　构　种　类	坍落度（mm）
基础或地面等的垫层、无配筋的大体积结构（挡土墙、基础等）或配筋稀疏的结构	10~30
板、梁和大型及中型截面的柱子	30~50
配筋密列的结构（薄壁、斗仓、筒仓、细柱等）	50~70
配筋特密的结构	70~90

坍落度试验受操作技术及人为因素影响较大，但因其操作简便，故应用很广。该方法一般仅适用于骨料最大粒径不大于40mm，坍落度值不小于10mm的混凝土拌和物流动性的测定。

2. 维勃稠度试验

对于干硬性混凝土，若采用坍落度试验，测出的坍落度值过小，不易准确反映其工作性，这时需用维勃稠度试验测定。

其方法是：将坍落度筒置于维勃稠度仪上的圆形容器内，并固定在规定的振动台上，如图5.4所示。把拌制好的混凝土拌和物，分三次装入坍落度筒内，表面刮平后提起坍落度筒，将维勃稠度仪上的透明圆盘转至试体顶面，使之与试体轻轻接触。开启振动台，同时用秒表计时，振动至透明圆盘底面被水泥浆布满的瞬间关闭振动台并停止计时，由秒表读出的时间，即是该拌和物的维勃稠度值。维勃稠度值小，表示拌和物的流动性大。

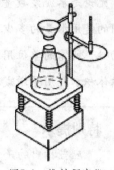

图5.4 维勃稠度仪

维勃稠度试验适用于骨料最大粒径不大于40mm，维勃稠度在5~30s之间的混凝土。根据维勃稠度，将混凝土拌和物分为四级，见表5.3。维勃稠度试验主要用于测定干硬性混凝土的流动性。

表5.3 混凝土按维勃稠度的分级

级 别	名 称	维勃稠度（s）
V_0	超干硬性混凝土	≥31
V_1	特干硬性混凝土	30~21
V_2	干硬性混凝土	20~11
V_3	半干硬性混凝土	10~5

知识链接：

影响混凝土拌和物和易性的主要因素：

1. 水泥浆的数量

在混凝土拌和物中，水泥浆除了起到胶结作用外，还起着润滑骨料、提高拌和物流动性的作用。在水灰比不变的情况下，单位体积拌和物内，水泥浆数量越多，拌和物流动性越大。但若水泥浆数量过多，不仅水泥用量大，而且会出现流浆现象，使拌和物的黏聚性变差，同时会降低混凝土的强度和耐久性；若水泥浆数量过少，则水泥浆不能填满骨料空隙或不能很好包裹骨料表面，会出现混凝土拌和物坍塌现象，使黏聚性变差。因此，混凝土拌和物中水泥浆的数量应以满足流动性和强度要求为准，不宜过多或过少。

2. 水泥浆的稠度（水灰比）

水泥的稀稠是由水灰比决定的。水灰比是指混凝土拌和物中用水量与水泥用量的比值。当水泥用量一定时，水灰比越小，水泥浆越稠，拌和物的流动性就越小。当水灰比过小时，水泥浆过于干稠，拌和物的流动性过低，影响施工，且不能保证混凝土的密实性。水灰比增大会使流动性加大，但水灰比过大，又会造成混凝土拌和物的黏聚性和保水性较差，产生流浆、离析现象，并严重影响混凝土的强度和耐久性。所以，水泥浆的稠度（水灰比）不宜过大或过小，应根据混凝土强度和耐久性要求合理选用。混凝土常用水灰比宜在0.40~0.75之间。

无论是水泥浆数量的多少，还是水泥浆的稀稠，实际上对混凝土拌和物流动性起决定作用的是用水量的多少。当使用确定的材料拌制混凝土时，为使混凝土拌和物达到一定的流动性，所需的单位用水量是一个定值。当使用确定的骨料，如果单位体积用水量一定，单位体积水泥用量增减不超过50 kg~100kg，混凝土拌和物的坍落度大体可以保持不变。

特别提示

应当指出的是，不能单独采取增减用水量（即改变水灰比）的办法来改善混凝土拌和物的流动性，而应在保持水灰比不变的条件下，用增减水泥浆数量的办法来改善拌和物的流动性。

3. 砂率

砂率是指混凝土中砂的质量占砂、石总质量的百分率。砂率的变动会使骨料的空隙率和总表面积有显著改变，因而对混凝土拌和物的和易性产生显著的影响。砂率过大时，骨料的总表面积和空隙率都将增大，则水泥浆数量相对不足，拌和物的流动性就降低。若砂率过小，又不能保证粗骨料之间有足够的砂浆层，会降低拌和物的流动性，且黏聚性和保水性也将变差。当砂率值适宜时，砂不但能填满石子间的空隙，而且还能保证粗骨料间有一定厚度的砂浆层，以减小粗骨料间的摩擦阻力，使混凝土拌和物有较好的流动性。这个适宜的砂率，称为合理砂率。合理砂率的技术经济效果可从图5.5中反映出来。图5.5（a）表明，在用水量及水泥用量一定的情况下，合理砂率能使混凝土拌和物获得最大的流动性（且能保持黏聚性及保水性能良好）；图5.5（b）表明，在保持混凝土拌和物坍落度基本相同的情况下（且能保持黏聚性及保水性能良好），合理砂率能使水泥浆的数量减少，从而节约水泥用量。

4. 时间及环境的温度、湿度

混凝土拌和物随时间的延长，因水泥水化及水分蒸发而逐渐变得干稠，和易性变差；

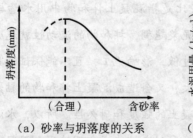
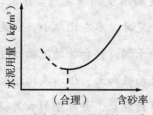

（a）砂率与坍落度的关系　　　（b）砂率与水泥用量的关系
（水与水泥用量一定）　　　　（达到相同的坍落度）

图5.5　合理砂率的技术经济效果

环境温度上升，水分容易蒸发，水泥水化速度也会加快，混凝土拌和物流动性将减小；空气湿度小，拌和物水分蒸发较快，坍落度损失也会加快。夏季施工或较长距离运输的混凝土，上述现象更加明显。

5．施工工艺

采用机械拌和的混凝土比同等条件下人工拌和的混凝土坍落度大；采用同一种拌和方式，其坍落度随着有效拌和时间的增长而增大。搅拌机类型不同，拌和时间不同，获得的坍落度也不同。

6．其他因素的影响

水泥的品种、骨料种类及形状、外加剂等，都对混凝土的和易性有一定影响。水泥的标准稠度用水量大，则拌和物的流动性小。骨料的颗粒较大，外形圆滑及级配良好时，则拌和物的流动性较大。此外，在混凝土拌和物中掺入外加剂（如减水剂），能显著改善和易性。

综上所述，在实际工程中，可采用以下措施调整混凝土拌和物的和易性：

（1）通过试验，采用合理砂率，并尽可能采用较低的砂率。

（2）改善砂、石的级配。

（3）在可能条件下，尽可能采用较粗的砂、石。

（4）当混凝土拌和物坍落度太小时，保持水灰比不变，适量增加水泥浆数量；当坍落度太大时，保持砂率不变，适量增加砂、石。

（5）掺加外加剂，如减水剂、引气剂等。

二、硬化混凝土的基本性能

硬化混凝土主要用于在设计的使用寿命期内承受建筑结构的荷载或抵抗各种作用力。强度、变形和耐久性是其最基本的性能。

（一）硬化混凝土强度

强度是混凝土最重要的力学性质。包括抗压强度、抗折强度和抗拉强度。混凝土的抗压强度最大，抗拉强度最小，因此在建筑工程中主要是利用混凝土来承受压力作用。混凝土的抗压强度是混凝土结构设计的主要参数，也是混凝土质量评定的重要指标。工程中提到的混凝土强度一般指的是混凝土的抗压强度。

1．混凝土的立方体抗压强度与强度等级

混凝土立方体抗压强度是指其标准试件在压力作用下直至破坏时，单位面积所能承受的最大压力。根据国家标准《普通混凝土力学性能试验方法标准》（GB/T 50081—2002）规定，测定混凝土抗压强度，宜采用150mm×150mm×150mm的标准试模，

制作150mm×150mm×150mm的标准混凝土试件，如图5.6所示，在标准养护条件（（20±2）℃，相对湿度95%以上）养护28天，以标准试验方法测得的抗压强度值。

图5.6　150mm×150mm×150mm的标准混凝土试件

非标准试件为200mm×200mm×200mm和100mm×100mm×100mm；当施工涉外工程或必须用圆柱体试件来确定混凝土力学性能等特殊情况时，也可用Φ150mm×300mm的圆柱体标准试件或Φ200mm×400mm的圆柱体非标准试件。

测定混凝土试件的强度时，试件的尺寸和表面状况对测试结果产生较大影响。下面以混凝土受压为例，来分析这两个因素对检测结果的影响。

当混凝土立方体试件在压力机上受压时，在沿加荷方向发生纵向变形的同时，也按泊松比效应产生横向变形。但是由于压力机上下压板（钢板）的弹性模量比混凝土大5倍~15倍，而泊松比则不大于混凝土的两倍。所以在压力的作用下，钢压板的横向变形小于混凝土的横向变形，因而上下压板与试件的接触面之间产生摩擦阻力。这种摩擦阻力分布在整个受压接触面，对混凝土试件的横向膨胀起约束限制作用，使混凝土强度检测值提高。通常称这种作用为"环箍效应"，如图5.7所示，它随离试件端部越远而变小，大约在距离$\frac{\sqrt{3}}{2}a$（a为立方体试件边长）以外消失，所以受压试件正常破坏时，其上下部分各呈一个较完整的棱锥体，如图5.8所示。如果在压板和试件接触面之间涂上润滑剂，则环箍效应大大减小，试件出现直裂破坏，如图5.9所示。如果试件表面凹凸不平，环箍效应小，并

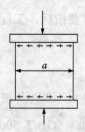
图5.7　混凝土"环箍效应"

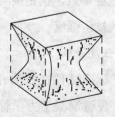
图5.8　混凝土受压试件破坏时图示

5.9　混凝土受压试件不受压板约束时的破坏情况

有明显应力集中现象，测得的强度值会显著降低。

混凝土立方体试件尺寸较大时，环箍效应的作用相对较小，测得的抗压强度偏低；反之测得的抗压强度偏高。另外，由于混凝土试件内部不可避免地存在一些微裂缝和孔隙等缺陷，这些缺陷处易产生应力集中。大尺寸试件存在缺陷的概率较大，使得测定的强度值也偏低。

为了使混凝土抗压强度测试结果具有可比性，GB/T 50081—2002规定，混凝土强度等级小于C60时，用非标准试件测得的强度值均应乘以尺寸换算系数，来换算成标准试件强度值。200mm×200mm×200mm试件换算系数为1.05，100mm×100mm×100mm试件换算系数为0.95。当混凝土强度等级大于或等于C60时，宜采用标准试件；使用非标准试件时，尺寸换算系数应由试验确定。

需要说明的是，混凝土各种强度的测定值，均与试件尺寸、试件表面状况、试验加荷速度、环境（或试件）的湿度和温度等因素有关。在进行混凝土各种强度测定时，应按GB/T 50081—2002等标准规定的条件和方法进行检测，以保证检测结果的可比性。

按《混凝土强度检验评定标准》（GBJ107—1987）的规定，普通混凝土的强度等级按其立方体抗压强度标准值划分为C7.5，C10，C15，C20，C25，C30，C35，C40，C45，C50，C55和C60共12个等级。"C"代表混凝土，C后面的数字为立方体抗压强度标准值（MPa）。混凝土强度等级是混凝土结构设计时强度计算取值、混凝土施工质量控制和工程验收的依据。

混凝土立方体抗压强度标准值是指按照标准方法制作养护的边长为150mm的立方体试件，在28d龄期用标准试验方法测得的具有95%保证率的抗压强度。

2. 混凝土轴心抗压强度

确定混凝土强度等级是采用立方体试件，但在实际结构中，钢筋混凝土受压构件多为棱柱体或圆柱体。为了使测得的混凝土强度与实际情况接近，在进行钢筋混凝土受压构件（如柱子、桁架的腹杆等）计算时，都是采用混凝土的轴心抗压强度。

GB/T 50081—2002规定，混凝土轴心抗压强度是指按标准方法制作的，标准尺寸为150mm×150mm×300mm的棱柱体试件，在标准养护条件下养护到28d龄期，以标准试验方法测得的抗压强度值。

非标准试件为100mm×100mm×300mm和200mm×200mm×400mm；为当施工涉外工程或必须用圆柱体试件来确定混凝土力学性能等特殊情况时，也可用Φ150mm×300mm的圆柱体标准试件或Φ100mm×200mm和Φ200mm×400mm的圆柱体非标准试件。

轴心抗压强度比同截面面积的立方体抗压强度要小，当标准立方体抗压强度在

10~50MPa范围内时，两者之间的比值近似为0.7~0.8。

3. 抗拉强度

混凝土是脆性材料，抗拉强度很低，拉压比为 $\frac{1}{10} \sim \frac{1}{20}$。拉压比随着混凝土强度等级的提高而降低。因此在钢筋混凝土结构设计时，不考虑混凝土承受拉力（考虑钢筋承受拉应力），但抗拉强度对混凝土抗裂性具有重要作用，是结构设计时确定混凝土抗裂度的重要指标，有时也用它来间接衡量混凝土与钢筋的黏结强度。

混凝土抗拉强度测定应采用轴拉试件，因此过去多用8字形或棱柱体试件直接测定混凝土轴心抗拉强度。但是这种方法由于夹具附近局部破坏很难避免，而且外力作用线与试件轴心方向不易调成一致而较少采用。目前我国采用劈裂抗拉试验来测定混凝土的抗拉强度。劈裂抗拉强度测定时，对试件前期制作方法、试件尺寸、养护方法及养护龄期等的规定，与检验混凝土立方体抗压强度的要求相同。该方法的原理是在试件两个相对的表面轴线上，作用着均匀分布的压力，这样就能使在此外力作用下的试件竖向平面内，产生均布拉应力，如图5.10所示。该拉应力可以根据弹性理论计算得出。这个方法克服了过去测试混凝土抗拉强度时出现的一些问题，并且也能较正确反映试件的抗拉强度。

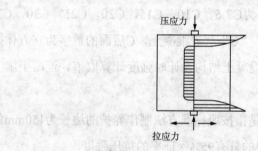

图5.10 劈裂试验时垂直受力面的应力分布

混凝土劈裂抗拉强度按下式计算：

$$f_{ts} = \frac{2P}{\pi A} = 0.637 \frac{P}{A} \qquad (5-1)$$

式中：f_{ts}——混凝土劈裂抗拉强度，MPa。

P——破坏荷载，N。

A——试件劈裂面积，mm^2。

混凝土劈裂抗拉强度较轴心抗拉强度低，试验证明二者的比值为0.9左右。

知识链接：

影响混凝土强度的因素：

1. 水泥强度等级和水灰比的影响

水泥强度等级和水灰比是影响混凝土强度决定性的因素。因为混凝土的强度主要取决于水泥石的强度及其与骨料间的黏结力，而水泥石的强度及其与骨料间的黏结力，又取决于水泥的强度等级和水灰比的大小。在相同配合比、相同成型工艺、相同养护条件的情况下，水泥强度等级越高，配制的混凝土强度越高。

在水泥品种、水泥强度等级不变时，混凝土在振动密实的条件下，水灰比越小，强度越高，反之亦然（如图5.11所示）。但是为了使混凝土拌和物获得必要的流动性，常要加入较多的水（水灰比为0.35~0.75），它往往超过了水泥水化的理论需水量（水灰比0.23~0.25）。多余的水残留在混凝土内形成水泡或水道，随着混凝土硬化而蒸发成为孔隙，使混凝土的强度下降。

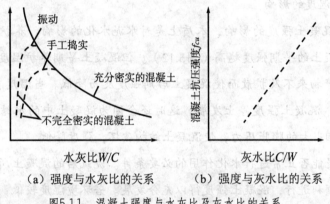

（a）强度与水灰比的关系　　（b）强度与灰水比的关系

图5.11　混凝土强度与水灰比及灰水比的关系

大量试验结果表明，在原材料一定的情况下，混凝土28d龄期抗压强度f_{cu}与水泥实际强度f_{ce}及水灰比（W/C）之间的关系符合下列经验公式（又称鲍罗米公式）。

$$f_{cu} = \alpha_a f_{ce} \left(\frac{C}{W} - \alpha_b \right) \qquad\qquad (5-2)$$

式中：f_{cu}——混凝土28d抗压强度，MPa。

α_a，α_b——回归系数，它们与粗骨料、细骨料、水泥产地有关，可通过历史资料统计计算得到。若无统计资料，可按《普通混凝土配合比设计规程》（JGJ 55—2000）提供的α_a，α_b经验值：采用碎石时α_a=0.46，α_b=0.07；采用卵石时α_a=0.48，α_b=0.33。

f_{ce}——水泥28d实测抗压强度，MPa。

C——混凝土中的水泥用量，kg。

W——混凝土中的用水量，kg。

$\dfrac{C}{W}$——混凝土的灰水比，水泥与水的质量之比。

在混凝土施工过程中，常发生往混凝土拌和物中随意加水的现象，这使混凝土水灰比

增大，导致混凝土强度的严重下降，是必须禁止的。在混凝土施工过程中，节约水和节约水泥同等重要。

2. 骨料的影响

骨料本身的强度一般大于水泥石的强度，对混凝土的强度影响很小。但骨料中有害杂质含量较多、级配不良均不利于混凝土强度的提高。骨料表面粗糙，则与水泥石黏结力较大。但达到同样流动性时，需水量大，随着水灰比变大，强度降低。试验证明，水灰比小于0.4时，用碎石配制的混凝土比用卵石配制的混凝土强度约高30%~40%，但随着水灰比增大，两者的差异就不明显了。另外，在相同水灰比和坍落度下，混凝土强度随骨灰比（骨料与胶凝材料质量之比）的增大而提高。

3. 养护温度及湿度的影响

温度及湿度对混凝土强度的影响，本质上是对水泥水化的影响。养护温度高，水泥早期水化越快，混凝土的早期强度越高（图5.12）。但混凝土早期养护温度过高（40℃以上），因水泥水化产物来不及扩散而使混凝土后期强度反而降低。当温度在0℃以下时，水泥水化反应停止，混凝土强度停止发展。这时还会因为混凝土中的水结冰产生体积膨胀，对混凝土产生相当大的膨胀压力，使混凝土结构破坏，强度降低。

湿度是决定水泥能否正常进行水化作用的必要条件。浇筑后的混凝土所处环境湿度相宜，水泥水化反应顺利进行，混凝土强度得以充分发展。若环境湿度较低，水泥不能正常进行水化作用，甚至停止水化，混凝土强度将严重降低或停止发展。图5.13是混凝土强度与保湿养护时间的关系。

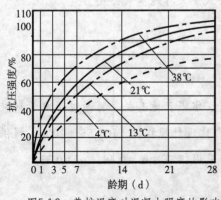

图5.12 养护温度对混凝土强度的影响

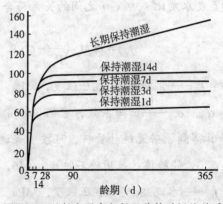

图5.13 混凝土强度与保湿养护时间的关系

为了保证混凝土强度正常发展和防止失水过快引起的收缩裂缝，混凝土浇筑完毕后，应及时覆盖和浇水养护。气候炎热和空气干燥时，不及时进行养护，混凝土中水分会蒸发过快，出现脱水现象，混凝土表面出现片状、粉状剥落和干缩裂纹等劣化现象，混凝土强度明显降低；在冬季应特别注意保持必要的温度，以保证水泥能正常水化和防止混凝土内水结冰引起的膨胀破坏。

常见的混凝土养护有以下几种。

（1）自然养护。混凝土在自然条件下于一定时间内使混凝土保持湿润状态的养护。包括洒水养护和喷涂薄膜养护两种。

洒水养护是指用草帘等将混凝土覆盖，经常洒水使其保持湿润。养护时间取决于混凝土的特性和水泥品种，非干硬性混凝土浇筑完毕12h以内应加以覆盖并保湿养护，干硬性混凝土应于浇筑完毕后立即进行养护。使用硅酸盐水泥、普通水泥和矿渣水泥时，浇水养护时间不应少于7d；使用火山灰水泥和粉煤灰水泥或混凝土掺用缓凝型外加剂或有抗渗要求时，不得少于14d；道路路面水泥混凝土宜为14~21d；使用铝酸盐水泥时，不得少于3d。洒水次数以能保证混凝土表面湿润为宜，混凝土养护用水应与拌制用水相同。

喷涂薄膜养生液适用于不易洒水的高耸构筑物和大面积混凝土结构的养护。它是将过氯乙烯树脂溶液用喷枪喷涂在混凝土表面上，溶液挥发后在混凝土表面形成一层塑料薄膜，将混凝土与空气隔绝，阻止其中水分的蒸发以保证水泥水化用水。有的薄膜在养护完成后要求能自行老化脱落，否则，不宜用于以后要做粉刷的混凝土表面上。在夏季薄膜成型后要防晒，否则易产生裂纹。地下建筑或基础，可在其表面涂刷沥青乳液以防止混凝土内水分蒸发。

（2）标准养护。将混凝土放在（20±2）℃，相对湿度为95%以上的标准养护室或（20±2）℃的不流动的 Ca（OH）$_2$ 饱和溶液中进行的养护。测定混凝土强度时，一般采用标准养护。

（3）蒸汽养护。将混凝土放在近100℃的常压蒸汽中进行的养护。蒸汽养护的目的是加快水泥的水化，提高混凝土的早期强度，以加快拆模，提高模板及场地的周转率，提高生产效率和降低成本，这种养护方法非常适用于生产预制构件、预应力混凝土梁及墙板等。这种养护适合于早期强度较低的水泥，如矿渣水泥、粉煤灰水泥等掺有大量混合材料的水泥，不适合于硅酸盐水泥、普通水泥等早期强度高的水泥。研究表明，硅酸盐水泥和普通水泥配制的混凝土，其养护温度不宜超80 ℃，否则待其再养护到28d时的强度，将比一直自然养护至28d的强度低10%以上，这是由于水泥的过快反应，致使在水泥颗粒外围过早地形成了大量的水化产物，阻碍了水分深入内部进一步水化。

（4）同条件养护。将用于检查混凝土实体强度的试件，置于混凝土实体旁，试件与混凝土实体在同一温度和湿度条件下进行的养护。同条件养护的试件强度能真实反映混凝土构件的实际强度。

在正常养护条件下，混凝土强度随龄期的增长而增大，最初7d~14d发展较快，28d后强度发展趋于平缓（如图5.13所示），所以混凝土以28d龄期的强度作为质量评定依据。

在混凝土施工过程中，经常需要尽快知道已成型混凝土的强度，以便决策，所以快速评定混凝土强度一直受到人们的重视。经过多年的研究，国内外已有多种快速评定混凝土强度的方法，有些方法已被列入国家标准中。

在我国，工程技术人员常用下面的经验公式来估算混凝土28d强度。

$$f_{28} = f_n \frac{\lg 28}{\lg n} \tag{5-3}$$

式中：f_{28}——混凝土28d龄期的抗压强度，MPa。

f_n——混凝土nd龄期的抗压强度，MPa。

n——养护龄期，d，n不小于3。

应注意的是，该公式仅适用于在标准条件下养护中等强度（C20~C30）的混凝土。对较高强度混凝土（不小于C35）和掺外加剂的混凝土，用该公式估算会产生很大误差。

三、混凝土的变形性能

混凝土在硬化和使用过程中，由于受到物理、化学和力学等因素的作用，常发生各种变形。由物理、化学因素引起的变形称为非荷载作用下的变形，包括化学收缩、干湿变形、碳化收缩及温度变形等；由荷载作用引起的变形称为在荷载作用下的变形，包括在短期荷载作用下的变形及长期荷载作用下的变形。

（一）在非荷载作用下的变形

1. 化学收缩

由于水泥水化生成物的体积比反应前物质的总体积小，从而引起混凝土的收缩称为化学收缩。收缩量随混凝土硬化龄期的延长而增加，一般在混凝土成型后40d内增长较快，以后逐渐趋于稳定。化学收缩值很小（小于1%），对混凝土结构没有破坏作用。混凝土的化学收缩是不可恢复的。

2. 干湿变形

混凝土因周围环境湿度变化，会产生干燥收缩和湿胀，统称为干湿变形。

混凝土在水中硬化时，由于凝胶体中的胶体粒子表面的吸附水膜增厚，胶体粒子间距离增大，引起混凝土产生微小的膨胀，即湿胀。湿胀对混凝土无危害。混凝土在空气中硬化时，首先失去自由水；继续干燥时，毛细管水蒸发，使毛细孔中形成负压产生收缩；再继续干燥则吸附水蒸发，引起凝胶体失水而紧缩。以上这些作用的结果导致混凝土产生干缩变形。混凝土的干缩变形在重新吸水后大部分可以恢复，但不能完全恢复。混凝土抗拉强度低，而干缩变形对混凝土的危害较大，很容易产生干缩裂缝。

混凝土的干缩主要发生在早期，前三个月的收缩量为20年收缩量的40%~80%。

3. 碳化收缩

混凝土的碳化是指混凝土内水泥石中的$Ca(OH)_2$与空气中的CO_2，在湿度适宜的条件下发生化学反应，生成$CaCO_3$和H_2O的过程，也称为中性化。

混凝土的碳化会引起收缩，这种收缩称为碳化收缩。碳化收缩可能是由于在干燥收缩引起的压应力下，因$Ca(OH)_2$晶体应力释放和在无应力空间$CaCO_3$的沉淀所引起的。碳化收缩会在混凝土表面产生拉应力，导致混凝土表面产生微细裂纹。观察碳化混凝土的切割面，可以发现细裂纹的深度与碳化层的深度相近。但是，碳化收缩与干燥收缩总是相伴发生，很难准确划分开来。

4. 温度变形

混凝土同其他材料一样，也会随着温度的变化而产生热胀冷缩变形。混凝土的温度膨胀系数为0.7×10^{-5}~$1.4\times10^{-5}/℃$，一般取$1.0\times10^{-5}/℃$，即温度每发生1℃改变，1m混凝土将产生0.01mm膨胀或收缩变形。

混凝土是热的不良导体，传热很慢，因此在大体积混凝土（截面最小尺寸大于$1m^2$的混凝土，如大坝、桥墩和大型设备基础等）硬化初期，由于内部水泥水化热而积聚较多热量，造成混凝土内外层温差很大（可达50~80℃）。这将使内部混凝土的体积产生较大热膨胀，而外部混凝土与大气接触，温度相对较低，产生收缩。内部膨胀与外部收缩相互制约，在外表混凝土中将产生很大拉应力，严重时会使混凝土产生裂缝。大体积混凝土施工时，须采取一些措施来减小混凝土内外层温差，以防止混凝土温度裂缝，目前常用的方法有以下几种：

（1）采用低热水泥（如矿渣水泥、粉煤灰水泥、大坝水泥等）和尽量减少水泥用量，以减少水泥水化热。

（2）在混凝土拌和物中掺入缓凝剂、减水剂和掺和料，降低水泥水化速度，使水泥水化热不至于在早期过分集中放出。

（3）预先冷却原材料，用冰块代替水，以抵消部分水化热。

（4）在混凝土中预埋冷却水管，从管子的一端注入冷水，冷水流经埋在混凝土内部的管道后，从另一端排出，将混凝土内部的水化热带出。

（5）在建筑结构安全许可的条件下，将大体积化整为零施工，减轻约束和扩大散热面积。

（6）表面绝热，调节混凝土表面温度下降速率。

对于纵长和大面积混凝土工程（如混凝土路面、广场、地面和屋面等），常采用每隔一段距离设置一道伸缩缝或留设后浇带来防止混凝土温度裂缝。

监测混凝土内部温度场是控制与防范混凝土温度裂缝的重要工作内容。过去多采用点式温度计来测试，这种方法布点有限，施工工艺复杂，温度信息量少；现在一些大型水利水电工程（如三峡大坝），通过在混凝土内埋设光纤维，利用光纤传感技术来监测内部温度场，该方法具有测点连续，温度信息量大，定位准确，抗干扰性强，施工简便等优点。

（二）在荷载作用下的变形

1. 在短期荷载作用下的变形

（1）混凝土的弹塑性变形。混凝土是一种弹塑性体，静力受压时，既产生弹性变形，又产生塑性变形，其应力（σ）与应变（ε）的关系是一条曲线，如图5.14所示。当在图中A点卸荷时，σ-ε曲线沿AC曲线恢复，卸荷后弹性变形$\varepsilon_弹$恢复了，而残留下塑性变形$\varepsilon_塑$。

（2）混凝土的弹性模量。材料的弹性模量是指σ-ε曲线上任一点的应力与应变之比。混凝土σ-ε曲线是一条曲线，因此混凝土的弹性模量是一个变量，这给确定混凝土弹性模量带来不便。依据《普通混凝土力学性能试验方法标准》（GB/T 50081—2002）规定，混凝土弹性模量的测定，采用标准尺寸为150mm×150mm×300mm的棱柱体试件，试验控制应力荷载值为轴心抗压强度的1/3，经三次以上反复加荷和卸荷后，测定应力与应变的比值，得到混凝土的弹性模量。

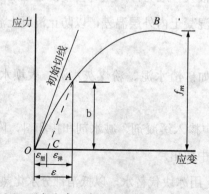

图5.14　混凝土在压力作用下的应力—应变曲线

混凝土的弹性模量与混凝土的强度、骨料的弹性模量、骨料用量和早期养护温度等因素有关。混凝土强度越高、骨料弹性模量越大、骨料用量越多、早期养护温度较低，混凝土的弹性模量越大。C10～C60的混凝土其弹性模量约为（1.75～3.60）×10^4MPa。

2. 混凝土在长期荷载作用下的变形

混凝土在长期荷载作用下会发生徐变。所谓徐变是指混凝土在长期恒载作用下，随着时间的延长，沿作用力的方向发生的变形，即随时间而发展的变形。

混凝土的徐变在加荷早期增长较快，然后逐渐减慢，要2~3年才趋于稳定。当混凝土卸载后，一部分变形瞬时恢复，一部分要过一段时间才能恢复（称为徐变恢复），剩余的变形是不可恢复部分，称作残余变形，如图5.15所示。

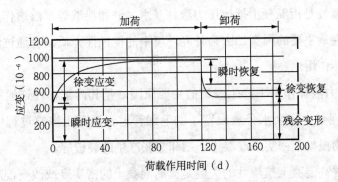

图5.15　混凝土的应变与持荷时间的关系

混凝土产生徐变的原因，一般认为是由于在长期荷载作用下，水泥石中的凝胶体产生黏性流动，向毛细孔中迁移，或者凝胶体中的吸附水或结晶水向内部毛细孔迁移渗透所致。

因此，影响混凝土徐变的主要因素是水泥用量多少和水灰比大小。水泥用量越多，混凝土中凝胶体含量越大；水灰比越大，混凝土中的毛细孔越多，这两个方面均会使混凝土的徐变增大。

混凝土的徐变对混凝土及钢筋混凝土结构物的影响有有利的一面，也有不利的一面。徐变有利于削弱由温度、干缩等引起的约束变形，从而防止裂缝的产生。但在预应力结构中，徐变将产生应力松弛，引起预应力损失。在钢筋混凝土结构设计中，要充分考虑徐变的影响。

四、混凝土的耐久性

在人们的传统观念中，认为混凝土是经久耐用的，钢筋混凝土结构是由最为耐久的混凝土材料浇筑而成，虽然钢筋易腐蚀，但有混凝土保护层，钢筋也不会锈蚀，因此，对钢筋混凝土结构的使用寿命期望值也很高，忽视了钢筋混凝土结构的耐久性问题，并为此付出了巨大代价。据调查，美国目前每年由混凝土各种腐蚀引起的损失约2500~3500亿美元，瑞士每年仅用于桥面检测及维护的费用就高达8000万瑞士法郎，我国每年由混凝土腐蚀造成的损失约1800~3600亿元。因此，加强混凝土结构耐久性研究，提高建筑物、构筑

物使用寿命显得十分迫切和必要。

钢筋混凝土结构耐久性包括材料的耐久性和结构的耐久性两个方面，本节仅学习混凝土材料的耐久性，结构的耐久性在《混凝土结构》等课程中将涉及。

混凝土的耐久性是指混凝土能抵抗环境介质的长期作用，保持正常使用性能和外观完整性的能力。下面是常见的几种耐久性问题。

（一）混凝土的抗渗性

混凝土的抗渗性是指混凝土抵抗压力液体（水、油和溶液等）渗透作用的能力。它是决定混凝土耐久性最主要的因素。因为外界环境中的侵蚀性介质只有通过渗透才能进入混凝土内部产生破坏作用。

混凝土在压力液体作用下产生渗透的主要原因，是其内部存在连通的渗水孔道。这些孔道来源于水泥浆中多余水分蒸发留下的毛细管道、混凝土浇筑过程中泌水产生的通道、混凝土拌和物振捣不密实、混凝土干缩和热胀产生的裂缝等。

由此可见，提高混凝土抗渗性的关键是提高混凝土的密实度或改变混凝土孔隙特征。在受压力液体作用的工程，如地下建筑、水池、水塔、压力水管、水坝、油罐以及港工、海工等，必须要求混凝土具有一定的抗渗性能。提高混凝土抗渗性的主要措施有降低水灰比，以减少泌水和毛细孔；掺引气型外加剂，将开口孔转变成闭口孔，割断渗水通道；减小骨料最大粒径，骨料干净、级配良好；加强振捣，充分养护等。

工程上用抗渗等级来表示混凝土的抗渗性。根据《普通混凝土长期性能和耐久性能试验方法》（GBT 82—1985）的规定，测定混凝土抗渗标号采用顶面直径为175mm、底面直径为185mm，高度为150mm的圆台体标准试件，在规定的试验条件下，以6个试件中4个试件未出现渗水时的最大水压力来表示混凝土的抗渗等级，试验时加水压至6个试件中有3个试件端面渗水时为止。计算公式为：

$$S=10H-1 \tag{5-4}$$

式中：S——混凝土的抗渗等级。

H——6个试件中3个试件表面渗水时的水压力，MPa。

混凝土抗渗标号分为S4、S6、S8、S10和S12五级，相应表示混凝土能抵抗0.4MPa，0.6MPa，0.8MPa，1.0MPa和1.2MPa的水压力而不渗漏。

（二）混凝土的抗冻性

混凝土的抗冻性是指混凝土在水饱和状态下，经受多次冻融循环作用，强度不严重降低，外观能保持完整的性能。

水结冰时体积膨胀约9%，如果混凝土毛细孔充水程度超过某一临界值（91.7%），则结冰产生很大的压力。此压力的大小取决于毛细孔的充水程度、冻结速度及尚未结冰的水向周围能容纳水的孔隙流动的阻力（包括凝胶体的渗透性及水通路的长短）。除了水的冻结膨胀引起的压力之外，当毛细孔水结冰时，凝胶孔水处于过冷的状态，过冷水的蒸气压比同温度下冰的蒸气压高，将发生凝胶水向毛细孔中冰的界面迁移渗透，并产生渗透压力。因此，混凝土受冻融破坏的原因是其内部的空隙和毛细孔中的水结冰产生体积膨胀和过冷水迁移产生压力所致。当两种压力超过混凝土的抗拉强度时，混凝土发生微细裂缝。在反复冻融作用下，混凝土内部的微细裂缝逐渐增多和扩大，导致混凝土强度降低甚至破坏。

混凝土的抗冻性与混凝土的密实度、孔隙充水程度、孔隙特征、孔隙间距、冰冻速度及反复冻融的次数等有关。对于寒冷地区经常与水接触的结构物，如水位变化区的海工、水工混凝土结构物、水池、发电站冷却塔及与水接触的道路、建筑物勒脚等，以及寒冷环境的建筑物，如冷库等，要求混凝土必须有一定的抗冻性。

提高混凝土抗冻性的主要措施有：降低水灰比，加强振捣，提高混凝土的密实度；掺引气型外加剂，将开口孔转变成闭口孔，使水不易进入孔隙内部，同时细小闭孔可减缓冰胀压力；保持骨料干净和级配良好；充分养护。

混凝土的抗冻性用抗冻等级Fn来表示，分为F10、F15、F25、F50、F100、F150、F200、F250和F300九个等级，其中数字表示混凝土能承受的最大冻融循环次数。按GBJ 82—85的规定，混凝土抗冻等级的测定有两种方法，一是慢冻法，以标准养护28d龄期的立方体试件，在水饱和后，于-15℃~+20℃情况下进行冻融，最后以抗压强度下降率不超过25%、质量损失率不超过5%时，混凝土所能承受的最大冻融循环次数来表示。二是快冻法，采用100mm×100mm×400mm的棱柱体试件，以混凝土快速冻融循环后，相对动弹性模量不小于60%、质量损失率不超过5%时的最大冻融循环次数表示。

（三）混凝土的碳化

混凝土的碳化弊多利少。由于中性化，混凝土中的钢筋因失去碱性保护而锈蚀，并引起混凝土顺筋开裂；碳化收缩会引起微细裂纹，使混凝土强度降低。但是碳化时生成的碳酸钙填充在水泥石的孔隙中，使混凝土的密实度和抗压强度提高，对防止有害杂质的侵入有一定的缓冲作用。

混凝土碳化由表面逐渐向内部扩散进行，碳化速度越来越慢。碳化必须有水分存在时才能进行，相对湿度在50%~75%时，混凝土碳化速度最快，当相对湿度小于25%或达100%时，碳化停止。

（四）混凝土的抗侵蚀性

环境介质对混凝土的侵蚀包括软水侵蚀、硫酸盐侵蚀、镁盐侵蚀、酸和强碱侵蚀等，

侵蚀机理与水泥石腐蚀机理相同。

混凝土的抗侵蚀性与所采用的水泥品种、混凝土的密实度和孔隙特性有关。内部结构密实、孔隙封闭的混凝土，侵蚀介质不易渗入，抗侵蚀性能越强，选用掺混合材料的混凝土也能提高混凝土的抗侵蚀性。

（五）混凝土的碱-骨料反应

碱-骨料反应（Alkali-Aggregate Reaction，简称AAR）是指混凝土中的碱与具有碱活性的骨料之间发生反应，反应产物吸水膨胀或反应导致骨料膨胀，造成混凝土开裂破坏的现象，如图5.16所示。

混凝土发生碱-骨料反应必须同时具备以下三个条件：①水泥中碱含量以$Na_2O+0.658K_2O$计算大于0.6%；②骨料中含有活性二氧化硅成分；③有水存在。

图5.16　由于碱-骨料反应造成低墙中出现裂纹、剥落及横向位移

课堂讨论

1．影响混凝土强度的主要因素有哪些？提高混凝土强度的主要措施有哪些？

2．什么是混凝土的耐久性，其有哪些方面的反映？

任务二　混凝土配合比设计

普通混凝土的配合比设计就是根据工程所需的普通混凝土各项性能要求，确定混凝土中各组成材料数量之间的比例关系。这种比例关系常用两种方式表示：一种是以1m³混凝土中各组成材料的用量来表示，例如1m³混凝土各项材料的用量为：水泥310kg，水155kg，砂750kg，石子1116kg；另一种是以混凝土各项材料的质量比来表示（以水泥质量为1），例如，水泥∶水∶砂∶石子=1∶0.5∶2.4∶3.6。

一、混凝土配合比设计的基本要求

配合比设计的任务，就是根据原材料的技术性能及施工条件，确定能满足工程要求的技术经济指标的各项组成材料的用量。其基本要求有：

（1）满足施工条件所要求的和易性。

（2）满足混凝土结构设计的强度等级。

（3）满足工程所处环境和设计规定的耐久性。

（4）在满足上述三项要求的前提下，尽可能节约水泥，降低成本。

二、混凝土配合比设计的资料准备

在设计混凝土配合比之前，应掌握以下基本资料：

（1）了解工程设计所要求的混凝土强度等级和质量稳定性的强度标准差，以便确定混凝土配制强度。

（2）了解工程所处环境对混凝土耐久性的要求，以便确定所配制混凝土最大水灰比和最小水泥用量。

（3）了解结构构件断面尺寸及钢筋配置情况，以便确定混凝土骨料的最大粒径。

（4）了解混凝土施工方法及管理水平，以便选择混凝土拌和物坍落度及骨料最大粒径。

（5）掌握原材料的性能指标，包括：水泥的品种、强度等级、密度；砂、石骨料的种类、体积密度、级配、最大粒径；拌和用水的水质情况；外加剂的品种、性能、掺量等。

三、混凝土配合比设计中的三个重要参数

混凝土配合比设计，实质上就是确定水泥、水、砂与石子这四种基本组成材料用量之间的三个比例关系。即：水与水泥用量的比值（水灰比）；砂子质量占砂石总质量的百分率（砂率）；单位用水量。在配合比设计中正确地确定这三个参数，就能使混凝土满足配

合比设计的四项基本要求。

　　水灰比是影响混凝土强度和耐久性的主要因素，其确定原则是在满足强度和耐久性要求前提下，尽量选择较大值，以节约水泥。砂率是影响混凝土拌和物和易性的重要指标，选用原则是在保证混凝土拌和物黏聚性和保水性的前提下，尽量取较小值。单位用水量是指1m³混凝土用水量，它反映混凝土拌和物中水泥浆与骨料之间的比例关系，其确定原则是在达到流动性要求前提下取较小值。

四、混凝土配合比设计的步骤

　　首先，根据原材料的性能和混凝土技术要求进行初步计算，得出初步计算配合比。再经过试验室试拌调整，得出基准配合比。然后，经过强度检验（如有抗渗、抗冻等其他性能要求，应进行相应的检验），定出满足设计和施工要求并比较经济的试验室配合比。最后，根据现场砂、石的实际含水率，对试验室配合比进行调整，得出施工配合比。

　　（一）初步配合比的计算

　　1. 确定配制强度

　　考虑到实际施工条件与实验室条件的差别，为了保证混凝土能够达到设计要求的强度等级，在混凝土配合比设计时，必须使混凝土的配制强度高于设计强度等级。根据《普通混凝土配合比设计规程》（JGJ 55—2000）规定，配制强度$f_{cu,o}$可按下式计算：

$$f_{cu,o} \geq f_{cu,k} + 1.645\sigma \tag{5-5}$$

式中：$f_{cu,o}$——混凝土配制强度，MPa。

　　$f_{cu,k}$——混凝土设计强度等级，MPa。

　　σ——混凝土强度标准差，MPa。

　　强度标准差σ可根据施工单位以往的生产质量水平进行测算，如施工单位无历史统计资料时，可按表5.4选取。

表5.4　混凝土配合比设计时σ取值

混凝土强度等级	< C20	C20~C35	> C35
σ（MPa）	4.0	5.0	6.0

　　2. 初步确定水灰比（W/C）

　　根据已算出的混凝土配制强度（$f_{cu,o}$）及所用水泥的实际强度（f_{ce}）或水泥强度等级，计算出所要求的水灰比值（混凝土强度等级小于C60级）：

$$\frac{W}{C} = \frac{\alpha_a \times f_{ce}}{f_{cu,o} + \alpha_a \times \alpha_b \times f_{ce}} \tag{5-6}$$

式中：$f_{cu,o}$——混凝土配制强度，MPa。

f_{ce}——水泥28d抗压强度实测值，MPa。

α_a，α_b——回归系数。当不具备试验统计数据时，可根据《普通混凝土配合比设计规程》（JGJ55—2000）提供的α_a，α_b值取用。粗骨料采用碎石时：α_a=0.46，α_b=0.07；粗骨料采用卵石时：α_a=0.48，α_b=0.33。

为保证混凝土的耐久性，由上式计算所得的W/C不得大于表5.5规定的最大水灰比。如计算的W/C大于表5.5规定值，应取规定的最大水灰比值。也可以换用强度较低的水泥。

表5.5 混凝土的最大水灰比和最小水泥用量（JGJ55—2000）

环境条件	结构物类别	最大水灰比			最小水泥用量（kg/m³）		
		素混凝土	钢筋混凝土	预应力混凝土	素混凝土	钢筋混凝土	预应力混凝土
干燥环境	正常居住或办公用房室内部件	不做规定	0.65	0.60	200	260	300
潮湿环境 无冻害	高温度的室内部件，室外部件，在非侵蚀性土和（或）水中的部件	0.70	0.60	0.60	225	280	300
潮湿环境 有冻害	经受冻害的室外部件在非侵蚀性土和（或）水中且经受冻害的部件，高湿度且经受冻害的室内部件	0.55	0.55	0.55	250	280	300
有冻害和除冰剂的潮湿环境	经受冻害和除冰剂作用的室内和室外部件	0.50	0.50	0.50	300	300	300

注：①当用活性掺和料取代部分水泥时，表中的最大水灰比及最小水泥用量即可替代当前的水灰比和水泥用量。

②配制C15级及其以下等级的混凝土，可不受本表限制。

3. 确定1m³混凝土的用水量（m_{wo}）

根据混凝土施工要求的坍落度及所用骨料的品种、最大粒径等因素，对干硬性混凝土用水量可参考表5.6选用；对塑性混凝土的用水量可参考表5.7选用。如果是流动性或大流动性混凝土，以表5.7中坍落度为90mm的用水量为基础，按坍落度每增大20mm，用水量增加5kg。如果混凝土掺加外加剂，其用水量按下式计算：

$$m_{wa}=m_{wo}(1-\beta) \tag{5-7}$$

式中：m_{wa}——掺外加剂时，每1m³混凝土用水量，kg；

m_{wo}——未掺入外加剂时，每1m³混凝土用水量，kg；

β——外加剂减水率（%），应经试验确定。

表5.6　干硬性混凝土用水量选用表（kg/m³）

维勃稠度（S）	卵石最大粒径（mm）			碎石最大粒径（mm）		
	10	20	40	16	20	40
16~20	175	160	145	180	170	155
11~15	180	165	150	185	175	160
5~10	185	170	155	190	180	165

表5.7　塑性混凝土用水量选用表（kg/m³）

坍落度（mm）	卵石最大粒径（mm）				碎石最大粒径（mm）			
	10	20	31.5	40	16	20	31.5	40
10~30	190	170	160	150	200	185	175	165
30~50	200	180	170	160	210	195	185	175
50~70	210	190	180	170	220	205	195	185
70~90	215	195	185	175	230	215	205	195

注：①本表不宜用水灰比小于0.4或大于0.8的混凝土。

②本表用水量为采用中砂时的平均值，若用细（粗）砂，每立方米混凝土用水量可增加（减少）5~10kg。

③掺用外加剂或掺和料时，用水量应作相应调整。

4. 确定1m³混凝土的水泥用量（m_{co}）

根据确定出的水灰比和1m³混凝土的用水量，可求出1m³混凝土的水泥用量（m_{co}）。

$$m_{co} = \frac{m_{wo}}{W/C} \tag{5-8}$$

为了保证混凝土的耐久性，由上式计算得出的水泥用量还要满足表5.5中规定的最小水泥用量的要求，如果算得的水泥用量小于表5.5规定的最小水泥量，应取表5.5规定的最小水泥用量。

> **特别提示**
>
> 根据经验，普通混凝土可以按混凝土强度等级的1.5~2倍来选择水泥的强度等级。

5. 选取合理的砂率（β_s）

一般应通过试验找出合理的砂。如无试验经验，可根据骨料种类、规格及混凝土的水灰比，参考表5.8选用合理砂率。

表5.8　混凝土的砂率

水灰比（W/C）	卵石最大粒径（mm）			碎石最大粒径（mm）		
	10	20	40	15	20	40
0.40	26~32	25~31	24~30	30~35	29~34	27~32
0.50	30~35	29~34	28~33	33~38	32~37	30~35
0.60	33~38	32~37	31~36	36~41	35~40	33~38
0.70	36~41	35~40	34~39	39~44	38~43	36~41

注：①本表适用于坍落度为10~60mm的混凝土。坍落度若大于60mm，应在上表的基础上，按坍落度每增大20mm，砂率增大1%的幅度予以调整；坍落度小于10mm的混凝土，其砂率应经试验确定。

②本表数值为采用中砂时的选用砂率，若用细（粗）砂，可相应减少（增加）砂率。

③只用一个单粒级粗骨料配制的混凝土，砂率应适当增加。

④对薄壁构件砂率取偏大值。

6. 计算1m^{3}混凝土粗、细骨料的用量（m_{go}）及（m_{so}）

确定砂子、石子用量的方法很多，最常用的是重量法和体积法。

（1）重量法（也称假定表观密度法）。如果混凝土所用原料的情况比较稳定，所配制混凝土的体积密度将接近一个固定值，这样就可以先假定1m^{3}混凝土拌和物的体积密度，列出以下方程：

$$m_{co}+m_{so}+m_{go}+m_{wo}=m_{cp} \tag{5-9}$$

$$\beta_s = \frac{m_{so}}{m_{so}+m_{go}} \times 100\% \tag{5-10}$$

式中：m_{co}——混凝土水泥用量，kg。

m_{so}——混凝土用水量，kg。

m_{go}——混凝土粗骨料用量，kg。

m_{wo}——混凝土细骨料用量，kg。

m_{cp}——假定混凝土的体积密度，kg。

β_s——砂率，%。

（2）体积法（也称绝对体积法）。假定混凝土拌和物的体积等于各组成材料的绝对体积和拌和物中空气的体积之和。因此，在计算1m^{3}混凝土拌和物的各材料用量时，可列出下式：

$$\frac{m_{co}}{\rho_c} + \frac{m_{so}}{\rho_s} + \frac{m_{go}}{\rho_g} + \frac{m_{wo}}{\rho_w} + 0.01\alpha = 1 \tag{5-11}$$

$$\rho_s = \frac{m_{so}}{m_{so} + m_{go}} \times 100\%$$

(5-12)

式中：ρ_c——水泥密度，可取2900~3100kg/m³。

ρ_s——细骨料的体积密度，kg/m³。

ρ_g——粗骨料的体积密度，kg/m³。

ρ_w——水的密度，可取1000kg/m³。

α——混凝土的含气量百分数，在不使用引气型外加剂时，可取1。

通过以上六个步骤便可将1m³混凝土中水泥、水、砂子和石子的用量全部求出，得到混凝土的初步配合比。

（二）确定基准配合比和实验室配合比

混凝土的初步配合比是根据经验公式估算而得出的，不一定符合工程要求，必须通过实验进行配合比调整。配合比调整的目的有两个：一是使混凝土拌和物的和易性满足施工需要；二是使水灰比满足混凝土强度及耐久性的要求。

1. 调整和易性，确定基准配合比

按初步配合比称取一定量原材料进行试拌。当所用骨料最大粒径$D_{max} \leqslant 31.5$mm时，试配的最小拌和量为15L；当$D_{max}=40$mm时，试配的最小拌和量为25L。试拌时的搅拌方法应与生产时使用的方法相同。拌和均匀后，先测定拌和物的坍落度，并检验黏聚性和保水性。如果和易性不符合要求，应进行调整。调整的原则如下：若坍落度过大，应保持砂率不变，增加砂、石的用量；若坍落度过小，应保持水灰比不变，增加用水量及相应的水泥用量；如拌和物黏聚性和保水性不良，应适当增加砂率（保持砂、石总重量不变，提高砂用量，减少石子用量）；如拌和物显得砂浆过多，应适当降低砂率（保持砂、石总重量不变，减少砂用量，增加石子用量）。每次调整后再试拌，评定其和易性，直到和易性满足设计要求为止，并记录好调整后各种材料用量，测定实际体积密度。

2. 检验强度和耐久性，确定实验室配合比

经过和易性调整后得到的基准配合比，其水灰比选择不一定恰当，即混凝土强度和耐久性有可能不符合要求，应检验强度和耐久性。强度检验一般采用三组不同的水灰比，其中一组为基准配合比中的水灰比，另外两组配合比的水灰比值，应较基准配合比中的水灰比值分别增加和减少0.05，其用水量应与基准配合比相同，砂率值可分别适当增加或减少1%。调整好和易性，测其体积密度，制作三个水灰比下的混凝土标准试块，并经标准养护28d，进行抗压试验（如对混凝土还有抗渗、抗冻等耐久性要求，还应增添相应的项目试验）。由试验所测得的混凝土强度与相应的水灰比作图，求出与混凝土配制强度$f_{cu,o}$

相对应的水灰比，并按以下原则确定1m³混凝土拌和物的各材料用量，即实验室配合比：

（1）用水量应在基准配合比用水量的基础上，根据制作强度试件时测得的坍落度或维勃稠度进行调整确定。

（2）水泥用量应以用水量乘以选定出来的水灰比计算确定。

（3）粗、细骨料用量应在基准配合比的粗、细骨料用量基础上，按选定的水灰比进行调整后确定。

经试配确定配合比后，尚应按下列步骤进行校正（$\rho_{c,c}$）：

$$\rho_{c,c}=m_c+m_s+m_g+m_w \tag{5-13}$$

再按下式计算混凝土配合比校正系数σ：

$$\sigma = \frac{\rho_{c,t}}{\rho_{c,c}} \tag{5-14}$$

式中：$\rho_{c,t}$——混凝土体积密度实测值，kg/m³。

$\rho_{c,c}$——混凝土体积密度计算值，kg/m³。

当混凝土体积密度实测值与计算值之差的绝对值不超过计算值的2%时，按以前的配合比即为确定的实验室配合比；当两者之差超过2%时，应将配合比中每项材料用量乘以校正系数，即为实验室配合比。

3. 确定施工配合比

以上混凝土配合比设计是以干燥骨料（细骨料含水率小于0.05%，粗骨料含水率小于0.2%）为基准得出的，而工地存放的砂石一般都含有水分。假设施工现场砂含水率为W_s，石子的含水率为W_g，则施工配合比为：

水泥用量：$m_c'=m_c$。

砂用量：$m_s'=m_s(1+W_s)$。

石子用量：$m_g'=m_g(1+W_g)$。

用水量：$m_w'=m_w-m_sW_s-m_gW_g$。

项目二　岗位技能

任务一　取样

一、取样依据

《普通混凝土拌和物性能试验方法标准》（GB/T50080—2002）

《普通混凝土力学性能试验方法标准》（GB/T50081—2002）

《混凝土结构工程施工质量验收规范》（GB50204—2002）

二、取样方法

（1）同一组混凝土拌和物的取样应从同一盘混凝土或者同一车运送的混凝土中取出。取样量应多于试验所需量的1.5倍，且不宜小于20L。

（2）混凝土拌和物的取样应具有代表性，宜采用多次采样的方法。一般在同一盘混凝土或同一车混凝土中的约1/4处、1/2处和3/4处之间分别取样，从第一次取样至最后一次取样不宜超过15 min，然后人工搅拌均匀。

（3）从取样完毕至开始做各项性能试验不宜超过5min。

（4）混凝土工程施工中取样进行混凝土试验时，取样方法和原则应按《混凝土结构工程施工质量验收规范》（GB 50204—2002）及《普通混凝土拌和物性能试验方法标准》（GB/T 50080—2002）有关规定进行。混凝土试样应在混凝土浇筑地点随机抽取。

三、取样频率

（1）每拌制100盘，且不超过100m³的同配合比的混凝土，取样次数不得少于1次。

（2）每一工作班拌制的同配合比的混凝土不足100盘时，其取样次数不得少于1次。

（3）一次浇筑1000m³以上同配合比的混凝土，每200m³取样次数不得少于1次。

（4）每一楼层，同配合比的混凝土，取样次数不得少于1次。

（5）每一次取样应至少留置一组标准养护试件，同条件养护试件的留置组数应根据实际需要确定。

任务二　混凝土拌和物性能检测

一、混凝土拌和物稠度试验（坍落度法）

（一）检测试验目的

通过稠度试验，测定出流动性指标，并判断保水性和黏聚性是否满足要求。

（二）检验标准及主要质量指标检验方法标准

《普通混凝土拌和物性能试验方法标准》（GB/T 50080—2002）。通过测定混凝土拌和物在自重作用下自由坍落的程度及外观现象（泌水、离析等），评定混凝土的和易性（流动性、保水性、黏聚性）是否满足施工要求。

适用于测定骨料最大粒径不大于40mm、坍落度值不小于10mm的混凝土拌和物的稠度测定。

（三）主要仪器设备

（1）坍落度筒（如图5.17所示）。

（2）插捣棒、卡尺。

（3）拌和用刚性不吸水平板：尺寸不宜小于1.5m×2m。

图5.17　坍落度筒、插捣棒

（四）试验步骤及注意事项

1. 试验步骤

（1）湿润坍落度筒及各种拌和用具，并把坍落筒放在拌和用平板上。

（2）按要求取得试样后，分三层均匀装入筒内，捣实后每层高约为筒高的1/3，每层用捣棒插捣25次，在整个截面上由外向中心均匀插捣，捣棒应插透本层，并与下层接触。

（3）顶层插捣完毕，刮去多余混凝土后抹平。

（4）清除筒周边混凝土，垂直平稳提起坍落度筒，提离过程应在5~10s内完成。从开始装料到提起坍落度筒的整个过程，应不间断进行，并应在150s内完成。

（5）提出坍落度筒后，立即量测筒高与坍落后混凝土试体最高点之间的高度差，即该拌和物的坍落度。

（6）当坍落度筒提离后，如混凝土发生崩坍或一边剪坏现象，则应重新取样另行测定。如第二次试验仍出现上述现象，则表示该混凝土拌和物和易性不好，应予记录备查。

观察坍落后的混凝土试体的黏聚性和保水性。黏聚性的检查方法是用捣棒在已坍落的混凝土锥体侧面轻轻敲打，此时，如果锥体逐渐下沉，则表示黏聚性良好；如果锥体倒坍、部分崩裂或出现离析现象，则表示黏聚性不好。

保水性以混凝土拌和物中稀浆析出的程度来评定。坍落度筒提起后如有较多的稀浆从底部析出，锥体部分的混凝土也因失浆而骨料外露，则表明此混凝土拌和物的保水性能不好。如坍落度筒提起后无稀浆或仅有少量稀浆自底部析出，则表示此混凝土拌和物保水性良好。

（7）当混凝土拌和物坍落度大于220mm时，用金属直尺测量混凝土扩展后最终的最大直径和最小直径，在两个直径差小于50mm条件下，以算术平均值作为坍落度扩展度值。否则，试验无效。

2. 注意事项

（1）装料时，应使坍落度筒固定在拌和平板上，保持位置不动。

（2）坍落度筒提升时避免左右摇摆。

（3）在试验过程中密切观察混凝土的外观状态。

（4）混凝土拌和物坍落度值和扩展度值以mm为单位，精确至1mm，修约至5mm。

二、混凝土土拌和物湿表观密度测定

（一）测定目的

测定混凝土拌和物捣实后的单位体积重量，为试验室混凝土配合比设计提供数据。

（二）依据标准

《普通混凝土拌和物性能试验方法标准》（GB/T 50080—2002）。

（三）主要试验仪器

（1）容量筒：金属制成的圆筒，两旁装有手把。对骨料最大粒径不大于40mm的拌和物采用容积为5L的容量筒，其内径与筒高均为（186±2）mm，筒壁厚为3mm；骨料最大粒径大于40mm时，容量筒的内径与筒高均应大于骨料最大粒径的4倍。容量筒上缘及内壁应光滑平整，顶面与底面应平行并与圆柱体的轴垂直。常用的容量筒如图5.18所示。

（2）台秤：称量50kg，感量50g。

（3）振动台：频率应为（50±3）Hz，空载时的振幅应（0.5±0.1）mm，如图5.19所示。

普通混凝土性能及其检测

《《《《《《《《《《《《《《《《《《《《

（4）捣棒：直径16mm、长600mm的钢棒，端部磨圆。

（5）小铲、抹刀、刮尺等。

图5.18　各种规格的容量筒

图5.19　振动台

（四）试验步骤及注意事项

1. 试验步骤

（1）用湿布把容量筒内外擦干净称出重量（W_1），精确至50g。

（2）混凝土的装料及捣实方法应视拌和物的稠度而定。一般来说，为使所测混凝土密实状态更接近于实际状况，对于坍落度不大于70mm的混凝土，宜用振动台振实，大于70mm的混凝土用捣棒捣实。采用捣棒捣实时，应根据容量筒的大小决定分层与插捣次数：用5L容量筒时，混凝土拌和物应分两层装入，每层的插捣次数应为25次；用大于5L的容量筒时，每层混凝土的高度不应大于100mm，每层插捣次数应按每10000m^2截面不小于12次计算。各次插捣应由边缘向中心均匀地插捣，插捣底层时捣棒应贯穿整个深度，插捣第二层时，捣棒应插透本层至下一层的表面；每一层捣完后用橡胶锤轻轻沿容器外壁敲打5~10次，进行振实，直至拌和物表面插捣孔消失并不见大气泡为止。

采用振动台振实时，应一次将混凝土拌和物灌满到稍高出容量筒口。装料时允许用捣棒稍加插捣，振捣过程中如混凝土高度沉落到低于筒口，则应随时添加混凝土。振动直至表面出浆为止。

（3）用刮尺将筒口多余的混凝土拌和物刮去，表面如有凹陷应予填平。将容量筒外壁擦净，称出混凝土与容量筒总重（W_2），精确至50g。

2. 注意事项

（1）容量筒容积应经常予以校正。

（2）混凝土拌和物湿表观密度也可以利用制备混凝土抗压强度试件时进行，称量试模及试模与混凝土拌和物总重量（精确至0.1kg），试模容积，以一组三个试件表观密度的平均值作为混凝土拌和物表观密度。

（五）试验结果处理

混凝土拌和物表观密度γ_h（精确至10kg/m³）：

$$\gamma_h = \frac{W_1 - W_2}{V} \times 1000 \tag{5-15}$$

式中：γ_h——表观密度，kg/m³。

W_1——容量筒质量，kg。

W_2——容量筒及试样总质量，kg。

V——容量筒容积，L。

三、混凝土凝结时间

（一）测定目的

测定混凝土拌和物的凝结时间。

（二）依据标准

《普通混凝土拌和物性能试验方法标准》（GB/T 50080—2002）。

（三）主要试验仪器

（1）贯入阻力仪（图5.20）。由加荷装置、测针、砂浆试样筒和标准筛组成，可以是手动的，也可以是自动的。贯入阻力仪应符合下列要求：

①加荷装置。最大测量值应不小于1000N，精度为±10N。

②测针。长为100mm，承压面积为100mm²，50mm²和20mm²三种，在距贯入端25mm处刻有一圈标记。

③砂浆试样筒。上口径为160mm、下口径为150mm、净高为150mm的刚性不透水的金属圆筒，并配有盖子。

图5.20 贯入阻力仪

④标准筛。筛孔为5mm的符合现行国家标准《试验筛》（GB/T 6005）规定的金属圆孔筛。

（2）小铲、抹刀。

（四）检测步骤

（1）应从取样的混凝土拌和物试样中，用5mm标准筛筛出砂浆，每次应筛净，然后将其拌和均匀。将砂浆一次分别装入三个试样筒中，同时做三个试验。取样混凝土的坍落度不大于70mm的宜用振动台振实砂浆；取样混凝土的坍落度大于70mm的宜用捣棒人工捣实。用振动台振实砂浆时，振动应持续到表面出浆为止，不得过振；用捣棒人工捣实时，应沿螺旋方向由外向中心均匀插捣25次，然后用橡皮锤轻轻敲打筒壁，直至插捣孔消失为止。振实或插捣后，砂浆表面应低于砂浆试样筒口约10mm；砂浆试样筒应立即加盖。

（2）砂浆试样制备完毕，编号后应置于温度为（20±2）℃的环境中或现场同条件下待试，并在以后的整个测试过程中，环境温度应始终保持在（20±2）℃。现场同条件测试时，应与现场条件保持一致。在整个测试过程中，除在吸取泌水或进行贯入试验外，试样筒应始终加盖。

（3）凝结时间测定从水泥与水接触的瞬间开始计时。根据混凝土拌和物的性能，确定测试时间，以后每隔0.5h测试一次，在临近初凝、终凝时可增加测定次数。

（4）在每次测试前2min，将一片20mm厚的垫块垫入筒底一侧使其倾斜，用吸管吸去表面的泌水，吸水后平稳地复原。

（5）测试时将砂浆试样筒置于贯入阻力仪上，测针端部与砂浆表面接触，然后在（10±2）s内均匀地使测针贯入砂浆（25±2）mm的深度，记录贯入压力，精确至10N；记录测试时间，精确至1 min；记录环境温度，精确至0.5℃。

（6）各测点的间距应大于测针直径的两倍且不小于15mm。测点与试样筒壁的距离应不小于25mm。

（7）贯入阻力测试在0.2~28MPa之间应至少进行6次，直至贯入阻力大于28MPa为止。

（8）在测试过程中应根据砂浆凝结状况，适时更换测针，测针宜按表5.9选用。

表5.9　测针选用规定

贯入阻力（MPa）	0.2~3.5	3.5~20	20~28
测针面积（mm²）	100	50	20

（五）数据处理与分析

贯入阻力的结果计算以及初凝时间和终凝时间的确定应按下述方法进行。

（1）贯入阻力应按下式计算：

$$f_{PR} = \frac{P}{A} \qquad\qquad (5\text{-}16)$$

式中：f_{PR}——为贯入阻力，MPa。

P——为贯入压力，N。

A——为测针面积，mm²。

计算应精确至0.1 MPa。

（2）凝结时间宜通过线性回归方法确定，是将贯入阻力介 f_{PR} 和时间 t 分别取自然对数 $\ln(f_{PR})$ 和 $\ln(t)$，然后把 $\ln(f_{PR})$ 当做自变量，$\ln(t)$ 当做因变量作线性回归得到回归

方程式：

$$\ln(t) = A + B\ln(f_{PR}) \qquad (5\text{-}17)$$

式中：t——为时间，min。

　　　f_{PR}——为贯入阻力，MPa。

　　　A和B为线性回归系数。

　　根据下式求得当贯入阻力为3.5MPa时的时间为初凝时间t_s，贯入阻力为28MPa时的时间为终凝时间t_e。

$$t_s = e^{(A + B\ln(3.5))} \qquad (5\text{-}18)$$
$$t_e = e^{(A + B\ln(28))}$$

式中：t_s——为初凝时间，min。

　　　t_e——为终凝时间，min。

　　　A和B为线性回归系数。

　　凝结时间也可用绘图拟合方法确定，是以贯入阻力为纵坐标，经过的时间为横坐标（精确至1min），绘制出贯入阻力与时间之间的关系曲线，以3.5MPa和28MPa画两条平行于横坐标的直线，分别与曲线相交的两个交点的横坐标即为混凝土拌和物的初凝时间和终凝时间。

　　（3）用三个试验结果的初凝时间和终凝时间的算术平均值作为此次试验的初凝时间和终凝时间。如果三个测值的最大值或最小值中有一个与中间值之差超过中间值的10%，则以中间值为试验结果；如果最大值和最小值与中间值之差均超过中间值的10%时，则此次试验无效。

　　凝结时间用h：min表示，并修约至5min。

课堂讨论

　　影响混凝土的和易性的因素有哪些？

任务三　硬化混凝土性能检测

一、混凝土立方体抗压强度试验

（一）试验目的

通过测定混凝土立方体的抗压强度，确定、核校混凝土配合比，确定混凝土强度等级，并为控制施工质量提供依据。

（二）依据标准

《普通混凝土力学性能试验方法标准》（GB/T 50081—2002）。

（三）主要试验仪器

（1）试模（如图5.21所示）：由铸铁或钢制成，应具有足够的刚度并便于拆装。试模组装后内部尺寸误差不应大于公称尺寸的±0.2%，且不应大于±1mm；其相邻侧面和各侧面与底面板上表面之间的夹角应为直角，直角误差不应大于±0.3度。试模侧板、端板、隔板的内表面和底板上表面的平面度误差，每100mm不应大于0.04mm。定位面的平面度误差不应大于0.06mm。使用中的试模应定期自检。

（2）捣实设备。可选用下列三种之一：

①振动台：试验用振动频率应为（50±3）Hz，空载时的振幅应约为0.5 mm。

②振动棒：直径30mm高频振动棒。

③钢制捣棒：直径16mm、长600mm的钢棒，一端为弹头形。

（3）压力试验机（如图5.22所示）：精度至少应为±1%，其量程应能使试件的预期破坏荷载值不小于全量程的20%，也不大于全量程的80%；试验机上、下压板及试件之间可各垫以钢垫板，钢垫板的2个承压面均应机械加工；与试件接触的压板或垫板的尺寸应不大于试件的承压面，其平面度应为每100mm不超过0.02mm。

（4）混凝土标准养护室。温度应控制在（20±2）℃，相对湿度为95%以上。

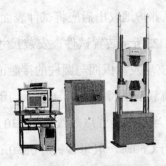

图5.21　试模　　　　　　　图5.22　压力试验机

（四）检测步骤

（1）试件从养护地点取出后应及时进行检测，将试件表面与上下承压板面擦干净。

（2）将试件安放在试验机的下压板或垫板上，试件的承压面应与成型时的顶面垂直。试件的中心应与试验机下压板的中心对准，开动试验机，当上压板与试件或钢垫板接近时，调整球座，使接触均衡。

（3）在检测过程中应连续均匀地加荷，混凝土强度等级小于C30时，加荷速度取每秒钟0.3~0.5MPa；混凝土强度等级大于C30且小于C60时，取每秒钟0.5~0.8MPa；混凝土强度等级大于C60时，取每秒钟0.8~1.0MPa。

（4）当试件接近破坏开始急剧变形时，应停止调整试验机油门，直至试件被破坏。然后记录破坏荷载F。

（五）数据处理与分析

（1）按式 $f_{cu} = \dfrac{F}{A}$（F为破坏荷载；A为试件受压面积）计算每个试件的立方体抗压强度f_{cu}。

（2）按规定的方法确定一组试件的抗压强度值（也称抗压强度代表值）。

对于普通混凝土，如果采用了非标准试件，抗压强度值还应乘以相应的尺寸换算系数。

课堂讨论

进行混凝土立方体的抗压强度试验时，其标准试件尺寸为多少，如采用非标准尺寸的试件，应注意哪些问题？

二、抗折强度检测

（一）试件的制作、养护

同抗压强度检测。

（二）检测步骤

（1）试件从养护地取出后应将试件表面擦干净并及时进行检测。

（2）按图5.23所示装置试件，安装尺寸偏差不得大于1mm。试件的承压面应为试件成型时的侧面。支座及承压面与圆柱的接触面应平稳、均匀，否则应垫平。

（3）施加荷载应保持均匀、连续。当混凝土强度等级小于C30时，加荷速度取每秒0.02~0.05MPa；当混凝土强度等级大于C30且小于C60时，取每秒钟0.05~0.08MPa；当混凝土强度等级大于C60时，取每秒钟0.08~0.10MPa，至试件接近破坏时，应停止调整试验机油门，直至试件破坏，然后记录破坏荷载。

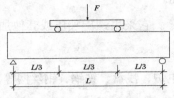

图5.23 三分点抗折加荷方式

（4）记录试件破坏荷载的试验机示值及试件下边缘断裂位置。

（三）抗折强度试验结果计算及确定

（1）若试件下边缘断裂位置处于两个集中荷载作用线之间，则试件的抗折强度力（MPa）按式 $f_f = \dfrac{FL}{bh^2}$ 计算（F 为破坏荷载，L 为支座间跨度，h 为试件截面高度，b 为试件截面宽度），精确至0.01MPa。

（2）一组试件的抗折强度值应采用与抗压强度代表值相同的规定计算确定。

（3）三个试件中若有一个的折断面位于两个集中荷载之外，则混凝土抗折强度值按另两个试件的检测结果计算。若这两个测值的差值不大于两者的较小值的15%时，则该组试件的抗折强度值按这两个测值的平均值计算，否则该组试件的检测结果无效。若有两个试件的下边缘断裂位置位于两个集中荷载作用线之外，则该组试件的检测结果无效。

（4）当试件尺寸为100mm×100mm×400mm的非标准试件时，应乘以尺寸换算系数0.85；当混凝土强度等级大于C60时，宜采用标准试件；使用非标准试件时，尺寸换算系数应由试验确定。

任务四　混凝土耐久性检验

一、抗渗性能检测

（一）试验目的

依据混凝土试件在抗渗试验时承受的最大水压力，划分混凝土的抗渗等级。

（二）依据标准

《普通混凝土长期性能和耐久性能试验方法》（GBJ 82—85）。

（三）主要试验仪器

（1）混凝土渗透仪（图5.24）。应能使水压按规定的制度稳定地作用在试件上。仪器施加压力范围为0.1~2.0MPa。

（2）试模（图5.25）。规格为上口直径175mm、下口直径185mm、高150mm的圆台体。

（3）密封材料。可用石蜡加松香或水泥加黄油等，也可采用一定厚度的橡胶套。

（4）钢尺。分度值为1mm。

（5）加压设备（图5.26）。它采用螺旋加压或其他加压形式，其压力以能把试件压入试件套内为宜。

（6）辅助设备。烘箱、电炉、浅盘、铁锅、钢丝网等。

图5.24　混凝土渗透仪

图5.25　试模

图5.26　加压设备

（四）检测步骤

（1）试件为圆台型，上底直径175mm，下底直径185mm，高150mm，每组试件由6个试块组成。试件成型24h后拆模，用钢丝刷刷去两端面水泥浆膜，然后送入标准养护室养护。试件一般养护至28d龄期进行检测，如有特殊要求，可在其他龄期进行。试件养护至检测前一天取出，将表面晾干，然后在其侧面涂一层熔化的密封材料，随即在螺旋或其他加压装置上，将试件压入经烘箱预热过的试件套中，稍冷却后，即可解除压力，连同试件套装在抗渗仪上进行检测。

（2）检测从水压为0.1MPa开始。以后每隔8h增加水压0.1MPa，并且要随时注意观察试件端面的渗水情况。

（3）当6个试件中有3个试件端面呈渗水现象时，即可停止检测，记下当时的水压。

（4）在检测过程中，如发现水从试件周边渗出，则应停止检测，重新密封。

项目三　普通混凝土的合格判定

普通混凝土的合格判定应注意综合考量原始记录及试验检测报告，科学评判。

原始记录主要有：混凝土配合比设计计算记录和配合比设计单，混凝土拌和物性能检测原始记录，混凝土拌和物凝结时间检测原始记录，混凝土抗压强度检测原始记录，混凝土抗折强度检测原始记录，混凝土抗渗性能检测原始记录等。填写必须认真，做到清晰、完整。如要修改，不能涂改，只能杠改，修改后检测员必须签章确认。

普通混凝土检测报告主要有：混凝土配合比设计报告，混凝土拌和物性能检测报表，混凝土抗压强度检测报表，混凝土抗折强度检测报告，混凝土抗渗性能检测报告等。检测报告应由检测人员、复核人员和批准人签字，并加盖检测报告专用章。所有的检测报告都应登记台账，发放有签收手续。检测报告应认真审核，严格把关，不符合要求的一律不得签发。检测报告一经签发，即具有法律效力，不得涂改和抽撤。

 思考与训练

1. 普通混凝土的组成材料有哪几种？在混凝土中各起什么作用？

2. 配制普通混凝土如何选择水泥的品种和强度等级？

3. 什么是砂的粗细程度和颗粒级配？如何确定砂的粗细程度和颗粒级配？

4. 配制普通混凝土选择石子的最大粒径应考虑哪些方面因素？

5. 什么是混凝土的和易性？它包括哪几个方面含义？如何评定混凝土的和易性？

6. 解释关于混凝土强度的几个名词：（1）立方体抗压强度。（2）立方体抗压强度标准值。（3）强度等级。（4）轴心抗压强度（5）配制强度。（6）设计强度。

7. 当使用相同配合比拌制混凝土时，卵石混凝土与碎石混凝土的性质有何不同？

8. 解释以下名词：（1）自然养护。（2）标准养护。（3）蒸汽养护。（4）蒸压养护。

9. 提高混凝土耐久性的措施有哪些？

10. 混凝土配合比设计的基本要求是什么？

11. 在混凝土配合比设计中，需要确定哪三个参数？

12. 某办公楼现浇钢筋混凝土柱，混凝土设计强度等级为C25，采用42.5级普通硅酸盐水泥，实测强度为43.5MPa，密度为3.0g/cm³，砂子为中砂，细度模数$M_x = 2.5$，体积密度为2.65g/cm³，含水率为3%；石子为碎石，最大粒径$D_x = 20$mm，体积密度为2.70g/cm³，含水率为1%；混凝土采用机械搅拌、振捣，坍落度为30~50mm，施工单位无混凝土强度标准差的统计资料。根据以上条件，设计混凝土的初步配合比、实验室配合比和施工配合比。

模块六　建筑砂浆及其检测

知识目标：1. 掌握建筑砂浆的基本性质与技术要求

2. 了解建筑砂浆的配合比设计

3. 掌握建筑砂浆各组成材料、半成品及成品的质量控制

4. 了解其他砂浆的性质

能力目标：1. 具备基本的砂浆实验操作能力

2. 具备判别砂浆合格品、废品的能力

3. 具备砂浆制备、养护等过程质量控制能力

4. 具备对实验数据判别和修正的能力

项目一　砂浆的进场检验与取样

一、砂浆概述

砂浆是由胶凝材料、细骨料、掺加料和水按一定的比例拌制并经凝结硬化而成的混合物。它与混凝土的主要区别是组成材料中没有粗骨料，因此，砂浆又可称为细骨料混凝土。

砂浆主要用于砌筑砖石砌体、修饰建筑物表面等。

砂浆按所用胶凝材料的种类分为水泥砂浆、石灰砂浆、石膏砂浆、混合砂浆和聚合物水泥砂浆等。常用的混合砂浆有水泥石灰砂浆、水泥黏土砂浆和石灰黏土砂浆。

按用途分为砌筑砂浆、抹面砂浆、特种砂浆。

二、砂浆原材料进场检验

（一）胶凝材料

砂浆常用的胶凝材料是水泥、石灰、石膏等。其中水泥要求如下：

（1）品质应符合现行的国家标准及有关部门颁布的标准规定。

（2）每一工程所用水泥品种不宜过多，并宜采用固定厂商供应。有条件时，优先选

用散装水泥。

（3）水泥的强度等级应根据砂浆品种及强度等级质量要求进行选择，一般水泥强度等级（28d抗压强度指标值，以MPa计）应选砂浆强度等级的4～5倍为宜。

（4）水泥的品种应考虑砂浆所处的环境的影响。

（5）运至工地的水泥，应检验是否具备制造商的品质实验报告；试验室必须进行复验，必要时还应进行化学分析。

（6）水泥的运输、保管及使用，应符合下列要求：

①水泥的品种、标号不得混杂。

②运输过程中应防止水泥受潮。

③大、中型工程应专设仓库或储罐，水泥仓库宜设置在较高或干燥地点并应有排水、通风措施。

④堆放袋装水泥时，应设防潮层，距离地面、边墙至少30cm，堆放高度不得超过15袋。

⑤袋装水泥到货后，应检验品种、标号、厂家、出厂日期等。

石灰、石膏应符合各自的质量要求，严禁使用脱水硬化的石灰膏。

（二）细骨料

砂浆用砂应符合普通混凝土用砂的技术要求。

（1）砂料应根据优质条件、就地取材的原则进行选择。可选用天然砂、人工砂或二者相互补充。

（2）砂料应质地坚硬、清洁、级配良好；使用山砂、特细砂，应经过试验论证。

（3）人工砂生产中，应保持进料粒径、进料量及料浆浓度的相对稳定性，以便控制人工砂的细度模数及石粉含量。

（4）砂的细度模数宜在2.4~2.8范围之内。天然砂料宜按料径分为两级，人工砂可不分级。

（5）砂料中有活性骨料的，必须经过专门试验论证。

（6）砂料的堆存和运输应符合下列要求：

①堆存骨料的场地，应有良好的排水设施。

②不同粒径的骨料必须分开堆存，设置隔离设施，严禁相互混杂。

③应尽量减少运转次数。

④骨料储藏应有足够的数量和容积，并应维持一定的堆料厚度及砂料脱水的要求。

此外，由于砂浆层较薄，对砂子最大粒径应有限制。用于毛石砌体的砂浆，宜选用粗砂。砂子最大粒径应小于砂浆层厚度的1/4～1/5；对于砖砌体使用的砂浆，宜用中砂，其最大粒径不大于2.5mm；抹面及勾缝砂浆，宜选用细砂，其最大粒径不大于1.2mm。

其他质量技术要求参照表6.1。

表6.1　细骨料（砂）的质量技术要求

项目	指标		备注
	天然砂	人工砂	
石粉含量（%）	—	8～17	指粒径小于0.15mm的颗粒
含泥量（%）	≤2	≤2	指粒径小于0.08mm的细屑、淤泥和黏土的总量
泥块含量（%）	≤1	≤1	指砂中粒径大于1.25mm以水洗、手捏后变成小于0.63mm颗粒含量
坚固性（%）	≤8	≤8	有抗冻要求
	≤10	≤10	无抗冻要求
表观密度（%）	≥2500	≥2500	
硫化物及硫酸盐含量（%）	≤1	≤1	折算成SO_3，按重量计
有机质含量	浅于标准色	不允许	
云母含量（%）	≤2	≤2	
轻物质含量（%）	≤1	—	指表观密度小于2000kg/m³

（三）水

砂浆拌和水的技术要求与普通混凝土拌和水相同。

（四）掺和料

为改善砂浆的和易性，节约水泥用量，在砂浆中常掺入适量的掺和料，常用的掺和料有石灰膏、黏土膏、电石膏和粉煤灰等，掺用部位及最优掺量应通过试验决定。其中，非成品原装粉煤灰的品质指标应满足：（1）烧失量不得超过12%；（2）干灰含水量不得超过1%；（3）三氧化硫（水泥和粉煤灰总量中的）不得超过3.5%；（4）0.08mm方孔筛筛余量不得超过12%。石灰、黏土均应制成稠度为（120±5）mm膏状体，并通过3mm×3mm的网过滤后掺入砂浆中。生石灰熟化成熟石灰膏时，熟化时间不得少于7d；磨细生石灰的熟化时间不得少于2d；消石灰粉不得直接用于砌筑砂浆中。黏土以选颗粒细、黏性好、砂及有机物含量少的为宜。

（五）外加剂

（1）为改善砂浆的性能，提高砂浆的质量及合理降低水泥用量，可以在砂浆中掺入适量外加剂，其掺量通过试验确定。

（2）拌制砂浆常用的外加剂有减水剂、加气剂、缓凝剂、速凝剂和早强剂等。应根据施工需要，对砂浆性能的要求及建筑物所处的环境条件，选择适当的外加剂。

使用外加剂时应注意：

①外加剂必须与水混合配成一定浓度的溶液，各种成分用量应准确。对含有大量固体的外加剂（如含石灰的减水剂），其溶液应通过0.6mm孔眼的筛子过滤。

②外加剂溶液必须搅拌均匀，并定期取有代表性的样品进行鉴定。

③当外加剂贮存时间过长，对其质量有怀疑时，必须进行试验鉴定。严禁使用变质的外加剂。

项目二　砂浆的性能检测

砂浆的主要技术性质如下：

一、新拌砂浆的和易性

新拌砂浆的和易性是指砂浆是否便于施工并保证质量的性质。和易性好的砂浆，便于施工操作，灰缝填筑饱满密实，与砖石黏结牢固，所得砌体的强度和整体性较高。和易性不良的砂浆施工操作困难，灰缝难以填实，水分易被砖石吸收使抹面砂浆很快变得干稠，与砖石材料也难以紧密黏结。和易性良好的抹面砂浆，容易抹成均匀平整的薄层。新拌砂浆的和易性，包括砂浆的流动性和保水性两方面。

（一）流动性

砂浆的流动性又称稠度。是指在自重或外力作用下可流动的性能。此性质可用沉入度表示。即标准圆锥体自砂浆表面贯入的深度（mm）。

砂浆的流动性受水泥品种用量、骨料粒径和级配、用水量以及砂浆的搅拌时间等因素影响。砂浆的流动性应根据砌体种类、气候条件等选用。当气候炎热干燥时应采用较大值。当天气寒冷潮湿时应采用较小值。砂浆的稠度选择见表6.2。

表6.2　砌筑砂浆稠度选择

砌体种类	砂浆稠度/mm
烧结普通砖砌体	70～90
轻骨料混凝土小型空心砌块砌体	60～90
烧结多孔砖、空心砖砌体	60～80
烧结普通砖平拱式过梁 空斗墙、筒拱 普通混凝土小型空心砌块砌体 加气混凝土砌块砌体	50～70
石砌体	30～50

1. 检测目的

测定砂浆的流动性，用于确定砂浆配合比或施工时控制砂浆用水量。

2. 检测准备

（1）试样准备：

①先拌制适量砂浆（与真正试拌时的砂浆配合比相同），使搅拌机内壁黏附一薄层水泥砂浆，保证拌制质量。

②称出各项材料用量，再将砂、水泥装入搅拌机内。

③开动搅拌机，将水缓慢加入（混合砂浆需将石灰膏用水调稀至浆状），搅拌约3min（搅拌的用量不宜少于搅拌机容量的20%，搅拌时间不宜少于2min）。

④将砂浆搅拌物倒入拌和铁板上，用拌铲翻拌约两次，使之混合均匀。

（2）检测仪器准备：

①砂浆稠度仪：主要构造有支架、底座、齿条侧杆、带滑杆的圆锥体，见图6.1。带滑杆的圆锥体质量为300g，圆锥体高度为145mm，锥底直径为75 mm；刻度盘及盛砂浆的圆锥形金属筒，筒高为180 mm，锥底内径为150 mm。

②钢质捣棒。直径10 mm、长350 mm，端部为弹头型。

③秒表等。

3. 检测步骤

（1）盛浆容器和试锥表面用湿布擦干净，并用少量润滑油轻擦滑杆，使滑杆能自

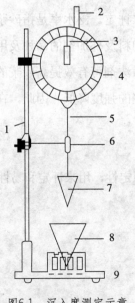

1—支架；

2—齿条测杆；

3—指针；

4—刻度盘；

5—滑杆；

6—固定螺钉；

7—圆锥体；

8—圆锥筒；

9—底座

图6.1 沉入度测定示意

由滑动。

（2）将砂浆拌和物一次装入金属筒内，砂浆表面约低于筒口10 mm。

（3）用捣棒自筒边向中心插捣25次，然后轻轻地将筒摇动和敲击5～6下，使砂浆表面平整，然后将筒移至测定仪底座上。

（4）拧开试锥杆的制动螺丝，向下移动滑杆，当试锥尖端与砂浆表面接触时，拧紧制动螺丝，使齿条侧杆下端刚接触滑杆上端，并将指针对准零点上。

（5）拧开制动螺丝，同时记时间。待10s后立即固定螺丝，将齿条测杆下端接触滑杆上端，从刻度盘上读出的下沉深度（精确至1mm）即为砂浆稠度值。

（6）圆锥筒内砂浆只允许测定一次稠度，重复测定时应重新取样。

4. 结果处理

（1）取两次试验结果的算术平均值，计算精确至1 mm。

（2）两次试验值之差如大于20 mm，则应另取砂浆搅拌后重新测定。

（二）保水性

砂浆的保水性是指砂浆能够保持水分的能力。保水性好的砂浆无论是运输、静置还是铺设在底面上，水都不会很快从砂浆中分离出来，仍保持必要的稠度。在砂浆中保持一定数量的水分，不但易于操作，而且还使水泥正常水化，保持了砌体强度。砂浆的保水性主要取决于骨料粒径和细微颗粒含量。如所用砂较粗，水泥及掺和料用量较少，材料的总表面积小，保水性差。实践证明：砂浆中必须有一定数量的细微颗粒才能具有所需的保水性。砂浆中掺入适量的增塑材料能显著改变砂浆的保水性和流动性。

砂浆的保水性可根据泌水率的大小或分层度来评定。泌水率是指砂浆中泌出的水分占拌和水的百分率。砂浆的保水性与胶凝材料、掺和料及外加剂的品种及用量、骨料粒径和细颗粒含量有关。在砂浆中掺入石灰、引气剂和微沫剂可有效提高砂浆的保水性。但为了改善砂浆保水性而掺入过量的掺和料，也会使砂浆的强度降低。因此，在满足稠度和分层度的前提下，宜减少掺和料的用量。

1. 检测目的

测定砂浆拌和物在运输或停放时内部组份的稳定性，用来评定和易性。

2. 检测准备

（1）试样准备。

与砂浆稠度检测试样制同。

（2）检测仪器准备。

①砂浆分层度测定仪。由上、下两层金属圆筒及左右两根连接螺栓组成。圆筒内

径为150mm，上节高度为200mm，下节带底净高为100mm。上、下层连接处需加宽到3~5mm，并设有橡胶垫圈，见图6.2。

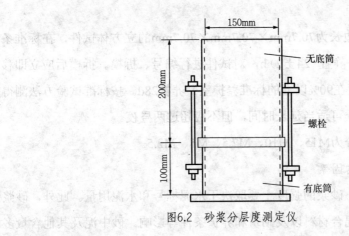

图6.2 砂浆分层度测定仪

②水泥胶砂振动台。SI‑085型，频率为（50±3）Hz。

③稠度仪、木锤等。

3. 检测步骤

分层度试验一般采用标准法（也称为静置法），也可采用快速法，但有争议时，则以标准法为准。

（1）标准法：

①将砂浆拌和物按稠度试验方法测其稠度（沉入度）K_1。

②将砂浆拌和物一次装入分层度筒内，待装满后，用木锤在容器周围距离大致相等的4个不同位置分别轻轻敲击1~2下，如砂浆沉落到低于筒口时，则应添加，然后刮去多余砂浆并用抹刀抹平。

③静置30 min后，去掉上节200 mm砂浆，将剩余的100 mm砂浆倒出，放在拌和锅内拌2 min，按上述稠度测定方法测其稠度K_2。

（2）快速法：

①按稠度试验方法测其稠度K_1。

②将分层度筒预先固定在振动台上，砂浆一次装入分层度筒内，振动20 s。

③去掉上节200 mm砂浆，剩余100 mm砂浆倒出放在拌和锅内拌2min，再按稠度试验方法测其稠度K_2。

4. 结果处理

（1）两次测得的稠度之差，为砂浆分层度值，即△＝K_1－K_2。

（2）取两次试验结果的算术平均值作为该砂浆的分层度值。

（3）两次分层度试验值之差如果大于20 mm，应重做试验。

二、硬化砂浆的强度及强度等级

（一）砂浆的强度等级

砂浆的强度等级是以边长为70.7mm×70.7mm×70.7mm的立方体试件，在标准条件下（室温在（20±5）℃环境下静置（24±2）h，对试件进行编号、拆模。拆模后应立即移至温度为（20±2）℃，相对湿度在90%以上的标准养护室）养护28d。按标准试验方法测得的。

注意：当气温较低时，可适当延长时间，但不应超过两昼夜。

砌筑砂浆的强度等级分为M15、M10、M7.5、M5、M2.5。

（二）影响砂浆强度的因素

当原材料质量一定时，砂浆的强度主要取决于水泥标号和水泥用量。此外，砂浆强度还受砂、外加剂，掺入的混合材料以及砌筑和养护条件等影响。砂中泥及其他含量多时，砂浆轻度也受影响。

（三）强度检测

1. 检测目的

检测砂浆强度是否满足工程要求。

2. 检测准备

（1）试样准备：

①将内壁事先涂刷薄层机油的无底试模放在预先铺有吸水性较好的湿纸的普通砖上，砖的含水率不应大于2%，吸水率不小于10%（纸应为湿的新闻纸，纸的大小要以能盖过砖的四边为准。砖的使用面要求平整，并不能沾有水泥或其他胶结材料。否则，不允许使用）。

②砂浆拌和均匀，应一次注满试模，用捣棒由外向里按螺旋方向均匀插倒25次，并用油灰刀沿模壁插数次，砂浆应高出试模顶面6~8mm。

③当砂浆表面出现麻斑状态时（一般为15~30min）将多出部分的砂浆沿试模顶面刮平。

④试件制作后，应在（20±5）℃温度环境下停置一昼夜（24±2）h，当气温较低时，可适当延长时间，但不应超过两昼夜，然后对试件进行编号并拆模。

⑤试件拆模后应在标准养护条件下，继续养护至28d，进行试压。1）标准养护条件：水泥混合砂浆应在温度为（20±3）℃，相对湿度为60%~80%的条件下养护。水泥砂浆和微沫砂浆应在温度为（20±3）℃，相对湿度为90%以上的潮湿条件下养护。2）自然养护条件：水泥混合砂浆应在正常温度，相对湿度为60%~80%的条件下（如养护箱中或不通

风的室内）养护；水泥砂浆和微沫砂浆应在正常温度并保持试块表面潮湿的状态下（如湿砂堆中）养护。3）自然养护期间必须作好温度记录。在有争议时，以标准养护条件为准。4）养护时，试件彼此间隔不小于10mm。

（2）检测仪器准备：

①砂浆试模（图6.3）。为70.7mm×70.7mm×70.7mm的立方体，由铸铁或钢制成，应具有足够的刚度并拆装方便。试模内表面应机械加工，其不平度应为每100mm不超过0.05mm，组装后各相邻面的不垂直度不应超过±0.5°。

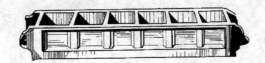

图6.3 砂浆试模

②压力机、捣棒、垫板等。

3. 检测步骤

（1）试件从养护地点取出后，应尽快进行试验，以免试件内部的温度、湿度发生显著变化。将试件擦拭干净，测量尺寸，并检查外观。试件尺寸测量精确至1 mm，并据此计算试件的承压面。如实测尺寸与公称尺寸之差不超过1mm，可按公称尺寸进行计算。

（2）将试件安放在试验机下压板上（或下垫板上），试件的承压面应与成型时的顶面垂直，试件的中心应与试验机压板中心对准。开动试验机，当上压板与试件接近时，调整球座，使接触面均衡受压。加荷速度要均匀，加荷速度应为0.5~1.5 kN/s（当砂浆强度≤5 MPa时，取下限值为宜，砂浆强度>5 MPa时，取上限值为宜），当试件接近破坏而开始迅速变形时，停止调整试验机油门，直至试件破坏，然后记录破坏荷载。

（3）砂浆立方体抗压强度按式（6-1）计算：

$$f_{m,cu} = \frac{P}{A} \tag{6-1}$$

式中：$f_{m,cu}$——砂浆立方体试件抗压强度，MPa，精确至0.1 MPa。

P——破坏荷载，N。

A——试件承压面积，mm^2。

4. 结果处理

（1）以六个试件测值的算术平均值作为该组试件的抗压强度值，平均值计算精确至0.1 MPa。

（2）当六个试件的最大值或最小值与平均值之差超过20%时，以中间四个试件的平均值作为该组试件的抗压强度值。

三、黏结力

砖石砌体是靠砂浆把许多块状的材料黏结成为坚固整体的，其黏结力大小，将影响砌体的抗剪强度、耐久性、稳定性及抗震能力等，因此要求砂浆对于砖石要有一定的黏结力。一般情况下，砂浆的抗压强度越高，其黏结力越大。此外，砂浆的黏结力与砖石表面状态、清洁程度、湿润情况以及施工养护条件等都有相当关系。如砌砖要事先浇水湿润，表面不沾泥土，就可以提高砂浆的黏结力保证砌体的质量。

1. 检测目的

测定水泥砂浆与砂浆（或其他材料）间的黏结强度。

2. 检测准备

（1）试样准备：

与砂浆稠度检测试样制作相同。

（2）检测仪器准备：

①抗拉试模（图6.4），必须用金属制成，可以拆卸，试模尺寸与允许误差见表6.3。试模中间放一金属卡块（图6.5）。

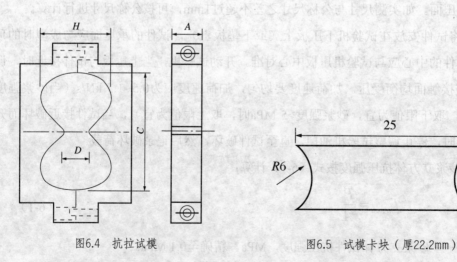

图6.4 抗拉试模

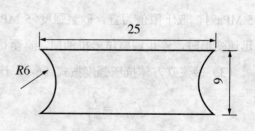

图6.5 试模卡块（厚22.2mm）

表6.3　试模尺寸与允许误差

符号	A	B	C	D
规格mm	22.2	52.0	78.0	22.5
允许偏差mm	±0.1	±0.4	±0.4	±0.1

②抗拉试验机：可用电动抗折机、双杠杆式抗折机或电动抗拉机（10kN），其中抗折或抗拉夹具换成8字型抗拉夹具（图6.6）。

③玻璃片：尺寸为100mm×100mm×5mm。

④刮刀：断面为正三角形，有效长度为26mm。

⑤捣棒：直径12mm，长250mm。端部为弹头形。

3. 检测步骤

（1）成型前将试模擦净，卡上卡块，模的内壁涂上脱模剂，模底面与玻璃片接触部位涂上黄油。

（2）将拌制好的砂浆，成型为六个半8字型试件，胶砂入模后每个半8字型试件用捣棒捣六次，1h后用刮刀将多余胶砂刮去，移入标准养护室养护24h后拆模，并继续在标准养护室中养护13d。

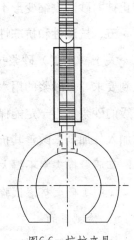

图6.6　抗拉夹具

（3）六个半8字型试件的黏结面，用丙酮去脂，用粗纱布（$2\frac{1}{2}$号）擦毛，再用毛刷刷去面上的微粒和粉末。

（4）将六个半8字型试件置于周壁涂有脱模剂的8字型抗拉试模内，然后将新拌砂浆浇入另一半试模内，用捣棒插捣6次。1h后用刮刀将多余的砂浆刮去，移入标准养护室养护24h后拆模，并继续放入养护室养护27d。

（5）实验前，应检查仪器夹具是否清洁，杠杆各个支点和仪器的平衡是否正确等。

（6）将试件放入夹具内时，位置必须端正，并注意夹具对试件不得有原始应力，试件与夹具间不得有砂粒存在。试件安装好后进行加荷，加荷速度控制在100N/s左右为宜，直至试件被拉断。

4. 结果处理

砂浆试件的黏结强度按式（6-2）计算（精确至0.01MPa）。

$$f_b = \frac{P}{A} \tag{6-2}$$

式中：f_b——黏结强度，MPa。

P——断裂荷载，N。

A——受拉面积，为555mm^2

六个试件为一组。每个试件中剔除最大最小的两个值，以其余四个值的平均值作为黏结强度的试验结果。

四、变形性

砂浆在承受荷载或温度情况变化时，容易变形。如果变形过大或不均匀则会降低砌体及层面质量，引起沉陷或开裂。在使用轻骨料拌制的砂浆时其收缩变形比普通砂浆大。为防止抹面砂浆收缩变形不均而开裂，可在砂浆中掺入麻刀、纸筋等纤维材料。

五、抗渗性和抗冻性

关于（水工）砂浆抗渗性和抗冻性的问题，从技术上来说，只要控制水灰比便可以达到要求。但砂浆的用水量大，水灰比降低时将会使水泥用量大量增加，并且仅用高抗渗等级的砂浆并不一定能保证砌体的抗渗性能。因此，在其配制中除应控制水灰比外，还经常加入外加剂来改善其抗渗性和抗冻性。具有冻融循环次数要求的砌筑砂浆，经冻融试验后，其质量损失率不得大于5%，抗压强度损失率不得大于25%。

（一）砂浆抗渗试验

1. 检测目的

比较不同品种水泥砂浆的抗渗性能。

2. 检测准备

（1）试样准备：

与砂浆稠度检测试样制作相同。

（2）检测仪器准备：

①砂浆渗透试验仪。

②截头圆锥金属试模：上口直径70mm，下口直径80mm，高30mm。

③捣棒：直径12mm，长250mm，端部为弹头型。

④抹刀等。

3. 检测步骤

（1）按"水泥砂浆室内拌和方法"制备砂浆。

（2）按"水泥砂浆养护方法"养护，每组试件为三个。

（3）试件放入养护室养护至规定龄期，取出并待表面干燥后，在试件侧面和试验模内表面涂一层密封材料（如有机硅橡胶），把试件压入试验模使两底面齐平。静置24h后装入渗透仪中，进行透水试验。

（4）水压从0.2MPa开始，保持2h，增至0.3MPa，以后每隔1h增加水压0.1MPa，直至所有试件顶面均渗水为止。记录每个试件各压力段的水压力和相应的恒压时间t（h）。如果水压增至1.5MPa，而试件仍未透水，则不再升压，持荷6h后，停止试验。

砂浆试件不透水性系数按下式计算：

$$I = \sum P_i t_i \tag{6-3}$$

式中：I——砂浆试件不透水性系数，MPa·h。

P_i——试件在每一压力阶段所受水压，MPa。

t_i——相应压力阶段的恒压时间，h。

以三个试件测值的平均值作为该组试件不透水性系数的实验结果。

（二）砂浆抗冻试验

1. 检测目的

比较不同品种水泥砂浆的抗冻性能。

2. 检测准备

（1）试样准备：

与砂浆稠度检测试样制作相同。

（2）检测仪器准备：

①小试件尺寸：40mm×40mm×160mm。

②小试件盒：尺寸大小如图6.7所示。

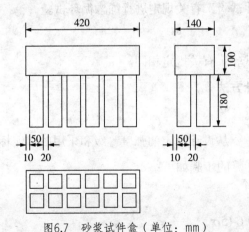

图6.7　砂浆试件盒（单位：mm）

③架盘天平：称量1kg，感量1g。

④橡皮板：厚3mm。

⑤大试件模以及其他设备与"混凝土抗冻性试验"相同。动弹仪的频率范围应为100Hz~20kHz。

3．检测步骤

（1）小试件试验法：

①按"水泥砂浆抗压强度试验"方法进行砂浆拌和及成型、养护40mm×40mm×160mm的砂浆试件。试验以三个试件为一组。

②到达试验龄期的前3d，将试件放入（20±3）℃的水中浸泡，水深应没过试件顶面2cm以上。

③将浸水完毕的试件擦去表面水分，称量，测定纵向自振频率，并做必要的外观描述，作为评定抗冻性的起始值。

④随即将试件装入四周及底垫有橡皮板的试件盒中，加入清水，使其没过试件顶面3~5mm。

⑤将装有试件的盒子固定在试验箱内，按"混凝土抗冻性试验"进行冻融循环试验。

（2）大试件试验法：

①按"混凝土试件的成型与养护方法"成型和养护100mm×100mm×400mm的棱柱体试件。试验以三个试件为一组。

②到达试验龄期的前4d，将试件放在（20±3）℃的水中浸泡（对于水中养护的试件，到达试验龄期时即可直接用于试验）。

③按"混凝土抗冻性试验"有关规定进行冻融循环试验。

4．结果处理

与"混凝土抗冻性试验"有关规定相同。

六、砂浆配合比设计方法

（一）砂浆的配合比计算

砂浆的配合比计算，要从设计规定的强度等级和采用的水泥标号出发，求出每立方米砂浆中的各材料用量。计算的步骤如下：

（1）计算试配强度：

$$f_{m,o}=f_x+0.645\sigma \tag{6-4}$$

式中：$f_{m,o}$——砂浆的试配强度，精确至0.1MPa。

f_x——砂浆设计强度（即砂浆抗压强度平均值），精确至0.1MPa。

σ——砂浆现场强度标准差，精确至0.01MPa。

（2）砂浆现场强度标准差：

$$\sigma = \sqrt{\frac{\sum\limits_{i=1}^{n} f_{m,i}^2 - N\mu_{fm}^2}{N-1}} \tag{6-5}$$

式中：$f_{m,i}$——统计周期内同一品种砂浆第i组试件的强度，MPa。

μ_{fm}——统计周期内同一品种砂浆N组试件强度的平均值，MPa。

N——统计周期内同一品种砂浆试件的总组数，≥25。

当不具有近期统计资料时，砂浆现场强度标准差σ可按表6.4取用。

表6.4　砂浆强度标准差 选用表（JGJ98—2000）（单位：MPa）

水　平	砂浆强度等级				
	M2.5	M5.0	M7.5	M10.0	M15.0
优　良	0.50	1.00	1.50	2.00	3.00
一　般	0.62	1.25	1.88	2.50	3.75
偏　差	0.75	1.50	2.25	3.00	4.50

（3）计算水泥用量：

$$Q_c = \frac{1000(f_{m,o} - B)}{Af_{ce}}$$　　　　　　　　（6-6）

式中：Q_c——每立方米砂浆的水泥用量。kg。

$f_{m,o}$——砂浆的试配强度，MPa。

$f_{e,e}$——水泥的实测强度，精确至0.1MPa。

A、B——砂浆的特征系数，按表6.5取用。

表6.5　系数值

砂浆品种	A	B
水泥混合砂浆	1.50	−4.25
水泥砂浆	1.03	3.50

注：A、B值也可根据试验资料自行确定，统计用的试配组数不得少于30组

在无法取得水泥的实测强度值时，可按下式计算：

$$f_{c,e} = r_c f_{ce,k}$$　　　　　　　　（6-7）

式中：$f_{c,e}$——水泥商品标号对应的强度值，MPa。

r_c——水泥标号值的富裕系数，该值按实际统计资料确定，无统计资料时取1.0。

当计算出每立方米水泥砂浆的水泥用量不足200kg时，应按200kg采用。

（4）计算水泥混合砂浆的掺加料用量：

$$Q_D = Q_A - Q_C$$　　　　　　　　（6-8）

式中：Q_D——每立方米砂浆的掺和料用量，kg；

Q_A——每立方米砂浆中胶结料和掺和料的总量，kg，一般应在300~350kg之间。

Q_C——每立方米砂浆的水泥用量，kg。

石灰膏不同稠度时，其换算系数可按表6.6取用换算。

表6.6 换算系数

石灰膏稠度（mm）	120	110	100	90	80	70	60	50	40	30
换算系数	1.00	0.99	0.97	0.95	0.93	0.92	0.90	0.88	0.87	0.86

（5）计算砂子用量：

每立方米砂浆的砂浆用量，应以干燥状态（含水率小于05%，以kg/m³计）的堆积密度值作为计算值。

（6）计算用水量：

每立方米砂浆的用水量，可根据经验或按表6.7选用。

表6.7 用水量

砂浆品种	水泥混合砂浆	水泥砂浆
用水量（kg/m³）	260~300	270~330

注：①水泥混合砂浆的用水量，不包括石灰膏或黏土膏中的水；

②当采用细砂或粗砂时，用水量分别取上限或下限；

③稠度小于70mm时，用水量可小于下限；

④施工现场气候炎热或干燥季节，可酌量增加水量。

（二）砂浆配合比试配、调整与确定

（1）根据配合比计算结果进行试配。试配应采用工程中实际使用的材料，搅拌方法应与生产时使用的方法相同。

（2）按计算配合比进行试拌，测定其拌和物的稠度和分层度。如不能满足要求，则应调整用水量或掺加料，直到符合要求为止，然后确定为试配时的砂浆基准配合比。

（3）试配时至少应采用三个不同的配合比，其中一个为基准配合比，另外两个配合比的水泥用量按基准配合比分别增加及减少10%。在保证稠度、分层度合格的条件下，可将用水量或掺加料用量作相应调整。

（4）三个不同的配合比，经调整后，按规定成型试件，测定砂浆强度等级；并选定符合强度要求的且水泥用量较少的砂浆配合比为施工配合比。

知识链接

一、抹面砂浆（图6.8）

凡涂抹在建筑物表面或构件表面的砂浆统称为抹面砂浆。根据功能的不同，抹面砂浆分为普通抹面砂浆、装饰砂浆、防水砂浆和具有特殊功能的砂浆，例如绝热砂浆、耐酸砂浆、防辐射砂浆、吸声砂浆等。根据使用部位不同，抹面砂浆又分为底层砂浆和面层砂浆。底层砂浆起初步找平和黏结底层的作用，应有较好的和易性。砖墙底层可用石灰砂浆；混凝土底层可用混合砂浆；板条墙及金属网基层采用麻刀石灰砂浆、纸筋石灰砂浆或混合砂浆；对有防水和防潮要求的结构物，应采用水泥砂浆。底层砂浆还应有比较好的保水性，以防止水分被地面材料吸收而影响砂浆的黏结力，稠度一般为100~120mm。面层砂浆主要起装饰作用，应采用较细的骨料，使表面平滑细腻。室内墙面和顶棚通常采用纸筋石灰或麻刀石灰砂浆。面层砂浆所用的石灰必须充分熟化，陈伏时间不少于1个月，以防止表面抹灰出现鼓包、爆裂等现象。受雨水作用的外墙、室内受潮和易碰撞的部位，如墙裙、踢脚板、窗台、雨棚等，一般采用1:2.5的水泥砂浆抹面。面层砂浆的稠度一般为100mm。普通抹面砂浆的配合比，可参考表6.8选用。

图6.8　抹面砂浆

图6.9　防水砂浆

表6.8　普通抹面砂浆参考配合比

材料	体积配合比	材料	体积配合比
水泥：砂	1.2~1.3	水泥：石灰：砂	1:1:1.6~1:2:9
石灰：砂	1.2~1.4	石灰：黏土：砂	1:1:4~1:1:8

二、防水砂浆（图6.9）

制作防水层的砂浆叫做防水砂浆。砂浆防水层又叫刚性防水层。防水砂浆使用于堤坝、隧洞、水池、沟渠等具有一定刚度的混凝土或砖石砌体工程。对于变形较大或可能发生不均匀沉降的建筑物防水层不宜采用。

防水砂浆可以用普通水泥砂浆制作，其水泥用量较多，灰砂比一般为1:2.5~1:3，水灰比控制在0.5~0.55；也可以在水泥砂浆中掺入防水剂来提高砂浆的抗渗能力，或采用聚合物水泥防水砂浆。常用的防水剂有氯化铁、金属皂类防水剂。近年来，采用引气剂、减水剂、三乙醇胺等作为砂浆的减水剂，也取得了良好的防水效果。

防水砂浆在敷设时需注意以下两点：一是采用多层涂抹，逐层压实；二是做好层间结合，防止水分在层间渗流，使层间效应得以充分发挥。

三、饰面砂浆（图6.10）

饰面砂浆是用于砌体表面装饰，以增加建筑物美观为主的砂浆，它具有特殊的表面形式，或呈现各种色彩线条和花样。常用的胶凝材料有石膏、石灰、白水泥、普通硅酸盐水泥或在水泥中掺加白色大理石粉。集料多用白色、浅色或彩色的天然砂、石（大理石、花岗岩等）、陶瓷碎粒或特制的塑料色粒。加入的颜料必须具有耐碱、耐光、不溶的性质。如氧化铁红、氧化铬绿等。

饰面砂浆常用的艺术处理有：水磨石、水刷石、斩假石、麻点、干粘石、贴花、拉毛、人造大理石等。

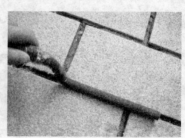

图6.10　饰面砂浆　　　　　　　　图6.11　勾缝砂浆

四、勾缝砂浆（图6.11）

在砌体表面进行勾缝，既能提高灰缝的耐久性，又能增加建筑物的美观。勾缝采用M10或M10以上的水泥砂浆，并用细砂配制。勾缝砂浆的流动性必须调配适当，砂浆过稀，灰缝容易变形走样，过稠则灰缝表面粗糙。火山灰水泥的干缩性大，灰缝易开裂，故不宜用来配制勾缝砂浆。

五、接缝砂浆（图6.12）

在建筑物基础或老混凝土上浇筑混凝土时，为了避免混凝土中的石子与基础或老混凝

图6.12　接缝砂浆　　　　　　　　图6.13　钢丝网水泥砂浆

土接触，影响结合面胶结强度，应先铺一层砂浆，此种砂浆称为接缝砂浆。接缝砂浆的水灰比应与混凝土的水灰比相同，或稍小一些。灰砂比应比混凝土的灰砂比稍高一些，以达到适宜的稠度为准。

六、钢丝网水泥砂浆（图6.13）

钢丝网水泥砂浆简称钢丝网水泥。它是由几层重叠的钢丝网，经浇捣30~50MPa的高强度水泥砂浆所构成的，一般厚度为30~40mm。由于在水泥砂浆中分散配制细而密的钢丝网，因而较钢筋混凝土有更好的弹性、抗拉强度和抗渗性，并能承受冲击荷载的作用。在水利工程中，钢丝网水泥砂浆主要用于制作压力管道、渡槽及闸门等薄壁结构物。

七、小石子砂浆（图6.14）

在水泥砂浆中掺入适量的小石子，称为小石子砂浆。这种砂浆主要用于毛石砌体中。在毛石砌体中，石块之间的孔隙率可高达40%~50%，而且孔隙尺寸大，因而要用小石子砂浆砌筑。小石子砂浆所用石子粒径为5~10mm或5~20mm。石子的掺量为骨料总量的20%~30%。这种砂浆改善了骨料级配，降低了水泥用量，提高了砂浆的强度、弹性模量和表观密度。

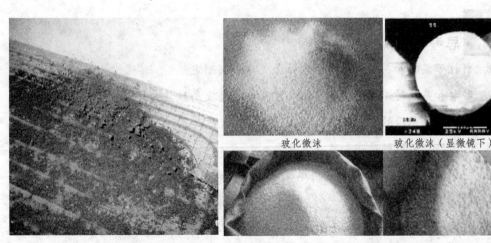

玻化微沫　　　　玻化微沫（显微镜下）

图6.14　小石子砂浆　　　　　　图6.15　微沫砂浆

八、微沫砂浆（图6.15）

微沫砂浆是一种在砂浆中掺入微沫剂（松香热聚物等）配制而成的砂浆。微沫剂掺量一般占水泥质量的0.005%~0.01%。由于砂浆在搅拌过程中能产生大量封闭微小的气泡，从而提高了新拌砂浆的和易性，增强了砂浆的保水、抗渗、抗冻性能，同时也可大幅地节约石灰膏用量。若将微沫剂与氯盐复合使用，还能提高砂浆低温施工的效果。

九、自流平砂浆（图6.16）

自流平砂浆是由特种水泥、精细骨料及多种添加剂组成的，与水混合后形成一种流

动性强、高塑性的自流平地基材料。稍经刮刀展开，即可获得高平整基面。硬化速度快，24h即可在上面行走，或进行后续工程，施工快捷、简便，是传统人工找平无法比拟的。适用于混凝土地面的精找平及所有铺地材料，广泛用于民间及商业建筑。

图6.16　自流平砂浆

 思考与训练

1. 新拌砂浆的和易性包括哪两方面含义？如何测定？

2. 砂浆和易性对工程应用有何影响？怎样才能提高砂浆的和易性？

3. 影响砂浆强度的基本因素是什么？写出其强度公式。

4. 普通抹灰砂浆的功用和特点是什么？

5. 何谓混合砂浆？工程中常用水泥混合砂浆有何好处？为什么要在抹面砂浆中掺入纤维材料？

6. 要求设计用于砌筑砖墙的水泥混合砂浆配合比。设计强度等级为M10，稠度为70~90mm。原材料的主要参数：32.5级矿渣水泥；中砂；堆积密度为1450kg/m³；石灰膏稠度为120mm；施工水平一般。

模块七　建筑钢材及其检测

知识目标：1. 掌握钢材的分类、钢材的表示方法

2. 掌握钢筋的力学性能、工艺性能及化学性能

3. 了解常用钢材的主要技术性能

4. 了解钢材的化学成分对钢材性能的影响

技能目标：1. 能根据现行检测标准表述常用钢材的质量标准

2. 能清楚表述进场钢材的检验步骤

3. 熟练掌握钢筋拉伸性能、弯曲性能检测的方法

4. 对试验数据进行判定，整理完成试验报告，得出试验结论

职业知识

知识一　钢的分类及表示方法

钢材是以铁为主要元素，含碳量一般在2%以下，并含有其他元素的材料。建筑钢材是指建筑工程中使用的各种钢材，包括钢结构用各种型材（如圆钢、角钢、工字钢、钢管）、板材，以及混凝土结构用钢筋、钢丝、钢绞线。钢材是在严格的技术条件下生产的材料，它有如下的优点：材质均匀，性能可靠，强度高，具有一定的塑性和韧性，具有承受冲击和振动荷载的能力，可焊接、铆接或螺栓连接，便于装配；其缺点是：易锈蚀，维护费用大。

钢材的这些特性决定了它是经济建设部门所需要的重要材料之一。建筑上由各种型钢组成的钢结构安全性大，自重较轻，适用于大跨度和高层结构。但由于各部门都需要大量的钢材，因此钢结构的大量应用在一定程度上受到了限制。而混凝土结构尽管存在着自重大等缺点，但用钢量大为减少，同时克服了钢材因锈蚀而维护费用高的缺点，所以钢材在混凝土结构中得到了广泛的应用。

一、钢的冶炼

钢是由生铁冶炼而成的，钢和铁都是铁碳合金，钢的含碳量在2%以下，而生铁的含碳量大于2%。另外，钢中的杂质含量也少于生铁。

生铁中由于含有较多的碳和其他杂质，性质较脆，强度低、韧性差，也不能采用轧制、锻压等方法进行加工。生铁有炼钢生铁和铸造生铁之分。炼钢生铁中铁和碳元素以Fe_3C化合物形式存在，其断口为银白色，质硬而强度高，又称为白口铁。而铸造生铁中碳以石墨状态存在，断面呈灰色，也称灰口铁，质较软、强度低，可进行切削加工，用于铸造业。

钢的冶炼就是将熔融的生铁进行氧化，使碳的含量降低到规定范围，其他杂质含量也降低到允许范围之内。

根据炼钢设备所用炉种不同，炼钢方法主要可分为平炉炼钢、氧气转炉炼钢和电炉炼钢三种。

（一）平炉炼钢

平炉是较早使用的炼钢炉种。它以熔融状态或固体状生铁、铁矿石或废钢铁为原料，以煤气或重油为燃料，利用铁矿石中的氧或鼓入空气中的氧使杂质氧化。因为平炉的冶炼时间长，便于化学成分的控制和杂质的去除，所以平炉钢的质量稳定而且比较好，但由于炼制周期长、成本较高，此法逐渐被氧气转炉法取代。

（二）氧气转炉炼钢

以熔融的铁水为原料，由转炉顶部吹入高纯度氧气，能有效地去除有害杂质，并且冶炼时间短（20～40min），生产效率高，因此氧气转炉钢质量好，成本低，应用广泛。

（三）电炉炼钢

以电为能源迅速将废钢、生铁等原料熔化，并精炼成钢。电炉又分为电弧炉、感应炉和电渣炉等。因为电炉熔炼温度高，便于调节控制，所以电炉钢的质量最好，主要用于冶炼优质碳素钢及特殊合金钢，但成本较高。

冶炼后的钢水中含有以FeO形式存在的氧，FeO与碳作用生成CO气泡，并使某些元素产生偏析（分布不均匀），影响钢的质量。因此必须进行脱氧处理，方法是在钢水中加入锰铁、硅铁或铝等脱氧剂。由于锰、硅、铝与氧的结合能力大于氧与铁的结合能力，生成的MnO、SiO_2、Al_2O_3等氧化物成为钢渣被排除。

二、钢的分类

（一）按化学成分分类

1. 碳素钢

含碳量为0.02%～2.06%的铁碳合金称为碳素钢，也称碳钢。其主要成分是铁和碳，还有少量的硅、锰、磷、硫、氧、氮等。碳素钢中的含碳量较多，且对钢的性质影响较大。

根据含碳量的不同，碳素钢又分为三种：①低碳钢，含碳量小于0.25%；②中碳钢，含碳量为0.25%～0.6%；③高碳钢，含碳量大于0.6%。

2. 合金钢

合金钢是在碳素钢中加入一定的合金元素的钢。钢中除含有铁、碳和少量不可避免的硅、锰、磷、硫外，还含有一定量的（有意加入的）硅、锰、铁、钛、钒等一种或多种合金元素。其目的是改善钢的性能或使其获得某些特殊性能。

合金钢按合金元素总含量分为三种：①低合金钢，合金元素总含量小于5%；②中合金钢，合金元素总含量为5%～10%；③高合金钢，合金元素总含量大于10%。

（二）按冶炼时脱氧程度分类

冶炼时脱氧程度不同，钢的质量差别很大，通常可分为以下四种。

1. 沸腾钢

炼钢时仅加入锰铁进行脱氧，脱氧不完全。这种钢水浇入锭模时，有大量的CO气体从钢水中外逸，引起钢水呈沸腾状，故称沸腾钢，代号为"F"。沸腾钢组织不够致密，成分不够均匀，硫、磷等杂质偏析较严重，故质量较差。但因其成本低、产量高，故被广泛用于一般建筑工程。

2. 镇静钢

炼钢时采用锰铁、硅铁和铝锭等作脱氧剂，脱氧完全，且同时能有去硫作用。这种钢水铸锭时能平静地充满锭模并冷却凝固，故称镇静钢，代号为"Z"。镇静钢虽成本较高，但其组织致密，成分均匀，性能稳定，故质量好。适用于预应力混凝土等重要的结构工程。

3. 半镇静钢

半镇静钢的脱氧程度介于沸腾钢和镇静钢之间，为质量较好的钢，其代号为"B"。

4. 特殊镇静钢

特殊镇静钢是比镇静钢脱氧程度还要充分还要彻底的钢，故其质量最好，适用于特别重要的结构，代号为"TZ"。

（三）按压力加工方式分类

由于在冶炼、铸锭过程中，钢材中往往出现结构不均匀、气泡等缺陷，因此在工业上使用的钢材须经压力加工，使缺陷得以消除，同时具有要求的形状。压力加工可分为热加工和冷加工。

建筑材料与检测
>>>>>>>>>>>>>>>>>>>>>>>>>>>>

1. 热加工钢材

热加工是将钢锭加热至一定温度，使钢锭呈塑性状态进行的压力加工，如热轧、热锻等。

2. 冷加工钢材

冷加工钢材是指在常温下进行加工的钢材。

（四）按有害杂质含量分类

按钢中有害杂质磷（P）和硫（S）含量的多少，钢材可分为以下四类。

1. 普通钢

磷含量不大于0.045%，硫含量不大于0.050%。

2. 优质钢

磷含量不大于0.035%，硫含量不大于0.035%。

3. 高级优质钢

磷含量不大于0.030%，硫含量不大于0.030%。

4. 特级优质钢

磷含量不大于0.025%，硫含量不大于0.020%。

三、钢材的加工

冶炼生产的钢，除极少量直接用做铸件外，绝大部分都是先浇铸成钢锭，然后再加工制成各种钢材。将钢锭加热到1150～1300℃后进行热轧，所得的产品为热轧钢材。将钢锭先热轧，经冷却至室温后再进行冷轧的产品为冷轧钢材。一般建筑钢材以热轧为主。钢管是用钢板加工焊制而成的。无缝钢管是对实心钢坯进行穿孔，经热轧、挤压、冷轧、冷拔等工艺而制得的。

知识二　钢材的主要技术标准

一、碳素结构钢

（一）碳素结构钢的牌号及其表示方法

国家标准《碳素结构钢》（GB/T 700—2006）规定，碳素结构钢按其屈服点分Q195、Q215、Q235和Q275四个牌号。各牌号钢又按其硫、磷含量由多至少分为A、B、C、D四个质量等级。碳素结构钢的牌号由代表屈服强度的字母"Q"、屈服强度数值（单位为MPa）、质量等级符号（A、B、C、D）、脱氧方法符号（F、Z、TZ）等四个部分按顺序组成。例如，Q235AF，它表示屈服强度为235 MPa、质量等级为A级的沸腾碳素结构钢。

碳素结构钢的牌号组成中，表示镇静钢的符号"Z"和表示特殊镇静钢的符号

"TZ"可以省略，例如：质量等级分别为C级和D级的Q235钢，其牌号表示为Q235CZ和Q235DTZ，可以省略为Q235C和Q235D。

（二）碳素结构钢的技术要求

碳素结构钢的化学成分、力学性能及冷弯性能应符合表7.1、表7.2及表7.3的规定。

表7.1　碳素结构钢的化学成分（GB/T700—2006）

牌号	统一数字代号	等级	厚度（或直径）（mm）	脱氧方法	化学成分（质量分数）（%），不大于				
					C	Si	Mn	P	S
Q195	U11952	—	—	F、Z	0.12	0.30	0.50	0.035	0.040
Q215	U12152	A	—	F、Z	0.15	0.35	1.20	0.045	0.050
	U12155	B							0.045
Q235	U12352	A		F、Z	0.22	0.35	1.40	0.045	0.050
	U12355	B			0.20				0.045
	U12358	C		Z	0.17			0.40	0.040
	U12359	D		TZ				0.035	0.035
Q275	U12752	A		F、Z	0.24	0.35	1.50	0.045	0.050
	U12755	B	≤40	Z	0.21			0.045	0.045
			>40		0.22				
	U12758	C	—	Z	0.20			0.040	0.040
	U12759	D		TZ				0.035	0.035

注：①表中为镇静钢、特殊镇静钢牌号的统一数字代码，沸腾钢牌号的统一数字代号如下：Q195F-U11950；Q215AF-U12150，Q215BF-U12153；Q235AF-U12350，Q235BF-U12353；Q275AF-U12750。

②经需方同意，Q235B的碳含量可不大于0.22%。

表7.2　碳素结构钢的力学性能（GB/B700—2006）

牌号	等级	屈服点 σ_s（MPa）						抗拉强度 σ_b（MPa）	伸长率 δ_5（%）					冲击试验（V形缺口）	
		厚度（或直径）（mm）							厚度（或直径）（mm）					温度（℃）	冲击吸收功（纵向）（J）不小于
		≤16	16~40	40~60	60~100	100~150	150~200		≤40	40~60	60~100	100~150	150~200		
Q195	—	195	185	—	—	—	—	315~430	33	—	—	—	—	—	—
Q215	A	215	205	195	185	175	165	335~450	31	30	29	27	26	—	—
	B													+20	27
Q235	A	235	225	215	215	195	185	370~500	26	25	24	22	21	—	27
	B													+20	
	C													0	
	D													−20	
Q275	A	275	265	255	245	225	215	410~540	22	21	20	18	17	—	27
	B													+20	
	C													0	
	D													−20	

注：①Q195的屈服强度值仅供参考，不作交货条件。

②厚度大于100mm的钢材，抗拉强度下限允许降低20MPa。宽带钢（包括剪切钢板）抗拉强度上限不作交货条件。

③厚度小于25mm的Q235B级钢材，如供方能保证冲击吸收值合格，经需方同意，可不做检验。

表7.3　碳素机构钢的冷弯性能（GB/T700—2006）

牌号	试样方向	冷弯试验B=2a　180°	
		钢材厚度或直径（mm）	
		≤60	>60～100
		弯心直径d	
Q195	纵	0	
	横	0.5a	
Q215	纵	0.5a	1.5a
	横	a	2a
Q235	纵	a	2a
	横	1.5a	2.5a
Q275	纵	1.5a	2.5a
	横	2a	3a

由表7.1、表7.2和表7.3可知，碳素结构钢随着牌号的增大，其含碳量增加，强度提高，塑性和韧性降低，冷弯性能逐渐变差。

（三）碳结构钢的特性与选用

工程中应用最广泛的碳素结构钢牌号为Q235，其含碳量为0.14%~0.22%，属低碳钢，由于该牌号钢既具有较高的强度，又具有较好的塑性和韧性，可焊性也好，故能较好地满足一般钢结构和钢筋混凝土结构的用钢要求。

Q195、Q215号钢强度低，塑性和韧性较好，易于冷加工，常用做钢钉、铆钉、螺栓及铁丝等。Q215号钢经冷加工后可代替Q235号钢使用。

Q275号钢强度较高，但塑性、韧性和可焊性较差，不易焊接和冷加工，可用于轧制钢筋、制作螺栓配件等。

二、优质碳素结构钢

优质碳素结构钢分为优质钢、高级优质钢（钢号后加A）和特级优质钢（钢号后加E）。根据国家标准《钢铁产品牌号表示方法》（GB/T 221—2000）规定，优质碳素结构钢的牌号采用阿拉伯数字或阿拉伯数字和规定的符号表示，以两位阿拉伯数字表示平均含碳量（以万分数计），例如：平均含碳为0.08%的沸腾钢，其牌号表示为"08F"；平均含碳量为0.10%的半镇静钢，其牌号表示为"10b"；较高含锰量的优质碳素结构钢，在表示平均含碳量的阿拉伯数字后加锰元素符号，如平均含碳量为0.50%，含锰量为

0.70%~1.0%的钢，其牌号表示为"50Mn"。目前，我国生产的优质碳素结构钢有31个牌号（详见《优质碳素结构钢》（GB/T 699—19991））,优质碳素结构钢中的硫、磷等有害杂质含量更低，且脱氧充分，质量稳定，在建筑工程中常用做重要结构的钢铸件、高强螺栓及预应力锚具。

三、低合金高强度结构钢

为了改善碳素结构钢的力学性能和工艺性能，或为了得到某种特殊的理化性能，在炼钢时有意识地加入一定量的一种或几种合金元素，所得的钢称为合金钢。低合金高强度结构钢是在碳素结构钢的基础上，添加总量小于5%的一种或几种合金元素的一种结构钢，所加元素主要有锰、硅、钒、钛、铌、铬、镍及稀土元素，其目的是提高钢的屈服强度、抗拉强度、耐磨性、耐蚀性及耐低温性能等。因此，它是综合性能较为理想的钢材。另外，与使用碳素钢相比，可节约钢材20%~30%，而成本并不很高。

（一）低合金高强度结构钢的牌号表示法

根据国家标准《低合金高强度结构钢》（GB 1591—1994）及《钢铁产品牌号表示方法》（GB/T 221—2000）的规定，低合金高强度结构钢分5个牌号。其牌号的表示方法由屈服点字母"Q"、屈服点数值（单位为MPa）、质量等级（A、B、C、D、E五级）三部分组成。例如：Q345C，Q345D。

低合金高强度结构钢分为镇静钢和特殊镇静钢，在牌号的组成中没有表示脱氧方法的符号。低合金高强度结构钢的牌号也可以采用两位阿拉伯数字（表示平均含碳量，以万分数计）和规定的元素符号，按顺序表示。

（二）低合金高强度结构钢的技术要求

低合金高强度结构钢的拉伸、冷弯和冲击试验指标，按钢材厚度或直径不同，其技术要求见表7.4。

表7.4 低合金高强度结构钢的力学性能

牌号	质量等级	屈服点 σ_s（MPa）厚度（或直径）（mm）				抗拉强度 σ_b（MPa）	伸长率 δ_5（%）	冲击功（A_{kv}）（纵向）（J）				180°弯曲试验 d为弯曲直径 a为试件厚度（直径）钢材厚度（直径）（mm）	
		≤15	16~35	35~50	50~100			+20℃	0℃	-20℃	-40℃	≤16	16~100
		不小于						不小于					
Q295	A	295	275	255	235	390~570	23	34				d=2a	d=3a
	B	295	275	255	235	390~570	23					d=2a	d=3a
Q345	A	345	325	295	275	470~630	21	34				d=2a	d=3a
	B	345	325	295	275	470~630	21					d=2a	d=3a
	C	345	325	295	275	470~630	22		34			d=2a	d=3a
	D	345	325	295	275	470~630	22			34		d=2a	d=3a
	E	345	325	295	275	470~630	22				27	d=2a	d=3a

续表

	A	390	370	350	330	490～650	19				d=2a	d=3a
	B	390	370	350	330	490～650	19	34			d=2a	d=3a
Q390	C	390	370	350	330	490～650	20		34		d=2a	d=3a
	D	390	370	350	330	490～650	20			34	d=2a	d=3a
	E	390	370	350	330	490～650	20				27	d=2a	d=3a
	A	420	400	380	360	520～680	18				d=2a	d=3a
	B	420	400	380	360	520～680	18	34			d=2a	d=3a
Q420	C	420	400	380	360	520～680	19		34		d=2a	d=3a
	D	420	400	380	360	520～680	19			34	d=2a	d=3a
	E	420	400	380	360	520～680	19			27	d=2a	d=3a
	C	460	440	420	400	550～720	17		34		d=2a	d=3a
Q460	D	460	440	420	400	550～720	17			34	d=2a	d=3a
	E	460	440	420	400	550～720	17			27	d=2a	d=3a

（三）低合金高强度结构钢的特点与应用

由于低合金高强度结构钢中的合金元素的结晶强化和固熔强化等作用，该钢材不但具有较高的强度，而且也具有较好的塑性、韧性和可焊性。因此，在钢结构和钢筋混凝土结构中常采用低合金高强度结构钢轧制型钢（角钢、槽钢、工字钢）、钢板、钢管及钢筋，来建筑桥梁、高层及大跨度建筑，尤其在承受动荷载和冲击荷载的结构中更为适用。另外，与使用碳素结构钢相比，可节约钢材20%～30%，而成本并不很高。目前，我国生产的低合金结构钢有17种，分别是：09 MnV、09 MnNb、09Mn$_2$、12Mn、18Nb、12MnV、09 MnCuPTi、10MnSiCu、14MnNb、16Mn、16MnRe、10MnPNbRe、15MnV、15MnTi、16 MnNb、14MnVTiRe、15 MnVN。钢号中前面两个数字代表钢的平均含碳量的万分数，合金元素后无数字者，表示该元素的平均含量少于1.5%，标有"2"、"3"则指其含量为"1.5%～2.49%"及"2.5%～3.49%"，余类推。例：09 Mn$_2$，表示该低合金高强度结构钢的含碳量为万分之九，合金元素为锰，其含量为1.5%～2.49%。

项目一　建筑钢材的进场与取样

任务一　常用钢材及其性能标准

一、热轧钢筋

用加热钢坯轧成的条型成品钢筋，称为热轧钢筋。它是建筑工程中用量最大的钢材品种之一，主要用于钢筋混凝土的配筋。热轧钢筋按表面形状分为热轧光圆钢筋和热轧带肋钢筋。

（一）热轧光圆钢筋

经热轧成型，横截面通常为圆形，表面光滑的成品钢筋，称为热轧光圆钢筋（HPB）（图7.1）。热轧光圆钢筋按屈服强度特征值分为235级、300级，其牌号由HPB和屈服强度特征值构成，分为HPB235、HPB300两个牌号。热轧光圆钢筋的公称直径范围为6～22mm，《热轧光圆钢筋》（GB1499.1—2008）推荐的钢筋公称直径为6mm、8mm、10mm、12mm、16mm和20mm。可按直条或盘卷交货，按定尺长度交货的直条钢筋其长度允许偏差范围为0～50mm；按盘卷交货的钢筋，每根盘条质量应不小于1000 kg。热轧光圆钢筋的屈服强度、抗拉强度、断后伸长率、最大拉力总伸长率等力学性能特征值应符合表7.5的规定。表中各力学性能特征值，可作为交货检验的最小保证值。按规定的弯心直径弯曲180°后，钢筋受弯部位表面不得产生裂纹。

图7.1　热轧光圆钢筋

表7.5　热轧光圆钢筋的力学性能和工艺性能（GB1499.1—2008）

牌号	屈服强度（MPa）	抗拉强度（MPa）	断后伸长率（%）	最大拉力总伸长率（%）	冷弯试验180°，d为弯心直径；a为钢筋公称直径
	不小于				
HPB235	235	370	25.0	10.0	d=a
HPB300	300	420			

（二）热轧带肋钢筋

经热轧成型并自然冷却的横截面为圆形的且表面通常带有两条纵肋和沿长度方向均匀分布的横肋的钢筋，称为热轧带肋钢筋（图7.2）。其包括普通热轧钢筋和细晶粒热轧钢筋两种。

图7.2　热轧带肋钢筋

热轧带肋钢筋按屈服强度特征值分为335、400、500级，其牌号由HRB和屈服强度特征值构成，分为HRB335、HRB400、HRB500三个牌号，细晶粒热轧钢筋的牌号由HRBF和屈服强度特征值构成，分为HRBF335、HRBF400、HRBF500三个牌号。

热轧带肋钢筋的公称直径范围为6～50mm，《热轧带肋钢筋》（GB1499.2—2007）推荐的钢筋公称直径为6mm、8mm、10mm、12mm、16mm、20mm、25mm、32mm、40mm和50mm。

热轧带肋钢筋按定尺长度交货时的长度允许偏差为±25mm，也可以盘卷交货，每盘应是一条钢筋，允许每批有5%的盘数由两条钢筋组成。

热轧带肋钢筋的力学性能和工艺性能应符合表7.6的规定。表中所列各力学性能特征值，可作为交货检验的最小保证值；按规定的弯心直径弯曲180°后，钢筋受弯部位表面不得产生裂纹。反向弯曲试验是先正向弯曲90°，再反向弯曲20°，经反向弯曲试验后，钢筋受弯曲部位表面不得产生裂纹。

热轧钢筋中热轧光圆钢筋的强度较低，但塑性及焊接性能很好，便于各种冷加工，因而广泛用做普通钢筋混凝土构件的受力筋及各种钢筋混凝土结构的构造筋；HRB335和HRB400钢筋强度较高，塑性和焊接性能也较好，故广泛用做大、中型钢筋混凝土结构的受力钢筋；HRB500钢筋强度高，但塑性及焊接性能较差，可用做预应力钢筋。

表7.6　热轧光圆钢筋的力学性能和工艺性能（GB1499.2—2007）

牌号	屈服强度（MPa）	抗拉强度（MPa）	断后伸长率（%）	最大拉力总伸长率（%）	公称直径（mm）	弯心直径	反向弯曲
	不小于					d为弯心直径a为钢筋公称直径	
HRB335 HRBF335	335	455	17		6～25	3d	4d
					28～40	4d	5d
					>40～50	5d	6d
HRB400 HRBF400	400	540	16	7.5	6～25	4d	5d
					28～40	5d	6d
					>40～50	5d	6d
HRB500 HRBF500	500	630	15		6～25	6d	7d
					28～40	7d	8d
					>40～50	8d	9d

二、冷轧带肋钢筋

热轧圆盘条经冷轧后，在其表面带有沿长度方向均匀分布的三面或二面横肋的钢筋，称为冷轧带肋钢筋（图7.3）。

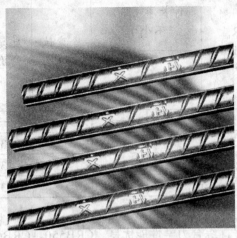

图7.3 冷轧带肋钢筋

冷轧带肋钢筋的牌号由CRB和钢筋的抗拉强度最小值构成。冷轧带肋钢筋分为CRB550、CRB650、CRB800、CRB970四个牌号。CRB550为普通钢筋混凝土用钢筋，其他牌号为预应力混凝土用钢筋。

冷轧带肋钢筋的肋高、肋宽和肋距是其外形尺寸的主要控制参数。冷轧带肋钢筋按冷加工状态交货，允许冷轧后进行低温回火处理。

CRB550钢筋的公称直径范围为4～12mm。CRB650及以上牌号钢筋的公称直径（相当于横截面面积相等的光圆钢筋的公称直径）为4mm、5mm、6mm。

钢筋表面的横肋呈月牙形。横肋沿钢筋横截面周圈上均匀分布，其中三面肋钢筋有一面肋的倾角必须与另两面反向，二面肋钢筋一面肋的倾角必须与另一面反向。横肋中心线和钢筋纵轴线夹角为40°～60°，横肋两侧面和钢筋表面斜角不得小于45°，横肋与钢筋表面呈弧形相交。

冷轧带肋钢筋通常按盘卷交货，CRB550钢筋也可按直条交货，按直条交货时，其长度及允许偏差按供需双方协商确定。盘卷钢筋每盘的质量不小于100 kg，每盘应由一根钢筋组成，CRB650及以上牌号钢筋不得有焊接接头。冷轧带肋钢筋的表面不得有裂纹、折叠、结疤、油污及其他影响使用的缺陷。冷轧带肋钢筋的表面可有浮锈，但不得有锈皮及目视可见的麻坑等腐蚀现象。

冷轧带肋钢筋的力学性能和工艺性能应符合表7.7的规定。钢筋的强曲比$R_m / R_{p0.2}$应不小于1.03 。当进行弯曲试验时，受弯部位表面不得产生裂纹。公称直径为4mm、5mm、6mm的冷轧带肋钢筋，反复弯曲试验的弯曲半径分别为10mm、15mm、15mm。有关技术要求细则，参见《冷轧带肋钢》（GB13788—2088）。

表7.7 冷轧带肋钢筋的力学性能和工艺性能（GB 13788—2008）

牌号	$R_{p0.2}$ （MPa） 不小于	R_m （MPa） 不小于	伸长率（%） 不小于		冷弯试验180°	反复弯曲次数	应力松弛初始应力应相当于公称抗拉强度的70% 1 0 0 0 h 松 弛 率 （%） 不大于
			$A_{11.3}$	A_{100}			
CRB550	500	550	8.0	—	D=3d	—	
CRB650	585	650	—	4.0		3	8
CRB800	720	800	—	4.0		3	8
CRB970	875	970	—	4.0		3	8

冷轧带肋钢筋具有以下优点：

（1）强度高、塑性好，综合力学性能优良。CRB550、CRB650的抗拉强度由冷轧前的不足500 MPa提高到550MPa、650MPa；冷拔低碳钢丝的伸长率仅2%左右，而冷轧带肋钢筋的伸长率大于4%。

（2）握裹力强。混凝土对冷轧带肋钢筋的握裹力为同直径冷拔钢丝的3~6倍。又由于塑性较好，大幅度提高了构件的整体强度和抗震能力。

（3）节约钢材，降低成本。以冷轧带肋钢筋代替I级钢筋用于普通钢筋混凝土构件，可节约钢材30%以上。如用以代替冷拔低碳钢丝用于预应力混凝土多孔板中，可节约钢材5%~10%，且每立方米混凝土可节省水泥约40 kg。

（4）提高构件整体质量，改善构件的延性，避免"抽丝"现象。用冷轧带肋钢筋制作的预应力空心楼板，其强度、抗裂度均明显优于冷拔低碳钢丝制作的构件。

冷轧带肋钢筋适用于中、小型预应力混凝土构件和普通混凝土构件，也可焊接网片。

三、热处理钢筋

热处理钢筋分为预应力用热处理钢筋和钢筋混凝土用余热处理钢筋。

预应力用热处理钢筋是用热轧螺纹钢筋经淬火和回火调质热处理而成的，其外形分为有纵肋和无纵肋两种，但都有横肋。根据《预应力混凝土用热处理钢筋》（GB 4463—1984）的规定，其所用钢材有40Si_2Mn、48Si_2Mn和45Si_2Cr三个牌号，力学性能应符合表7.8的规定。

预应力混凝土用热处理钢筋的优点是：强度高，可代替高强钢丝使用；节约钢材；锚固性好，不易打滑，预应力值稳定；施工简便，开盘后钢筋自然伸直，不需调直及焊接。主要用于预应力钢筋混凝土枕轨，也用于预应力梁、板结构及吊车梁等。

余热处理钢筋是把热轧后的钢筋立即穿水，控制表面冷却，然后利用心部余热自身完成回火处理所得的成品钢筋。其级别分为3级，强度等级代号为KL400。

表7.8　预应力混凝土用热处理钢筋的力学性能（GB 4463—1984）

公称直径（mm）	牌号	屈服点（MPa）	抗拉强度（MPa）	伸长率δ_{10}（%）
		不小于		
6	40Si$_2$Mn			
8.2	41Si$_2$Mn	1325	1470	6
10	45Si$_2$Cr			

四、预应力混凝土用钢丝和钢绞线

预应力混凝土用钢丝或钢铰线常作为大型预应力混凝土构件的主要受力钢筋。

（一）预应力混凝土用钢丝

预应力高强度钢丝是用优质碳素结构钢盘条，经酸洗、冷拉或再经回火处理等工艺制成的，专用于预应力混凝土。

根据《预应力混凝土用钢丝》（GB/T5223—2002）的规定，预应力钢丝按加工状态分为冷拉钢丝和消除应力钢丝两类。消除应力钢丝按松弛性能又分为低松弛级钢丝和普通松弛级钢丝。预应力钢丝按外形分为光圆、螺旋肋和刻痕三种。

冷拉钢丝（用盘条通过拔丝模或轧辊经冷加工而成）代号"WCD"，低松弛钢丝（钢丝在塑性变形下进行短时热处理而成）代号"WLR"，普通松弛钢丝（钢丝通过矫直工序后在适当温度下进行短时热处理）代号"WNR"，光圆钢丝代号"P"，螺旋肋钢丝（钢丝表面沿长度方向上具有规则间隔的肋条）代号"H"，刻痕钢丝（钢丝表面沿长度方向上具有规则间隔的压痕）代号"I"。

预应力混凝土用钢丝每盘应由一根钢丝组成，每盘质量不小于500 kg，允许有10%的盘数小于500 kg，但不小于100 kg。钢丝表面不得有裂纹和油污，也不允许有影响使用的拉痕、机械损伤等。

冷拉钢丝的力学性能应符合表7.9的规定。规定非比例伸长应力$\sigma_{p0.2}$值不小于公称抗拉强度的75%。消除应力的光圆及螺旋肋钢丝的力学性能应符合表7.10的规定。规定非比例伸长应力$\sigma_{p0.2}$值对低松弛钢丝应不小于公称抗拉强度的88%，对普通松弛钢丝应不小于公称抗拉强度的85%。消除应力的刻痕钢丝的力学性能应符合表7.11的规定。规定非比例伸长应力$\sigma_{p0.2}$值对松弛钢丝值应不小于公称抗拉强度的88%，对普通松弛钢丝应不小于公称抗拉强度的85%。

预应力混凝土用钢丝具有强度高、柔性好、无接头等优点。施工方便，不需冷拉、焊接接头等加工，而且质量稳定、安全可靠。主要应用于大跨度屋架及薄腹梁、大跨度吊车梁、桥梁、电杆、枕轨或曲线配筋的预应力混凝土构件。刻痕钢丝由于屈服强度高且与混凝土的握裹力大，主要用于预应力钢筋混凝土结构以减少混凝土裂缝。

表7.9　冷拉钢丝的力学性能（GB/T5223—2002）

公称直径d_0（mm）	抗拉强度σ_b（MPa）不小于	规定非比例伸长应力$\sigma_{p0.2}$（MPa）不小于	最大力下的总伸长率$L_0=200mm$ δ_{gt}（%）不小于	弯曲次数（次/180°）不小于	弯曲半径R（mm）	断面收缩率Ψ（%）不小于	每210mm扭矩的扭转次数n不小于	初始应力相当于70%公称抗拉强度时,1000h后应力松弛率r（%）不大于
3.00	1470	1770		4	7.5	—	—	
4.00	1570	1180		4	10		8	
5.00	1670	1250	1.5	4	15	35	8	8
	1100	1330		4	15		8	
6.00	1470	1100		5	15		7	
7.00	1570	1180		5	20	30	6	
8.00	1670	1250		5	20		5	
	1770	1330		5	20			

表7.10　消除应力的光圆及螺旋肋钢丝的力学性能（GB/T5223—2002）

公称直径d_0（mm）	抗拉强度σ_b（MPa）不小于	规定非比例伸长应力$\sigma_{p0.2}$（MPa）不小于		最大力下的总伸长率$L_0=200mm$ δ_{gt}（%）不小于	弯曲次数（次/180°）不小于	弯曲半径R（mm）	应力松弛性能		
		WLR	WNR				初始应力相当于公称抗拉强度的百分数（%）	1000h后应力松弛率r（%）不大于 WLR	WNR
								对所有规格	
4.00	1470	1290	1250		3	10			
	1570	1380	1330		3	10			
4.80	1670	1470	1410				60	1.0	4.5
	1770	1560	1500		4	15			
5.00	1860	1640	1580		4	15			
6.00	1470	1290	1250		4	15			
6.25	1570	1380	1330	3.5	4	20			
7.00	1670	1470	1410		4	20			
8.00	1770	1560	1500		4	20			
9.00	1470	1290	1250		4	25			
10.00	1570	1380	1330		4	25	80	4.5	12.00
12.0	1470	1290	1250		4	30			

表7.11　消除应力的刻痕钢丝的力学性能（GB/T5223—2002）

公称直径d₀（mm）	抗拉强度σ_b（MPa）不小于	规定非比例伸长应力σ_p0.2（MPa）不小于		最大力下的总伸长率L₀=200mmδ_gt（%）不小于	弯曲次数（次/180°）不小于	弯曲半径R（mm）	应力松弛性能		
							初始应力相当于公称抗拉强度的百分数（%）	1000h后应力松弛率r（%）不大于	
		WLR	WNR					WLR	WNR
							对所有规格		
≤5.0	1470	1290	1250	3.5	3	15	60	1.5	4.5
	1570	1380	1330						
	1670	1470	1410						
	1770	1560	1500						
	1860	1640	1580				70	2.5	8
>5.0	1470	1290	1250			20			
	1570	1380	1330						
	1670	1470	1410				80	4.5	12
	1770	1560	1500						

（二）预应力混凝土用钢绞线

预应力钢绞线是用两（或三、或七）根钢丝在绞线机上捻制后，再经低温回火和消除应力等工序制成的。按捻制结构可分为5类，其代号为：（1×2）用两根钢丝捻制的钢绞线，（1×3）用三根钢丝捻制的钢绞线，（1×3 I）用三根刻痕钢丝捻制的钢绞线，（1×7）用七根钢丝捻制的标准型钢绞线，（1×7）C用七根钢丝捻制又经模拔的钢绞线。

按《预应力混凝土用钢绞线》（GB/T5224—2003）交货的产品标记应包含"预应力钢绞线，结构代号，公称直径，强度级别，标准号"等内容，如公称直径为15.20mm，强度级别为1860 MPa的7根钢丝捻制的标准型钢绞线的标记为：预应力钢绞线1×7－15.20－1860－GB/T 5224—2003。

预应力钢绞线交货时，每盘卷钢铰线质量不小于1000 kg，允许有10%的盘卷质量小于1000 kg，但不能小于300 kg。

钢绞线的捻向一般为左（S）捻，右（Z）捻，需在合同中注明。

除非需方有特殊要求，钢绞线表面不得有油、润滑脂等降低钢绞线与混凝土黏结力的物质。钢铰线允许有轻微的浮锈，但不得有目视可见的锈蚀麻坑。钢绞线表面允许存在回火颜色。

钢绞线的检验规则应按《钢及钢产品交货一般技术要求》（GB／T 17505—1998）的规定，产品的尺寸、外形、质量及允许偏差、力学性能等均应满足《预应力混凝土用钢绞

建筑材料与检测

线》(GB／T 5224—2003) 的规定。

钢绞线具有强度高、与混凝土黏结性能好、断面面积大、使用根数少、柔性好、易于在混凝土结构中排列布置、易于锚固等优点，主要用于大跨度、重荷载、曲线配筋的后张法预应力钢筋混凝土结构中。

五、型钢

型钢是长度和截面周长之比相当大的直条钢材的统称（图7.4）。型钢按截面形状分为简单截面和复杂截面（异型）两大类。

图7.4 型钢

简单截面的热轧型钢有5种：扁钢、圆钢、方钢、六角钢和八角钢，规格尺寸见表7.12。复杂截面的热轧型钢包括角钢、工字钢、槽钢和其他异型截面，其规格尺寸见表7.13。

表7.12 简单截面热轧型钢的规格尺寸

型钢名称	表示规格的主要尺寸	尺寸范围（mm）	标准号
扁钢	宽度/厚度	10～150/3～60	GB 704—1988
圆钢	直径	5.5～250	GB 702—1986
方钢	边长	5.5～200	GB 702—1986
六角钢	对边距离	8～70	GB 705—1989
八角钢	对边距离	16～40	GB 7052—198990

表7.13 角钢、工字钢和槽钢的规格尺寸

型钢名称	表示规格的主要尺寸	尺寸范围（mm）	标准代号
等边角钢	按边宽度的厘米数划分型号（或以边宽度×边宽度×边厚度标记）	边宽度：20～200 边厚度：3～24	GB 9787—1988
不等边角钢	按长边宽度（短边宽度）的厘米数划分型号（或以长边宽度×短边宽度×边厚度标记）	长边宽度：25～200 短边宽度：16～125 边厚度：3～18	GB 9788—1988
工字钢	按高度的厘米数划分型号（或以高度×腿宽度×腰厚度标记）	高度：100～630 腿宽度：68～180	GB 707—1988
槽钢	按高度的厘米数划分型号（或以高度×腿宽度×腰厚度标记）	高度：50～300 腿宽度：37～89	GB 707—1988

六、钢板

钢板是宽厚比很大的矩形板。按轧制工艺不同分热轧和冷轧两大类。按其公称厚度，钢板分为薄板（厚度0.1～4mm）、中板（厚度4～20 mm）、厚板（厚度20～60 mm）、特厚板（厚度超过60mm）

（一）热轧钢板

热轧钢板按边缘状态分切边和不切边两类，按精度分普通精度和较高精度，按所用钢种分为碳素结构钢、低合金结构钢和优质碳素结构钢三类。

（二）热轧花纹钢板

热轧花纹钢板是由普通碳素结构钢，经热轧、矫直和切边而成的凸纹钢板。花纹钢板不包括纹高的厚度有2.5mm、3.0mm、3.5mm、4.0mm、4.5mm、5.0mm、5.5mm、6.0mm、7.0mm和8.0mm几种。随厚度增加，规定纹高加大有1.0mm、1.5mm和2.0mm三种；也有纹高均为2.5mm的品种。

（三）冷轧钢板

冷轧钢板是以热轧钢和钢带为原料，在常温下经冷轧机轧制而成的。其边缘状态有切边和不切边两种，按轧制精度分普通精度和较高精度，按钢种分碳素结构钢、低合金结构钢、硅钢、不锈钢等。

（四）钢带

钢带是厚度较薄、宽度较窄、以卷材供应的钢板。按轧制工艺分热轧和冷轧，按边缘状态分切边和不切边两种，按精度分普通精度和较高精度，按厚度分为薄钢带（0.1~4.0mm）、超薄钢带（0.1 mm以下），按宽度分为窄钢带（宽度<600 mm）、宽钢带（宽度≥600mm）。

钢带主要做弯曲型钢、焊接钢管、制作五金件的原料，直接用于各种结构及容器等。

除以上介绍的钢板外，还有镀层薄钢板，如镀锡钢板（旧称马口铁）、镀锌薄板（俗称白铁皮）、镀铝钢板、镀铅锡合金钢板等。

七、钢管

（一）无缝钢管

无缝钢管（图7.5）是经热轧、挤压、热扩或冷拔、冷轧而制成的周边无缝的管材，分为一般用途和专门用途两类。一般结构用的无缝钢管，以外径×壁厚表示规格，详见《无缝钢管》（GB／T 17395—1998）规定。

专用无缝钢管一般用于锅炉和耐热工程中。

图7.5 无缝钢管   图7.6 焊接钢管

（二）焊接钢管

在工程中用量最大的是焊接钢管（图7.6）。供低压流体输送用的直缝钢管分焊接钢管和镀锌焊接钢管两大类，按壁厚分为普通焊管和加厚焊管，按管端形式分螺纹钢管和无螺纹钢管、低压流体输送用焊接钢管的规格以公称口径表示，各公称尺寸及容许偏差等如表7.14所示。

表7.14 低压流体输送用焊接钢管的规格及容许偏差

公称孔径		外径		普通钢管			加厚钢管		
		公称尺寸（mm）	容许偏差	壁厚		理论质量（kg/m）	壁厚		理论质量（kg/m）
mm	in			公称尺寸（mm）	容许偏差		公称尺寸（mm）	容许偏差	
6	1/8	10.0		2.00		0.39	2.50		0.46
8	1/4	13.5		2.25		0.62	2.75		0.73
10	3/8	17.0		2.25		0.82	2.75		0.97
15	1/2	21.3	±0.5 mm	2.75		1.25	3.25		1.45
20	3/4	26.8		2.75		1.63	3.50		2.01
25	1	33.5		3.25	（上限）+12%（下限）-15%	2.42	4.00	（上限）+12%（下限）-15%	2.91
32	5/4	42.3		3.25		3.13	4.00		3.78
40	5/4	48.0		3.50		3.84	4.25		4.58
50	2	60.0		3.50		4.88	4.50		6.16
65	5/2	75.5		3.75		6.64	4.50		7.88
80	3	88.5	±1%	4.00		8.34	4.75		9.81
100	4	114.0		4.00		10.85	5.00		13.44
125	5	140.0		4.50		15.04	5.50		18.24
150	6	165.0		4.50		17.81	5.50		21.63

任务二 钢筋的进场与取样

一、钢筋的验收及取样方法

（1）钢筋应有出厂质量证明书或试验报告单，每捆（盘）钢筋均应有标牌，进场钢筋应按炉罐（批）号及直径分批验收，验收内容包括查对标牌、外观检查，并按有关规定抽取试样作机械性能试验，包括拉力试验和冷弯试验两个项目，如两个项目中有一个项目不合格，该批钢筋即为不合格。

（2）同一截面尺寸和同一炉罐号组成的钢筋分批验收时，每批质量不大于60t，如炉罐号不同时，应按《钢筋混凝土结构用热轧钢筋》的规定验收。

（3）钢筋在使用中如有脆断、焊接性能不良或机械性能显著不正常时，应进行化学成分分析。

（4）取样方法和结果评定规定，自每批钢筋中任意抽取两根，于每根距端部50cm处各取一套试样（两根试件），在每套试样中取一根作拉力试验，另一根作冷弯试验。在拉力试验的两根试件中，如其中一根试件的屈服点、抗拉强度和伸长率三个指标中，有一个指标达不到钢筋标准中规定的数值，应取双倍（4根）钢筋，重作试验。如仍有一根试件的指标达不到标准要求，则不论这个指标在第一次试验中是否达到标准要求，拉力试验即为不合格。在冷弯试验中，如有一根试件不符合标准要求，应同样抽取双倍钢筋，重作试验。如仍有一根试件不符合标准要求，冷弯试验项目即为不合格。

（5）试验应在（20±10）℃的温度下进行，如试验温度超出这一范围，应于试验记录和报告中注明。

二、检查项目和方法

（一）主控项目

（1）钢筋进场时，应按现行国家标准《钢筋混凝土用热轧带肋钢筋》（GB 1499—1998）等的规定抽取试件作为力学性能检验，其质量必须符合有关标准的规定。

①检查数量：按进场的批次和产品的抽样检验方案确定。

②检验方法：检查产品合格证、出厂检验报告和进场复验报告。

（2）对有抗震设防要求的框架结构，其纵向受力钢筋的强度应满足设计要求；当设计无具体要求时，对一、二级抗震等级，检验所得的强度实测值应符合下列规定：

①钢筋的抗拉强度实测值与屈服强度实测值的比值不应小于1.25。

②钢筋的屈服强度实测值与强度标准值的比值不应大于1.3。检查数量与方法同①。

③当发现钢筋脆断、焊接性能不良或力学性能显著不正常等现象时，应对该批钢筋进行化学成分检验或其他专项检验。

（二）一般项目

钢筋应平直、无损伤，表面不得有裂纹、油污、颗粒状或片状老锈。

检查数量：进场时和使用前全数检查。

检查方法：观察。

三、热轧钢筋检验

热轧钢筋进场时，应按批进行检查和验收。每批由同一牌号、同一炉罐号、同一规格的钢筋组成，重量不大于60t。允许由同一牌号、同一冶炼方法、同一浇铸方法的不同炉罐号组成混合批，但各炉罐号含碳量之差不得大于0.02%，含锰量之差不大于0.15%。

（一）外观检查

从每批钢筋中抽取5%进行外观检查。钢筋表面不得有裂纹、结疤和折叠。钢筋表面允许有凸块，但不得超过横肋的高度，钢筋表面上其他缺陷的深度和高度不得大于所在部位尺寸的允许偏差。

钢筋可按实际重量或公称重量交货。当钢筋按实际重量交货时，应随机抽取10根（长6m）钢筋称重，如重量偏差大于允许偏差，则应与生产方交涉，以免损害用户利益。

（二）力学性能试验

从每批钢筋中任选两根钢筋，每根取两个试件分别进行拉伸试验（包括屈服点、抗拉强度和伸长率）和冷弯试验。

拉伸、冷弯、反弯试验试件不允许进行车削加工。计算钢筋强度时，采用公称横截面面积。反弯试验时，经正向弯曲后的试件应在100℃温度下保温不少于30min，经自然冷却后再进行反向弯曲。当供方能保证钢筋的反弯性能时，正弯后的试件也可在室温下直接进行反向弯曲。

如有一项试验结果不符合表7.6要求，则从同一批中另取双倍数量的试件重作各项试验。如仍有一个试件不合格，则该批钢筋为不合格品。

对热轧钢筋的质量有疑问或类别不明时，在使用前应作拉伸和冷弯试验。根据试验结果确定钢筋的类别后，才允许使用。抽样数量应根据实际情况确定。这种钢筋不宜用于主要承重结构的重要部位。

余热处理钢筋的检验同热轧钢筋。

四、冷轧带肋钢筋检验

冷轧带肋钢筋进场时，应按批进行检查和验收。每批由同一钢号、同一规格和同一级别的钢筋组成，重量不大于50t。

（1）每批抽取5%（但不少于5盘或5捆）进行外形尺寸、表面质量和重量偏差的检查。检查结果应符合表7.7的要求，如其中有一盘（捆）不合格，则应对该批钢筋逐盘或逐捆检查。

（2）钢筋的力学性能应逐盘、逐捆进行检验。从每盘或每捆取两个试件，一个作拉伸试验，一个作冷弯试验。试验结果如有一项指标不符合表7.7的要求，则该盘钢筋判为不合格；对每捆钢筋，尚可加倍取样复验判定。

五、冷轧扭钢筋检验

冷轧扭钢筋进场时，应分批进行检查和验收。每批由同一钢厂、同一牌号、同一规格的钢筋组成，重量不大于10t。当连续检验10批均为合格时检验批重量可扩大一倍。

（一）外观检查

从每批钢筋中抽取5%进行外形尺寸、表面质量和重量偏差的检查。钢筋表面不应有影响钢筋力学性能的裂纹、折叠、结疤、压痕、机械损伤或其他影响使用的缺陷。钢筋的压扁厚度和节距、重量等应符合要求。当重量负偏差大于5%时，该批钢筋判定为不合格。当仅轧扁厚度小于或节距大于规定值，仍可判为合格，但需降低规格使用。

（二）力学性能试验

从每批钢筋中随机抽取3根钢筋，各取一个试件。其中，两个试件作拉伸试验，一个试件作冷弯试验。试件长度宜取偶数倍节距，且不应小于4倍节距，同时不小于500mm。

当全部试验项目均符合要求，则判该批钢筋为合格。如有一项试验结果不符合要求，则应加倍取样复检判定。

项目二　建筑钢材的性能检测

任务一　钢材的主要技术性能

钢材的技术性能包括力学性能、工艺性能和化学性能等。力学性能主要包括拉伸性能、冲击韧性、疲劳强度、硬度等；工艺性能是钢材在加工制造过程中所表现的特性，包括冷弯性能、焊接性能、热处理性能等。只有了解、掌握钢材的各种性能，才能正确、经济、合理地选择和使用各种钢材。

一、力学性能

（一）拉伸性能

钢材的拉伸性能，典型地反映在广泛使用的软钢（低碳钢）拉伸试验时得到的应力σ与应变ε的关系上，如图7.7所示。钢材从拉伸到拉断，在外力作用下的变形可分为四个阶段，即弹性阶段、屈服阶段、强化阶段和颈缩阶段。

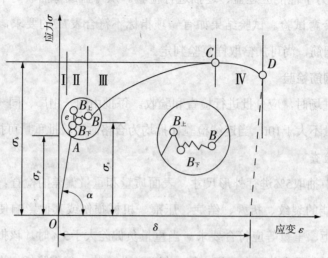

图7.7　低碳钢受拉应力-应变

1. 弹性阶段

在OA范围内应力与应变成正比例关系，如果卸去外力，试件则恢复原来的形状，这个阶段称为弹性阶段。

弹性阶段的最高点A所对应的应力值称为弹性极限σ_p。当应力稍低于A点时，应力与应变成线性正比例关系，其斜率称为弹性模量，用e表示。弹性模量反映钢材的刚度，即产生单位弹性应变时所需要应力的大小。

2. 屈服阶段

当应力超过弹性极限σ_p后，应力和应变不再成正比关系，应力在$B_上$和$B_下$小范围内波动，而应变迅速增长。在$\sigma-\varepsilon$关系图上出现了一个接近水平的线段。试件出现塑性变形，AB称为屈服阶段，B下所对应的应力值称为屈服极限σ_s。

钢材受力达到屈服强度后，变形即迅速发展，虽然尚未破坏，但已不能满足使用要求。所以设计中一般以屈服强度作为钢材强度取值的依据。

对于在外力作用下屈服现象不明显的钢材，规定以产生残余变形为原标距长度0.2%时的应力作为屈服强度，用$\sigma_{0.2}$表示，称为条件屈服强度。

3. 强化阶段

当应力超过屈服强度后，由于钢材内部组织产生晶格扭曲、晶粒破碎等原因，阻止了塑性变形的进一步发展，钢材抵抗外力的能力重新提高。在$\sigma-\varepsilon$关系图上形成BC段的上升曲线，这一过程称为强化阶段。对应于最高点C的应力称为抗拉强度，用σ_b来表示，它是钢材所能承受的最大应力。

钢材屈服强度与抗拉强度的比值（屈强比σ_s/σ_b），是评价钢材受力特征的一个参数，屈强比能反映钢材的利用率和结构安全可靠程度。屈强比较小时，表示钢材的可靠性好，安全性高。但是屈强比过小，钢材强度的利用率偏低，不够经济。合理的屈强比一般为0.60～0.75。

4. 颈缩阶段

当应力达到抗拉强度σ_b后，在试件薄弱处的断面将显著缩小，塑性变形急剧增加，产生"颈缩"现象并很快断裂。

将断裂后的试件拼合起来，量出标距两端点间的距离，按下式计算出伸长率δ：

$$\delta = \frac{L_1 - L_0}{L_0} \times 100\% \tag{7-1}$$

式中：L_0——试件原标距间长度，mm。

L_1——试件拉断后标距间长度，mm（图7.8）。

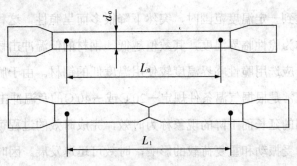

图7.8 试件拉伸前和断裂后标距长度

伸长率是衡量钢材塑性的重要指标，其值越大说明钢材的塑性越好。塑性变形能力强，可使应力重新分布，避免应力集中，结构的安全性增大。塑性变形在试件标距内的分布是不均匀的，颈缩处的变形最大，离颈缩部位越远其变形越小。所以，原始标距与直径之比越小，则颈缩处伸长值在整个伸长值中的比重越大，计算出来的δ值就越大。标距的大小影响伸长率的计算结果，通常以δ_5和δ_{10}分别表示$L_0 = 5d_0$和$L_0 = 10d_0$的伸长率。对于同一种钢材，其δ_5大于δ_{10}。某些线材的标距用$L_0 = 100$ mm，伸长率用δ_{100}表示。

（二）冲击韧性

钢材抵抗冲击荷载作用而不被破坏的能力称为冲击韧性。用于重要结构的钢材，特别是承受冲击振动荷载的结构所使用的钢材，必须保证冲击韧性。

钢材的冲击韧性用标准试件在做冲击试验时，每平方厘米所吸收的冲击断裂功（J/cm^2）表示，其符号为α_k。试验时将试件放置在固定支座上，然后以摆锤冲击试件刻槽的背面，使试件承受冲击弯曲而断裂。显然，α_k值越大，钢材的冲击韧性越好，其原理如图7.9所示。

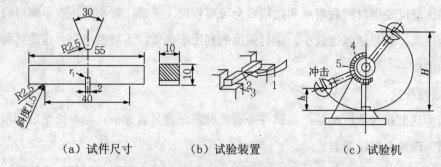

（a）试件尺寸　　　　（b）试验装置　　　　（c）试验机

1—摆锤；2—试件；3—试验台；4—刻度盘；5—指针

图7.9　钢材冲击韧性试验示意（单位：mm）

影响钢材冲击韧性的因素很多，当钢材内硫、磷的含量高时，存在化学偏析，含有非金属夹杂物及焊接形成的微裂缝时，钢材的冲击韧性都会显著降低。

环境温度对钢材的冲击韧性影响很大。试验证明，冲击韧性随温度的降低而下降，开始时下降缓慢，当达到一定温度范围时，突然下降很多而呈脆性，这种性质称为钢材的冷脆性。这时的温度称为脆性临界温度，其数值越低，钢材的低温冲击韧性越好。所以，在负温下使用的结构，应选用脆性临界温度较使用温度低的钢材。由于脆性临界温度的测定较复杂，故规范中通常是根据气温条件规定−20℃或−40℃的负温冲击值指标。

冲击韧性随时间的延长而下降的现象称为时效，完成时效的过程可达数十年，但钢材如经冷加工或使用中受振动和重复荷载的影响，时效可迅速发展。因时效导致钢材性能改变的程度称为时效敏感性。时效敏感性越大的钢材，经过时效后冲击韧性的降低越显著。为了保证安全，对于承受动荷载的重要结构，应当选用时效敏感性小的钢材。

总之，对于直接承受动荷载，而且可能在负温下工作的重要结构，必须按照有关规范要求进行钢材的冲击韧性检验。

（三）疲劳强度

钢材在交变荷载反复多次作用下，可在最大应力远低于抗拉强度的情况下发生突然破坏，这种破坏称为疲劳破坏。钢材的疲劳破坏指标用疲劳强度（或称疲劳极限）来表示，它是试件在交变应力的作用下，不发生疲劳破坏的最大应力值。一般将承受交变荷载达10^7周次时不发生破坏的最大应力定义为疲劳强度。在设计承受反复荷载且须进行疲劳验算的结构时，应当了解所用钢材的疲劳强度。

研究表明，钢材的疲劳破坏是由拉应力引起的，首先在局部开始形成微细裂缝，由于裂缝尖端处产生应力集中而使裂缝迅速扩展直至钢材断裂。因此，钢材内部成分的偏析和夹杂物的多少以及最大应力处的表面光洁程度、加工损伤等，都是影响钢材疲劳强度的因素。疲劳破坏常常是突然发生的，往往造成严重事故。

（四）硬度

硬度是指钢材抵抗外物压入表面而不产生塑性变形的能力，也即钢材表面抵抗塑性变形的能力。

钢材的硬度是以一定的静荷载，把一定直径的淬火钢球压入试件表面，然后测定压痕的面积或深度来确定的。测定钢材硬度的方法有布氏法、洛氏法和维氏法等，较常用的为布氏法和洛氏法。相应的硬度试验指标称布氏硬度（HB）和洛氏硬度（HR）。

布氏法是利用直径为D（mm）的淬火钢球，以P（N）的荷载将其压入试件表面，经规定的持续时间后卸除荷载，得到直径为d（mm）的压痕，以压痕表面积F（mm^2）去除荷载P，所得的应力值即为试件的布氏硬度值，以数字表示，不带单位。各类钢材的HB值与抗拉强度之间有较好的相关关系。钢材的强度越高，塑性变形抵抗力越强，硬度值也越大。对于碳素钢：当HB<175时，抗拉强度$\sigma_b \approx 3.6HB$；当HB>175时，抗拉强度$\sigma_b \approx 3.5HB$。根据这一关系，可以直接在钢结构上测出钢材的HB值，并估算出该钢材的抗拉强度，其原理图如图7.10所示。

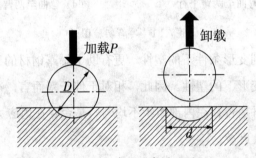

图7.10　布氏硬度原理图

洛氏法是按压入试件深度的大小表示材料的硬度值。洛氏法压痕很小，一般用于判断机械零件的热处理效果。

二、工艺性能

良好的工艺性能可以保证钢材顺利通过各种加工，而使钢材制品的质量不受影响。冷弯、冷拉、冷拔及焊接性能均是建筑结构的重要工艺性能。

（一）冷弯性能

冷弯性能是指钢材在常温下承受弯曲变形的能力。以试件弯曲的角度和弯心直径对试件厚度（或直径）的比值来表示。弯曲的角度越大，弯心直径对试件厚度（或直径）的比值越小，表示对冷弯性能的要求越高。冷弯检验时按规定的弯曲角度和弯心直径进行弯曲后，检查试件弯曲处外面及侧面不发生裂缝、断裂或起层，即认为冷弯性能合格。其实验图如图7.11所示。

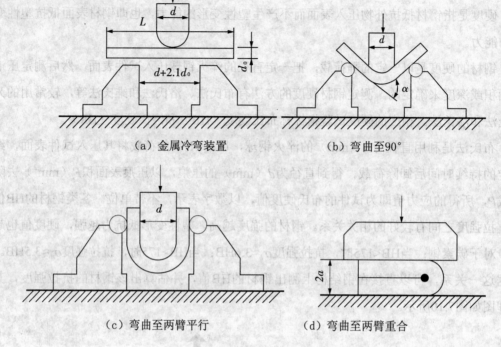

（a）金属冷弯装置　　　　　　（b）弯曲至90°

（c）弯曲至两臂平行　　　　　（d）弯曲至两臂重合

图7.11　冷弯实验图

　　冷弯是钢材处于不利变形条件下的塑性，更有助于暴露钢材的某些内在缺陷，而伸长率则是反映钢材在均匀变形下的塑性。因此，相对于伸长率而言，冷弯是对钢材塑性更严格的检验，它能揭示钢材是否存在内部组织不均匀、是否存在内应力和夹杂物等缺陷。

　　（二）冷加工性能及时效

　　1. 冷加工强化处理

　　将钢材在常温下进行冷加工（如冷拉、冷拔或冷轧），使之产生塑性变形，从而提高屈服强度，这个过程称为冷加工强化处理。经过强化处理后钢材的塑性和韧性降低。由于塑性变形中产生内应力，故钢材的弹性模量降低。

　　建筑工地或预制构件厂常利用该原理对钢筋按一定制度进行冷拉或冷加工，以提高屈服强度，节约钢材。

　　（1）冷拉是将热轧钢筋用冷拉设备加力进行张拉。钢材冷拉后，屈服强度可提高20%~30%，钢材经冷拉后屈服阶段缩短，伸长率降低，材质变硬。

　　（2）冷拔是将光圆钢筋通过硬质合金拔丝模强行拉拔。每次拉拔断面缩小应在10%以下。钢筋在冷拔过程中，不仅受拉，同时还受到挤压作用，因而冷拔作用比冷拉作用强烈。经过一次或多次冷拔后的钢筋，表面光洁度高，屈服强度提高40%~60%，但塑性大大降低，具有硬钢的性质。

2. 时效

钢材经冷加工后，在常温下存放15~20d，或加热至100~200℃保持2h左右，其屈服强度、抗拉强度及硬度进一步提高，而塑性及韧性继续降低，这种现象称为时效，前者称为自然时效，后者称为人工时效。

钢材经冷加工及时效处理后，其应力-应变关系变化的规律，可明显地在应力-应变得到反映，如图7.12所示。

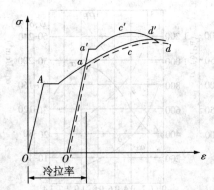

图7.12 钢筋经冷拉时效后应力-应变图的变化

（三）焊接性能

焊接是各种型钢、钢板、钢筋的重要连接方式。建筑工程的钢结构有90%以上是焊接结构。焊接的质量取决于焊接工艺、焊接材料及钢的焊接性能。

钢材的可焊性是指钢材适应用通常的方法与工艺进行焊接的性能。可焊性的好坏，主要取决于钢材的化学成分。含碳量小于0.25%的碳素钢具有良好的可焊性。加入合金元素（如硅、锰、钒、钛等）也将增大焊接处的硬脆性，降低可焊性，特别是硫能使焊接产生热裂纹及硬脆性。

钢筋焊接应注意以下问题：

（1）冷拉钢筋的焊接应在冷拉之前进行。

（2）钢筋焊接之前，焊接部位应清除铁锈、熔渣、油污等。

（3）应尽量避免不同国家的进口钢筋之间或进口钢筋与国产钢筋之间的焊接。

任务二 钢的化学成分对钢材性能的影响

钢材的性能主要取决于其中的化学成分。钢的化学成分主要是铁和碳，此外还有少量的硅、锰、磷、硫、氧和氮等元素，这些元素的存在对钢材性能也有不同的影响。

（一）碳（C）

碳是形成钢材强度的主要成分，是钢材中除铁以外含量最多的元素。含碳量对普通碳素钢性能的影响如图7.13所示。由图7.13可看出，一般钢材都有最佳含碳量，当达到最佳含碳量时，钢材的强度最高。随着含碳量的增加，钢材的硬度提高，但其塑性、韧性、冷弯性能、可焊性及抗锈蚀能力下降。因此，建筑钢材对含碳量要加以限制，一般不应超过0.22%，在焊接结构中还应低于0.20%。

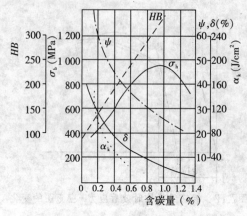

图7.13 含碳量对碳素结构钢性能的影响

（二）硅（Si）

硅是还原剂和强脱氧剂，是制作镇静钢的必要元素。硅适量增加时可提高钢材的强度和硬度而不显著影响其塑性、韧性、冷弯性能及可焊性。在碳素镇静钢中硅的含量为0.12%~0.3%，在低合金钢中硅的含量为0.2%~0.55%。硅过量时钢材的塑性和韧性明显下降，而且可焊性能变差，冷脆性增加。

（三）锰（Mn）

锰是钢中的有益元素，它能显著提高钢材的强度而不过多降低塑性和冲击韧性。锰有脱氧作用，是弱脱氧剂，同时还可以消除硫引起的钢材热脆现象及改善冷脆倾向。锰是低合金钢中的主要合金元素，含量一般为1.2%~1.6%，过量时会降低钢材的可焊性。

（四）硫（S）和磷（P）

硫是钢中极其有害的元素，属杂质。钢材随着含硫量的增加，将大大降低其热加工性、可焊性、冲击韧性、疲劳强度和抗腐蚀性。此外，非金属硫化物夹杂经热轧加工后还会在厚钢板中形成局部分层现象，在采用焊接连接的节点中，沿板厚方向承受拉力时，会发生层状撕裂破坏。因此，对硫的含量必须严加控制，一般不超过0.045%~0.05%，Q235的C级与D级钢要求更严。磷可提高钢材的强度和抗锈蚀能力，但却严重降低钢材的塑

性、韧性和可焊性，特别是在温度较低时使钢材变脆，即在低温条件下使钢材的塑性和韧性显著降低，钢材容易脆裂。因而应严格控制其含量，一般不超过0.045%。但采取适当的冶金工艺处理后，磷也可作为合金元素，含量为0.05%~0.12%。

（五）氧（O）和氮（N）

氧和氮也是钢中的有害元素，氧能使钢材热脆，其作用比硫剧烈；氮能使钢材冷脆，与磷类似，故其含量应严格控制。

（六）铝（Al）、钛（Ti）、钒（V）、铌（Nb）

铝、钛、钒、铌均是炼钢时的强脱氧剂，也是钢中常用的合金元素。可改善钢材的组织结构，使晶体细化，能显著提高钢材的强度，改善钢的韧性和抗锈蚀性，同时又不显著降低塑性。

【工程实例分析7-1】 钢筋冷脆性分析。

现象：某钢结构桥，位于新疆，深冬的某个夜晚，正常荷载作用下，钢桥突然断裂，造成了重大的交通事故。

原因分析：钢材在低温时会变脆，其韧性会随着温度的降低而降低。在某一个温度范围内，钢由塑性很快转变为脆性破坏。此时，存在一个韧性-脆性转变温度T，当低于这个温度时钢材的断裂韧度很低，对裂纹的存在很敏感，因此往往在受力不大的情况下，便导致裂纹迅速扩展而造成钢材断裂。

【工程实例分析7-2】 钢材时效分析。

现象：某车间的吊车梁用钢材，采用常规冷拉，提高了屈服强度，但在工作时间不长的情况下，出现裂缝，不能正常工作。

原因分析：由于吊车梁承受的是动荷载，需要一定的冲击韧性，而经过冷加工之后的钢材，屈服强度、抗拉强度、硬度都有所提高，但是塑性和韧性就有所降低，而且经过冷加工之后的钢材，时效要较不经冷加工的钢材更加明显，因此塑性和韧性就会大大降低，在动荷载作用下，就容易出现脆性破坏。

任务三　建筑钢材的性能检测

一、钢筋伸长率试验

（一）试验依据

（1）《钢及钢产品 力学性能试验取样位置和试样制备》（GB/T 2975—1998）。

（2）《金属材料 室温拉伸试验方法》（GB/T 228—2002）。

(3)《金属材料 弯曲试验方法》（GB／T 232—1999）。

（二）一般规定

（1）同一截面尺寸和同一炉号组成的钢筋分批验收时，每批质量不大于60t。

（2）钢筋应有出厂证明书或试验报告单。验收时应抽样做机械性能试验，包括拉伸试验和冷弯试验两个项目。两个项目中如有一个项目不合格，该批钢筋即为不合格品。

（3）钢筋在使用中如有脆断、焊接性能不良或机械性能显著不正常时，应进行化学成分分析，或其他专项试验。

（4）取样方法和结果评定规定，自每批钢筋中任意抽取两根，于每根距端部50mm处各取一套试样（两根试件），在每套试样中取一根做拉伸试验，另一根做冷弯试验。在拉伸试验的两根试件中，如其中一根试件的屈服强度、抗拉强度和伸长率三个指标中有一个达不到标准中规定的数值，应再抽取双倍（4根）钢筋，制取双倍（4根）试件重做试验，如仍有一根试件的一个指标达不到标准要求，则不论这个指标在第一次试验中是否达到指标要求，拉伸试验项目也不合格。在冷弯试验中，如有一根试件不符合标准要求，应同样抽取双倍钢筋，制成双倍试件重做试验，如仍有一根试件不符合标准要求，冷弯试验项目即为不合格。

（5）试验一般在10~35℃的室温范围内进行。对温度要求严格的试验，试验温度应为（23±5）℃。

（三）拉伸试验

1. 试验目的

测定钢材的力学性能，评定钢材质量。

2. 主要仪器设备

（1）试验机。应按照《拉力试验机的检验》（GB/T 16825—1997）进行检验，并应为Ⅰ级或优于Ⅰ级准确度。

（2）引伸计。其准确度应符合《单轴试验引伸计的标定》（GB/T 12160—2002）的要求。

（3）试样尺寸的量具。按截面尺寸不同，选用不同精度的量具。

3. 试验条件

（1）试验速率。除非产品标准另有规定，试验速率取决于材料特性并应符合《金属材料 室温拉伸试验方法》（GB/T 228—2002）的规定。

①在测定上屈服强度时，在弹性范围和直至上屈服强度，试验机夹头的分离速率应尽可能保持恒定并在表7.15规定的应力速率的范围内。

②若仅测定下屈服强度，在试样平行长度的屈服期间，应变速率应为0.00025/s~0.0025/s。应变速率应尽可能保持恒定。如不能直接调节这一应变速率，应通过调节屈服即将开始前的应力速率来调整，在屈服完成之前不再调节试验机的控制。在任何情况下，弹性范围内的应力速率不得超过表7.15规定的最大速率。

③如在同一试验中测定上屈服强度和下屈服强度，测定下屈服强度的条件应符合上述仅测定下屈服强度时的要求。

④测定规定非比例延伸强度、规定总延伸强度和规定残余延伸强度时，在塑性范围规定强度应变速率不应超过0.0025/s。

⑤如试验机无能力测量或控制应变速率，直至屈服完成，应采用等效于表7.15规定的应力速率的试验机夹头分离速率。

⑥测定抗拉强度时，塑性范围的应变速率不应超过0.008/s，如试验不包括屈服强度和规定强度的测定，试验机的速率可以达到塑性范围内允许的最大速率。例如，测定钢筋的抗拉强度时，当钢筋自由长度为350mm时，试验机夹头的最大分离速率为0.008/s×350mm=2.8mm/s。

表7.15 应力速率

材料弹性模量E（MPa）	应力速率（MPa/s）	
	最小	最大
<150000	2	20
≥150000	6	60

（2）夹持方法。应使用楔形夹头、螺纹夹头、套环夹头等合适的夹具夹持试样。应尽最大努力确保夹持的试样受轴向拉力的作用。

4. 试样

可采用机加工试样或不经机加工的试样进行试验，钢筋试验一般采用不经机械加工的试样。试样的总长度取决于夹持方法，原则上$L_t > 12d$。在工地实际取样时，一般在钢筋上取至少0.5m。试样原始标距与原始横截面积有$L_0=k\sqrt{S_0}$关系者称为比例试样。国际上使用的比例系数K的值为5.65（即$L_0=5.65\sqrt{S_0}=5\sqrt{\frac{4S_0}{\pi}}=5d$）。原始标距应不小于15 mm。当试样横截面面积太小，以致采用比例系数K为5.65的值不能符合这一最小标距要求时，可以采用较高的值（优先采用11.3的值）或采用非比例试样。非比例试样其原始标距（L_0）与其原始横截面积（S_0）无关。

5.试验步骤

（1）试样原始横截面积（S_0）的测定。

测量时建议按照表7.16选用量具和测量装置。应根据测量的试样原始尺寸计算原始横

建筑材料与检测
>>>>>>>>>>>>>>>>>>>>>>>>>>>>>

截面面积，并至少保留4位有效数字。

表7.16　量具或测量装置的分辨力　（单位：mm）

试样横截面尺寸（cm²）	分辨力≤	试样横截面尺寸（cm²）	分辨力≤
0.1～0.5	0.001	＞2.0～10.0	0.01
＞0.5～2.0	0.005	＞10.0	0.05

①对于圆形横截面试样，应在标距的两端及中间三处两个相互垂直的方向测量直径，取其算术平均值，取用三处测得的最小横截面面积，按式（7-2）计算：

$$S_0 = \frac{1}{4}\pi d^2 \tag{7-2}$$

②对于恒定横截面试样，可以根据测量的试样长度、试样质量和材料密度确定其原始横截面面积。试样长度的测量应准确到±0.5%，试样质量的测定应准确到±0.5%，密度应至少取3位有效数字。原始横截面面积按式（7-3）计算：

$$S_0 = \frac{m}{\rho L_t} \times 1000 \tag{7-3}$$

（2）试样原始标距（L_0）的标记。

对于$d \geq 3$ mm的钢筋，属于比例试样，其标距$L_0 = 5d_0$对于比例试样，应将原始标距的计算值修约至最接近5mm的倍数，中间数值向较大一方修约。原始标距的标记应准确到±1%。

试样原始标距应用小标记、细划线或细墨线标记，但不得用引起过早断裂的缺口作标记；可以标记一系列套叠的原始标距；也可以在试样表面划一条平行于试样纵轴的线，并在此线上标记原始标距。

（3）上屈服强度（R_{eH}）和下屈服强度（R_{eL}）的测定。

①图解方法。试验时记录力-延伸曲线或力-位移曲线。从曲线图读取力首次下降前的最大力和不记初始瞬时效应时屈服阶段中的最小力或屈服平台的恒定力。将其分别除以试样原始横截面面积（S_0）得到上屈服强度和下屈服强度。仲裁试验采用图解方法。

②指针方法。试验时，读取测力度盘指针首次回转前指示的最大力和不记初始效应时屈服阶段中指示的最小力或首次停止转动指示的恒定力。将其分别除以试样原始横截面面积（S_0）得到上屈服强度和下屈服强度。

③可以使用自动装置（如微处理机等）或自动测试系统测定上屈服强度和下屈服强度，可以不绘制拉伸曲线图。

（4）断后伸长率（A）和断裂总伸长率（A_t）的测定。

①为了测定断后伸长率，应将试样断裂的部分仔细地配接在一起，使其轴线处于同一直线上，并采取特别措施，确保试样断裂部分适当接触后测量试样断后标距。这对于小横截面试样和低伸长率试样尤为重要。应使用分辨力优于0.1 mm的量具或测量装置测定断后

标距（L_u），准确到±0.25 mm。

原则上只有断裂处与最接近的标距标记的距离不小于原始标距的1/3的情况方为有效。但断后伸长率大于或等于规定值，不管断裂位置处于何处，测量均为有效。

断后伸长率按式（7-4）计算：

$$A = \frac{L_u - L_0}{L_0} \times 100\% \qquad (7-4)$$

②移位法测定断后伸长率。当试样断裂处与最接近的标距标记的距离小于原始标距的1/3时，可以使用如下方法。

试验前，原始标距（L_0）细分为N等份。试验后，以符号X表示断裂后试样短段的标距标记，以符号Y表示断裂试样长段的等分标记，此标记与断裂处的距离最接近于断裂处至标记X的距离。

如X与Y之间的分格数为n，按如下测定断后伸长率。

1）如N−n为偶数（见图17.14（a）），测量X与Y之间的距离和测量从Y至距离为$\frac{1}{2}$（N−n）个分格的Z标记之间的距离，按照式（7-5）计算断后伸长率：

$$A = \frac{XY + 2YZ - L_0}{L_0} \times 100\% \qquad (7-5)$$

2）如N−n为奇数（见图17.14（b）），测量X与Y之间的距离和测量从Y至距离分别为$\frac{1}{2}$（N−n−1）和$\frac{1}{2}$（N−n+1）个分格的Z′和Z″标记之间的距离。按照式（7-6）计算断后伸长率：

$$A = \frac{XY + YZ' + YZ'' - L_0}{L_0} \times 100\% \qquad (7-6)$$

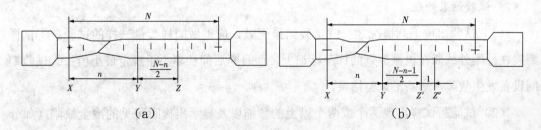

图7.14 移位方法的图示说明

③能用引伸计测定断裂延伸的试验机，引伸计标距（L_e）应等于试样原始标距（L_0），无需标出试样原始标距的标记。以断裂时的总延伸作为伸长测量时，为了得到断后伸长率，应从总延伸中扣除弹性延伸部分。

原则上，断裂发生在引伸计标距以内方为有效，但断后伸长率等于或大于规定值，不管断裂位置位于何处，测量均为有效。

④按照③测定的断裂总延伸除以试样原始标距得到断裂总伸长率。

⑤抗拉强度（R_m）的测定

对于呈现明显屈服（不连续屈服）现象的金属材料，从记录的力-延伸曲线图或力-位移曲线图，或从测力度盘，读取过了屈服阶段之后的最大力；对于呈现无明显屈服（连续屈服）现象的金属材料，从记录的力-延伸曲线图或力-位移曲线图，或从测力度盘，读取试验过程中的最大力。最大力除以试样原始横截面面积（S_0）得到抗拉强度：

$$R_{\mathrm{m}} = \frac{F_m}{S_0} \qquad\qquad (7\text{-}7)$$

6. 性能测定结果数值的修约

试验测定的性能结果数值应按照相关产品标准的要求进行修约。未规定具体要求时，应按照表7.17的要求进行修约。修约的方法按照《数值修约规则》（GB/T 8170—1987）的规定。

表7.17 性能结果数值的修约间隔

性能	范围	修约间隔
R_{eH}，R_{eL}，R_p，R_t，R_r，R_m	$\leqslant 200\mathrm{N/mm^2}$ $200 \sim 100\mathrm{N/mm^2}$ $> 1000\mathrm{N/mm^2}$	$1\mathrm{N/mm^2}$ $5\mathrm{N/mm^2}$ $10\mathrm{N/mm^2}$
Ae		0.05%
A，At，Agt，Ag		0.5%
Z		0.5%

7. 试验结果处理

（1）试验出现下列情况之一时试验结果无效，应重做同样数量试样的试验：①试样断裂在标距外或断在机械刻划的标距标记上，而且断后伸长率小于规定最小值；②试验期间设备发生故障，影响了试验结果。

（2）试验后试样出现两个或两个以上的颈缩以及显示出肉眼可见的冶金缺陷（如分层、气泡、夹渣、缩孔等），应在试验记录和报告中注明。

8. 试验报告

试验报告一般应包括下列内容：①试验依据的标准编号；②试样标识；③材料名称、牌号；④试样类型；⑤试样的取样方向和位置；⑥所测性能结果。

二、弯曲试验

（一）试验目的

测定钢材的工艺性能，评定钢材质量。

（二）试验设备

应在配备下列弯曲装置之一的试验机或压力机上完成试验。

（1）支辊式弯曲装置（见图7.15）。支辊长度应大于试样宽度或直径。支辊半径应为1~10倍试样厚度。支辊应具有足够的硬度。除非另有规定，支辊间距离应按式（7-8）确定：

$$L=d+3a\pm0.5a \tag{7-8}$$

L在试验期间应保持不变。弯曲压头直径应在相关产品标准中规定。弯曲压头宽度应大于试样宽度或直径，弯曲压头应具有足够的硬度。

（2）V形模具式弯曲装置。

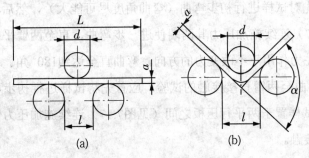

(a)   (b)

图7.15　支辊式弯曲装置

（3）虎钳式弯曲装置。

（4）翻板式弯曲装置（见图7.16）。

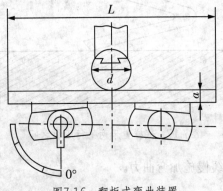

图7.16　翻板式弯曲装置

（三）试样

钢筋试样应按照《钢及钢产品　力学性能试验取样位置和试样制备》（GB/T 2975—

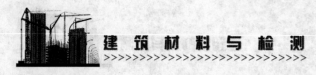
1998）的要求取样。试样表面不得有划痕和损伤，试样长度应根据试样厚度和所使用的试验设备确定。采用支辊式弯曲装置和翻板式弯曲装置的方法时，可以按照式（7-9）确定：

$$L=0.5\pi（d+a）+140 \tag{7-9}$$

式中：π——圆周率，其值取3.1。

（四）试验方法

（1）由相关产品标准规定，采用下列方法之一完成试验：①试样在上述装置所给定的条件和在力作用下弯曲至规定的弯曲角度；②试样在力作用下弯曲至两臂相距规定距离且互相平行；③试样在力作用下弯曲至两臂直接接触。

（2）试样弯曲至规定弯曲角度的试验。应将试样放于两支辊或V形模具或两水平翻板上，试样轴线应与弯曲压头轴线垂直，弯曲压头在两支座之间的中点处对试样连续施加力使其弯曲，直至达到规定的弯曲角度。

（3）试样弯曲至180°角两臂相距规定距离且相互平行的试验。采用支辊式弯曲装置的试验方法时，首先对试样进行初步弯曲（弯曲角度尽可能大），然后将试样置于两平行压板之间（见图7.17）连续施加压力其两端使进一步弯曲，直至两臂平行。采用翻板式弯曲装置的方法时，在力作用下不改变力的方向，弯曲直至达到180°角。

（4）试样：弯曲至两臂直接接触的试验。应首先将试样进行初步弯曲（弯曲角度尽可能大），然后将试样置于两平行压板之间（见图7.17）连续施加压力使其两端进一步弯曲，直至两臂直接接触。

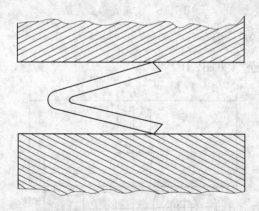

图7.17　试样置于两平行压板之间

（5）弯曲试验时，应缓慢施加弯曲力。

（五）试验结果评定

（1）应按照相关产品标准的要求评定弯曲试验结果。如没有规定具体要求，弯曲试验后试样弯曲外表面无肉眼可见裂纹应评定为合格。

（2）相关产品标准规定的弯曲角度作为最小值；规定的弯曲半径作为最大值。

项目三　建筑钢材的合格判定

一、原始记录

原始记录填写必须认真，不得潦草，不得随意涂改。如有修改，检测员必须签章确认。原始记录应编号整理，妥善保存。

二、检测报告

检测报告应分类连续编号，填写必须规范。检测报告中三级签字（检测人员签字、审核人员签字、技术负责人签字）必须齐全，无公章的检测报告无效。所有下发的检测报告都应有签字手续，并登记台账。

检测报告应认真审核，严格把关，不符合要求的一律不得签发。检测报告一经签发，即具有法律效力，不得涂改和抽撤。

三、结果评定

（一）热轧光圆钢筋、带肋钢筋试验结果评定

（1）屈服点、抗拉强度、伸长率均符合相应标准规定的指标。

（2）作拉力试验的两根试件中，如有一根试件的屈服点、抗拉强度、伸长率三个指标中有一个指标不符合规定标准时，即为拉伸性能不合格。取双倍数量复检；在第二次拉力试验中，如仍有一个指标不符合规定，不论这个指标在第一次试验中是否合格，拉伸性能试验项目判定不合格，即该批钢筋为不合格。

（3）试验出现下列情况之一者，试验结果无效：

①试样在标距上或标距外裂隙；

②试验由于操作不当，如试样夹偏而造成性能不符合规定要求；

③试验后试样出现两个或两个以上缩颈；

④试验中记录有误或设备仪器发生故障影响结果准确性，遇有试验结果作废时应补做试验。

试验后试样上显示出冶金缺陷（如分层、气泡、夹渣及缩孔等），应在试验记录及报告中注明。

（二）冷弯试验评定

（1）冷弯试验结果评定

试件经冷弯试验后，受弯曲部位外侧表面，如无裂纹、断裂或起层，判为合格。作冷

弯的两根试件中，如有一根试件不合格，可取双倍数量试件重新作冷弯试验，第二次冷弯试验中，如仍有一根不合格判为该批钢筋为不合格品。

注：弯曲表面金属体上出现的开裂，长度大于2mm，而小于等于5mm，宽度大于0.2mm，而小于0.5mm时称为裂纹。

（2）冷弯试验结果分析

①试件的抗拉强度按下式计算：

$$Q_b = P_b / F_o$$

式中：Q_b——试件抗拉强度（Mpa）；

P_b——试件拉断前的最大荷载（N）；

F_o——试件公称横截面积（mm^2）。

②检查断裂状况："塑、断裂、脆性断裂"或颈缩现象。

③试验中，若由于操作不当（如试件夹偏）或试验设备发生故障而影响试验数据准确时，试验结果无效。

 思考与训练

1. 低碳钢的拉伸试验图划分为几个阶段？各阶段的应力–应变有何特点？

2. 试简述钢中含碳量对各项力学性能的影响。

3. 钢材的牌号是如何确定的？

4. 热轧钢筋是如何划分等级的？各级钢筋的适用范围如何？

模块八　墙体材料及其检测

知识目标：1. 掌握烧结普通砖的技术要求及质量检测

　　　　　2. 熟悉砌墙砖与砌块的技术要求及质量检测

能力目标：1. 能够抽取砌墙砖及砌块检测的试样

　　　　　2. 能够对砌墙砖及砌块常规检测项目进行检测，精确读取检测数据

　　　　　3. 能够按规范要求对检测数据进行处理，并评定检测结构

　　　　　4. 能够填写规范的检测原始数据记录并出具规范的检测报告

职业知识

墙体材料主要是砖、石或砌块以及砌筑砂浆。砌成墙体，起承重、围护和分隔作用，合理选择墙体材料，对建筑功能、安全以及造价等均具有重要意义。根据在房屋建筑中的作用不同，所选用的墙体材料亦不同。

一、砌墙砖

砌墙砖是指以黏土、工业废料及其他地方资源为主要材料，由不同工艺制成，在建筑中用来砌筑墙体的砖。按生产工艺可分为烧结砖和非烧结砖；按砖的规格孔洞率、孔的大小又可分为普通砖、多孔砖和空心砖。

（一）烧结砖

烧结普通砖是以黏土、页岩、煤矸石、粉煤灰为主要原料经焙烧而成的普通砖，是无孔洞或孔洞率小于15%的实心砖，如图8.1所示。目前，随着墙体改革的发展，烧结普通砖的应用范围越来越小，故这里不作过多介绍。下面介绍烧结多孔砖和空心砖。

图8.1 烧结普通砖

1. 烧结多孔砖

烧结多孔砖：按主要原料分为黏土砖（N）、页岩砖（Y）、煤矸石砖（M）和粉煤灰砖（F）。各类烧结多孔砖如图8.2所示。

（a）烧结黏土多孔砖　　　　　　　　（b）页岩多孔砖

图8.2 烧结多孔砖示意图

烧结多孔砖为大面有孔的直角六面体，孔多而面小，孔洞垂直于受压面，其长度、宽度、高度尺寸应符合以下要求：290mm，240mm，190mm，180mm，175mm，140mm，115mm，90mm，如烧结多孔砖规格尺寸可为：290mm×140mm×90mm。几种常见的多孔砖规格见。烧结多孔砖尺寸如图8.3所示。

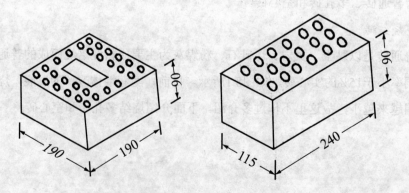

图8.3 烧结多孔砖示意图

（1）烧结多孔砖尺寸允许偏差应符合表8.1所列数据：

表8.1 烧结多孔砖尺寸允许偏差（单位：mm）

尺寸	优等品		一等品		合格品	
	样本平均偏差	样本极差≤	样本平均偏差	样本极差≤	样本平均偏差	样本极差≤
290、240	±2.0	6	±2.5	7	±3.0	8
190、180、175、140、115	±1.5	5	±2.0	6	±2.5	7
90	±1.5	4	±1.7	5	±2.0	6

（2）强度等级。烧结多孔砖按抗压强度分为MU30、MU25、MU20、MU15、MU10五个强度等级。各强度等级应符合表8.2所列数值。

表8.2 烧结多孔砖抗压强度等级（单位：MPa）

强度等级	抗压强度平均值f≥	变异系数$\delta \leqslant 0.21$	变异系数$\delta > 0.21$
		强度标准值f_k≥	单块最小抗压强度值f_{max}≥
MU30	30.0	22.0	25.0
MU25	25.0	18.0	22.0
MU20	20.0	14.0	16.0
MU15	15.0	10.0	12.0
MU10	10.0	6.5	7.5

（3）多孔砖的外观质量应符合表8.3的规定。

表8.3 烧结多孔砖外观质量 （单位：mm）

项目	优等品	一等品	合格品
1.颜色（一条面和一顶面）	一致	基本一致	—
2.完整面不得少于	一条面和一顶面	一条面和一顶面	—
3.缺棱掉角的三个破坏尺寸不得同时大于	15	20	30
4.裂纹长度不大于 A. 大面上深入孔壁15mm以上宽度方向及其延伸到条面的长度	60	80	100
B. 大面上深入孔壁15mm以上长度方向及其延伸到顶面的长度	60	100	120
C. 条面，顶面上的水平裂纹	80	100	120
5.杂质在砖面上造成的凸出高度不大于	3	4	5

注：①为装饰面而施加的色差、凸凹面、压花等不算缺陷。

②凡有下列缺陷之一者，不能称为完整面：

A. 缺损在条面或顶面上造成的破坏面尺寸同时大于20mm×30mm。

B. 条面或顶面上裂纹宽度大于1mm，其长度超过70mm。

C. 压陷、焦花、粘底在条面或顶面上的凹陷或凸出超过2mm，区域尺寸同时大于20mm×30mm。

（4）孔洞率及空洞排列。应符合表8.4的规定。

表8.4 孔洞率及空洞排列

产品等级	孔型	孔洞率（%）≥	孔洞排列
优等品	矩形条孔或矩形孔	25	交错排列、有序
一等品			
合格品	矩形孔或其他孔型		——

注：①所有孔宽b应相等，孔长≤50mm。

②空洞排列上下、左右应对称，分布均匀，手抓孔的长度方向尺寸必须平行砖的条面。

③矩形孔的孔长L、孔宽b满足式L≥3b时，为矩形条孔。

（5）泛霜及石灰爆裂。参照烧结普通砖泛霜和石灰爆裂的技术指标。

应用：烧结多孔砖可以代替烧结黏土砖，用于承重墙体，尤其在小城镇建设中用量非常大。在应用中，强度等级不低于MU10，最好在MU15以上；孔洞率不小于25%，最好在28%以上；孔洞排布最好的矩形条孔错位排列，而不采用圆孔，以提高产品热工性能指标。优等品用于墙体装饰和清水墙砌筑，一等品合格品可用于混水墙，中等泛霜的砖不得用于潮湿部位。

2. 烧结空心砖

烧结空心砖为顶面有孔洞的直角六面体，孔大而少，孔洞为矩形条孔或其他孔形，平

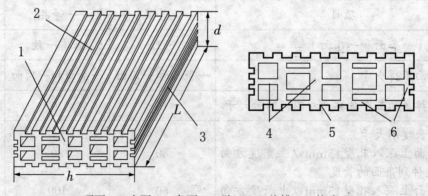

1.顶面；2.大面；3.条面；4.肋；5.凹线槽；6.外壁；

L.长度；h.宽度；d.高度

图8.4 烧结空心砖和空心砌块示意图

行于大面和条面。烧结空心砖和空心砌块基本构造如图8.4所示。

（1）烧结空心砖强度应满足表8.5所示。

表8.5 烧结空心砖强度等级 （单位：MPa）

强度等级	抗压强度平均值f≥	变异系数δ≤0.21 强度标准值f_k≥	变异系数δ>0.21 单块最小抗压强度值f_{min}≥
MU 10	10	7.0	8.0
MU 7.5	7.5	5.0	5.8
MU 5.0	5.0	3.5	4.0
MU 3.5	3.5	2.5	2.8
MU 2.5	2.5	1.6	1.8

（2）烧结空心砖密度等级应满足表8.6所示。

表8.6 烧结空心砖密度等级 （单位：kg/m³）

密度等级	5块平均密度值
800	≤800
900	801~900
1000	901~1000
1100	1001~1100

（3）烧结空心砖尺寸允许偏差应满足表8.7所示。

表8.7 烧结空心砖尺寸允许偏差（单位：mm）

尺寸	优等品 样本平均偏差	优等品 样本极差≤	一等品 样本平均偏差	一等品 样本极差≤	合格品 样本平均偏差	合格品 样本极差≤
>300	±2.0	6	±3.0	7	±2.5	8
200~300	±1.5	5	±2.5	6	±3.0	7
100~200	±1.5	4	±2.0	5	±2.5	6
<100	±1.5	3	±1.7	4	±2.0	5

应用：烧结空心砖主要用于非承重墙，如多层建筑内隔墙或框架结构的填充墙等。使用空心砖强度等级不低于MU3.5，最好在MU5以上，孔洞率应大于45%，以横孔方向砌筑。

（二）非烧结砖

不经焙烧而制成的砖均为非烧结砖。主要包括两类：一类是以石灰和硅质材料（砂子、粉煤灰、煤矸石、炉渣和页岩等）为主，经过湿热养护制成的砖，称为蒸养（压）砖；另一类是以水泥为主要胶凝材料制成的砖，称为混凝土砖。

1. 粉煤灰砖

粉煤灰砖是以粉煤灰、石灰为主要原料，掺加适量石膏和骨料，经坯料制备、压制成型、常压或高压蒸汽养护而成。粉煤灰砖如图8.5所示。

图8.5 粉煤灰砖

按建材行业标准《粉煤灰砖》（JC239—2001）规定，根据砖的抗压强度和抗折强度，分为MU30、MU25、MU20、MU15、MU10五个强度等级。根据砖的尺寸偏差、外观质量、强度等级、干燥收缩，分为优等品、一等品、合格品。优等品的强度等级应不小于15级。

粉煤灰砖可用于工业与民用建筑墙体和基础，基础或易受冻融和干湿交替作用的建筑部位，必须使用一等品或优等品。不得长期用于受热（200℃以上），受急冷、急热和有酸性介质侵蚀的建筑部位。

2. 蒸压灰砂砖

灰砂砖是由磨细生石灰或消石灰粉、天然砂和水按一定配比，经搅拌混合、陈伏、加压成型，再经蒸压（一般为温度175~203℃、压力0.8~1.6MPa的饱和蒸汽）养护而成。蒸

图8.6 蒸压灰砂砖

压灰砂砖如图8.6所示。

国家标准《蒸压灰砂砖》(GB11945—1999)规定,按砖的尺寸偏差、外观质量、强度及抗冻性,分为优等品、一等品、合格品。按浸水24h后的抗压强度和抗折强度,分为MU25、MU20、MU15、MU10四个等级。MU25、MU20、MU15的砖可用于基础及其他建筑;MU10的砖仅可用于防潮层以上建筑。

灰砂砖应避免用于长期受热高于200℃、受急冷急热交替作用或有酸性介质侵蚀的建筑部位,以及不能用于有水流冲刷的地方。

3. 混凝土实心砖

以水泥、骨料为原料,根据需要加入掺和料、外加剂等,经加水搅拌、成型、养护制成的砖为混凝土实心砖。混凝土实心砖如图8.7所示。

图8.7 混凝土实心砖

砖主规格尺寸为:240mm×115mm×53mm。按混凝土自身的密度分为A级、B级和C级三个密度等级。密度等级应符合表8.8的规定。

表8.8 密度等级 （单位: kg /m³）

密度等级	3块平均值
A级	≥2100
B级	1681~2099
C级	≤1680

砖的抗压强度分为MU40、MU35、MU30、MU25、MU20、MU15六个等级。

4. 混凝土多孔砖

混凝土多孔砖是以水泥为胶凝材料,以砂、石等为主要集料,加水搅拌、成型、养护制成的一种多排小孔的混凝土砖。

混凝土多孔砖的主规格尺寸为 240 mm×115 mm×90mm，其他规格尺寸，其长度、宽度、高度应符合下列要求：240，190，180；240，190，115，90；115，90，53。混凝土多孔砖的孔洞排列应符合表8.9的规定。混凝土多孔砖如图8.8所示。

图8.8 混凝土多孔砖示意图

混凝土多孔砖尺寸偏差应满足表8.9的规定。

表8.9 混凝土多孔砖尺寸允许偏差 （单位：mm）

项目名称	一等品（B）	合格品（C）
长度	±1	±2
宽度	±1	±2
高度	±1.5	±2.5

混凝土多孔砖外观质量应满足表8.10的规定。

表8.10 混凝土多孔砖外观质量

项目名称		一等品（B）	合格品（C）
弯曲（mm）	≤	2	2
缺棱掉角	个数（个）≤	0	2
	三个方向投影尺寸的最小值（mm）≤	0	20
裂纹投影尺寸累计（mm）	≤	0	20

混凝土多孔砖的孔洞排列应符合表8.11的规定。

表8.11 孔洞排列

孔型	孔洞率	孔洞排列
矩形孔或矩形条孔	≥30%	多排、有序地交错排列
矩形孔或其他条孔		多面方向至少2排以上

按其尺寸偏差、外观质量分为一等品（B）和合格品（C）。按其强度等级分为

MU10、MU15、MU20、MU25、MU30。强度等级应符合表8.12的规定。

表8.12 强度等级 （单位：MPa）

强度等级	抗压强度	
	平均值≥	单块最小值≥
MU10	10.0	8.0
MU15	15.0	12.0
MU20	20.0	16.0
MU25	25.0	20.0
MU30	30.0	24.0

二、砌块

砌块是比砖大的砌筑用人造石材，外形多为直角六面体，也有各种异型的。砌块系列中主规格尺寸的长度、宽度或高度，有一项或一项以上分别大于365mm、240mm、115mm，但高度不大于长度或宽度的6倍，长度不超过高度的3倍。

按产品主规格的尺寸，可分为大型砌块（高度大于980mm）、中型砌块（高度为380～980mm）和小型砌块（高度大于115mm、小于380mm）。按有无孔洞可分为实心砌块和空心砌块。空心砌块是指空心率≥25%的砌块。砌块按主要原料分为水泥混凝土砌块、粉煤灰硅酸盐混凝土砌块和石膏砌块等。

目前在国内推广应用较为普遍的砌块有蒸压加气混凝土砌块、混凝土小型空心砌块、粉煤灰砌块、石膏砌块等。

（一）小型空心砌块

混凝土小型空心砌块是由水泥、粗细骨料加水搅拌，经装潢、振动（或加压振动或冲压）成型，并经养护而成。其粗细骨料可用普通碎石或卵石、砂子，也可用轻骨料及轻砂。砌块示意图如图8.9所示。

混凝土小型空心砌块按其尺寸偏差、外观质量，分为优等品（A）、一等平（B）和合格品（C）。按其强度等级分为MU3.5、MU5.0、MU10.0、MU15.0和MU20.0。其尺寸允许偏差和外观质量标准见表8.13和表8.14。

主规格尺寸为390mm×190mm×190mm，其他规格尺寸可由供需双方协商。最小外壁厚度应不小于30mm，最小肋厚应不小于25mm，空心率应不小于25%。

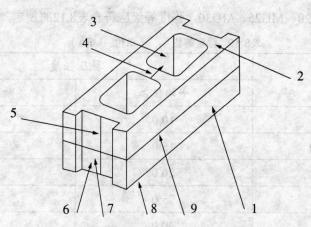

图8.9 混凝土小型空心砌块各部位名称

1—条面；2—坐浆面（肋厚较小的面）；3—壁；4—肋；

5—高度；6—顶面；7—宽度；8—铺浆面（肋厚较大的面）；9—长度

表8.13 尺寸允许偏差 （单位：mm）

项目名称	优等品（A）	一等品（B）	合格品（C）
长度	±2	±3	±3
宽度	±2	±3	±3
高度	±2	±3	±3～4

表8.14 外观质量

项目名称		优等品（A）	一等品（B）	合格品（C）
弯曲（mm）不大于		2	2	3
缺棱掉角	个数（个）不多于	0	2	2
	三个方向投影尺寸的最小值（mm）不大于	0	20	30
裂纹延伸的投影尺寸累计（mm）不大于		0	20	20

混凝土小型空心砌块强度等级应符合表8.15的规定。

表8.15 强度等级 （单位：MPa）

强度等级	砌块抗压强度	
	平均值不小于	单块最小值不小于
MU3.5	3.5	2.8
MU5.0	5.0	4.0
MU7.5	7.5	6.0
MU10.0	10.0	8.0
MU15.0	15.0	12.0
MU20.0	20.0	16.0

混凝土小型空心砌块可用于低层和中层建筑的内墙和外墙。这种砌块在砌筑时一般不

易浇水，但在气候特别干燥炎热时，可在砌筑前稍微喷水湿润。砌筑时尽量采用主规格砌块，并应先清除砌块表面污物和砌块孔洞的底部边毛。采用反砌（即砌块底面朝上），砌块之间应对孔错缝砌筑。

（二）粉煤灰砌块

粉煤灰砌块是以粉煤灰、石灰、石膏和骨料为原料，经加水搅拌、振动成型、蒸汽养护而制成的一种密实砌块，代号FB。

主规格尺寸有880mm×380mm×240mm 和880mm×430mm×240mm。强度等级分为MU10、MU13 两个等级。蒸养粉煤灰砌块的表观密度随所用集料而变，当用炉渣为集料时，其表观密度为1 300～1 550kg/m³。质量等级分为一等品（B）和合格品（C）。

粉煤灰砌块属于轻混凝土的范畴，适用于一般建筑的墙体和基础。不适用于有酸性侵蚀介质，密封性要求高、易受较大振动的建筑物以及受高温和受潮的承重墙。

（三）蒸压加气混凝土砌块

蒸压加气混凝土砌块是钙质材料（水泥、石灰等）和硅质材料（矿渣和粉煤灰）加入铝粉（作加气剂），经蒸压养护而成的多孔轻质块体材料，简称加气混凝土砌块，其代号为ACB。加气混凝土切块具有密度小，防火性和保温性能好，可钉、可锯、容易加工等特点，主要应用于工业与民用建筑的外墙和内隔墙。

蒸压加气混凝土砌块按外观质量、尺寸偏差、干密度、抗压强度和抗冻性分为优等品（A）和合格品（B）两个产品等级。按强度分为A1.0、A2.0、A2.5、A3.5、A5.0、A7.5、A10七个级别；按干密度分为B03、B04、B05、B06、B07、B08六个级别。

蒸压加气混凝土砌块的尺寸允许偏差和外观质量应符合表8.16的规定。

表8.16　尺寸偏差和外观

项目			指标	
			优等品（A）	合格品（B）
尺寸允许偏差（mm）	长度	L	±3	±4
	宽度	B	±1	±2
	高度	H	±1	±2
缺棱掉角	最小尺寸不得大于（mm）		0	30
	最大尺寸不得大于（mm）		0	70
	大于以上尺寸的缺棱掉角个数，不得多于（个）		0	2
裂纹长度	贯穿于一棱二面的裂纹长度不得大于裂纹所在面的裂纹方向尺寸总和		0	1/3
	任一面上的裂纹长度不得大于裂纹方向尺寸的			1/2
	大于以上尺寸的裂纹条数，不得多于（条）		0	2

项目	指标	
	优等品（A）	合格品（B）
爆裂、黏结和损坏深度不得大于（mm）	10	30
平面弯曲	不允许	
表面疏松、层裂	不允许	
表面油污	不允许	

蒸压加气混凝土砌块的规格尺寸见表8.17。

表8.17 砌块的规格尺寸 （单位：mm）

长度L	宽度B	高度H
600	100　120　125 150　180　200 240　250　300	200　240　250　300

蒸压加气混凝土砌块的立方体干密度、抗压强度分别见表8.18、表8.19。

表8.18 砌块的干密度 （单位：kg/m³）

干密度级别		B03	B04	B05	B06	B07	B08
干密度	优等品（A）≤	300	400	500	600	700	800
	合格品（B）≤	325	425	525	625	725	825

表8.19 砌块的立方体抗压强度 （单位：MPa）

强度级别	立方体抗压强度	
	平均值不小于	单块最小值不小于
A1.0	1.0	0.8
A2.0	2.0	1.6
A2.5	2.5	2.0
A3.5	3.5	2.8
A5.0	5.0	4.0
A7.5	7.5	6.0
A10.0	10.0	8.0

应用：蒸压及其混凝土砌块可用于一般建筑物的墙体，可作低层建筑物的承重墙，多层建筑的非承重墙及内隔墙，也可用于屋面保温。加气混凝土砌块不得用于建筑物基础和处于浸水、高湿和有化学侵蚀的环境中，也不能用于承重制品表面温度高于80℃的建筑部位。

> **特别提示**
>
> 　　蒸压灰砂砖生产（出釜）以后由于温度、湿度降低和碳化作用，在使用过程中总的趋势是体积发生收缩，与烧结普通砖砌体比较，蒸压灰砂砖砌体的收缩值要大得多。因此，灰砂砖砌体在设计与施工中须采取相应的抗裂措施。

三、墙体板材

墙体板材具有轻质、高强、多功能、节能降耗、施工操作方便、使用面积大、开间布置灵活等特点。

我国目前可用于墙体的板材品种很多，它们各具特色，有承重用的预制混凝土大板、质量较轻的石膏板和加气硅酸盐板、各种植物纤维板及轻质多功能复合板材等。下面仅介绍几种有代表性的板材。

（一）石膏类板材

石膏类板材因其平面平整、光滑细腻、装饰性好、具有特殊的呼吸功能、原材料丰富、制作简单等特点，被广泛使用。石膏类板材在轻质墙体材料中占有很大比例，主要有纸面石膏板、无面纸石膏纤维板、石膏空心板和石膏刨花板等。

（二）复合墙体板材

用单一材料制成的板材，常因材料本身不能满足墙体的多功能要求，而使其应用受到限制。如质量较轻和隔声效果较好的石膏板、加气混凝土板、稻草板等，因其耐火性差或强度较低，通常只能用于非承重的内隔墙。而水泥混凝土类板材虽然强度较高，耐久性较好，但其自重大，隔声保温性能较差。为克服上述缺点，现代建筑常用两种或两种以上不同材料组合成多功能的复合墙体以减轻墙体自重，并取得了良好的效果。

复合墙板主要由承重（或传递）外力的结构层（多为普通混凝土或金属板）、保温层（矿棉、泡沫塑料、加气混凝土等）及面层（各类具有可装饰性的轻质薄板）组成，其优点是使承重材料和轻质保温材料的功能都得到合理利用。

常用的复合墙体板材有钢丝网夹芯复合板材（如图8.10所示）、外墙外保温板及轻型夹芯板（如图8.11和图8.12所示）等。

（三）水泥类墙体板材

水泥类墙体板材具有较好的力学性能，耐久性较好，生产技术成熟，产品质量可靠，适用于承重墙、外墙和复合墙体的外层面。但缺点是表观密度大，抗拉强度低（大板在起吊过程中易受损）。生产中可采用空心化板材以减轻自重和改善隔音、隔热性能，也可掺

加纤维材料制成纤维增强薄型板材，还可在水泥类墙体板材上制成具有装饰效果的表面层
（如花纹条装饰、露骨料装饰、着色装饰等）。

常用的水泥类墙体板材有GRC轻质多孔墙板、预应力混凝土空心墙板、纤维增强水泥
平板（TK板）、水泥木丝板及水泥刨花板。预应力混凝土空心墙板如图8.13所示。

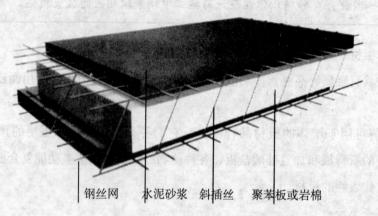

钢丝网　水泥砂浆　斜插丝　聚苯板或岩棉

图8.10　钢丝网夹芯板材构造示意

图8.11　外墙外保温板

图8.12 EPS轻型板

图8.13　预应力混凝土空心墙板

特别提示

《砌体工程施工质量验收规范》（GB 50203—2002）规定，填充墙砌体砌筑前块材（指空心砖、轻集料混凝土小型空心砌块、加气混凝土砌块等砌材）应提前2d浇水湿润。蒸压加气混凝土砌块砌筑时，应向砌筑面适量浇水。

空心砖、轻集料混凝土小型空心砌块、加气混凝土砌块施工时的适宜含水率分别为10%～15%、5%～8%、<20%。

项目一　墙体材料的进场检验与取样

一、取样依据

依据标准：

《砌体工程施工质量验收规范》（GB 50203—2002）

《烧结普通砖》（GB5101—2003）

《烧结多孔砖》（GB13544—2000）

《烧结空心砖和空心砌块》（GB13545—2003）

《普通混凝土小型空心砌块》（GB8239—1997）

《蒸压加气混凝土砌块》（GB11968—2006）

《粉煤灰砖》（JC239—2001）

《蒸压灰砂砖》（GB11945239—1999）

二、进场检验及取样数量

（一）砌墙砖及砌块常规检测项目

（1）烧结普通砖、烧结多孔砖、普通混凝土小型空心砌块、轻骨料混凝土小型空心砌块和混凝土多孔砖的常规检测项目：抗压强度。

（2）蒸压灰砂砖和粉煤灰砖的常规检测项目：抗压强度和抗折强度。

（3）烧结空心砖和空心砌块、蒸压加气混凝土砌块的常规检测项目：抗压强度和体积密度。

（二）砌墙砖及砌块的取样数据

1. 烧结砌墙砖

（1）每一生产厂家的砖到现场后，按烧结普通砖15万块、多孔砖5万块、灰砂砖及粉煤灰砖各10万块进行进场检验，抽样数量为1组。

（2）强度检验试样每组为15块。

2. 普通混凝土砌块

（1）每一生产厂家，每1万块小型砌块至少应抽检1组。用于多层建筑基础和底层的小砌块抽检数量不应少于2组。

（2）强度检验试样每组为5块。

3. 蒸压加气混凝土砌块

（1）同品种、同规格、同等级的砌块，以1万块为一批，不足1万亦为一批，随机抽取50块，进行尺寸偏差、外观检查。

（2）强度及干密度检验每批抽取6组试样制作试件。强度及干密度各制作3组共9块试件。

项目二　墙体材料的性能检测

任务一　烧结多孔砖抗压强度检测

依据标准：《砌墙砖试验方法》（GB/T2452—2003）。

仪器设备：砌墙砖抗压强度检测设备。

（1）材料试验机。示值相对误差不大于±1%，其下压板应为球形铰支座，预期最大破坏荷载应在量程的20%~80%之间。

（2）抗压试件制备平台。试件制备平台必须平整水平，可用金属或其他材料制作。

（3）水平尺（规格250~300mm），钢直尺（分度值为0.5mm），振动台（分度值为1mm）。

（4）制样模具、砂浆搅拌机和切割设备。

一、多孔砖的试件制备

多孔砖以单块整砖沿竖孔方向加压，试件制作采用坐浆法操作。即把玻璃板置于试件制备平台上，其上铺一张湿的垫纸，纸上铺一层厚度不超过5mm的用32.5或42.5号普通硅酸盐水泥制成的稠度适宜的水泥净浆，再将经水中浸泡了10~20min的试样的受压面平稳地放在水泥浆上，在另一受压面上稍加压力，使整个水泥层与砖的受压面相互黏结，砖的侧面应垂直于玻璃板。待水泥浆适当凝固后，连同玻璃板放在另一铺纸放浆的玻璃板上，再进行坐浆，其间用水平尺校正玻璃板的水平面。

二、试件养护

抹面试件置于不低于10℃的不通风室内养护3d。

三、检测步骤与结果评定

（一）检测步骤

（1）测量每个试件连接面或受压面的长、宽尺寸各2个，分别取其平均值，精确到1mm。

（2）将试件平放在加压板的中央，垂直于受压面加荷，加荷过程应均匀平稳，不得发生冲击或振动，加荷速度以2~6kN/s为宜。直至试件破坏为止，记录最大破坏荷载F。

（二）数据处理与结果评定

1. 计算每块试样的抗压强度

每块试件的抗压强度f_i按式（8-1）计算，精确至0.01MPa。

$$f_i = \frac{F}{L_i B_i} \tag{8-1}$$

式中：f_i为第i块试样的抗压强度，MPa；F为最大破坏荷载，N；L_i为第i块试样受压面（连接面）的长度，mm；B_i为第i块试样受压面（连接面）的宽度，mm。

2. 计算10块试样强度的平均值、标准差、变异系数

强度的平均值f、标准差S、变异系数δ分别按式（8-2）、式（8-3）、式（8-4）计算。

$$\bar{f} = \frac{1}{n} \sum_{i=1}^{n} f_i \tag{8-2}$$

$$S = \sqrt{\frac{1}{9} \sum_{i=1}^{10} (f_i - \bar{f})^2} \tag{8-3}$$

$$\delta = \frac{S}{f} \tag{8-4}$$

式中：$\bar{f}$为10块试样的抗压强度平均值，MPa，精确至0.01MPa；s为10块试样的抗压强度标准值，MPa，精确至0.01MPa；δ为砖和砌块强度变异系数，精确至0.01。

3. 结果评定

当变异系数$\delta \leq 0.21$时，按抗压强度平均值、强度标准值指标评定砖的强度等级，精确至0.01MPa。

样本量$n=10$时的强度标准值按式（8-5）计算；

$$f_k = \bar{f} - 1.8s \tag{8-5}$$

式中：f_k为强度标准值，MPa，精确至0.1MPa。

当变异系数 $\delta > 0.21$ 时，按抗压强度平均值 $\bar{f}$ 、单块最小抗压强度值 f_{min} 评定砖的强度等级，精确至0.1MPa。

任务二 混凝土小型砌块抗压强度检测

依据标准：《混凝土小型空心砌块试验方法》（GB/T4111—1997）。

仪器设备：砌块抗压强度检测设备。

（1）材料试验机。示值相对误差不大于±1%，其下压板应为球形铰支座，预期最大破坏荷载应在量程的20%~80%之间。

（2）钢板。厚度不小于10mm，平面尺寸应大于440mm×240mm。钢板的一面需平整，精度要求：在长度方向范围内的平面度不大于0.1mm。

（3）玻璃平板。厚度比小于6mm，平面尺寸要求与钢板相同。

（4）水平尺。

一、试验制备

砌块试件数量为五个。处理坐浆面和铺浆面，使之成为互相平行的平面。将钢板置于稳固的底座上，平整面向上，用水平尺调至水平。在钢板上先薄薄地涂一层机油或铺一层湿纸，然后铺一层1份重量的32.5号以上的普通硅酸盐水泥和2份细砂，加入适量的水调成砂浆，将试件的坐浆面湿润后平稳地压入砂浆层内，使砂浆层尽可能均匀，厚度为3~5mm。将多余的砂浆沿试件棱边刮掉，静置24h后，再按上述方法处理试件的坐浆面。为使两面能彼此平行，在处理铺浆面时，应将水平尺置于已向上的坐浆面上，调至水平。在温度为10℃以上不通风的室内养护3d后做抗压强度检测。

为缩短时间，也可在坐浆面砂浆层处理后，不经静置立即在向上的铺浆面上铺上一层砂浆，压上事先涂油的玻璃平板，边压边观察砂浆层，将气泡全部排出，并用水平尺调至水平，使砂浆层尽可能均匀，厚度为3~5mm。

二、检测步骤与结果评定

（一）检测步骤

（1）按尺寸测量方法测定每个试件的长度和宽度，分别求出各个方向的平均值，精确至1mm。

（2）将试件置于试验机承压板上，试件的轴线与试验机压板的压力中心重合，以10~30kN/s的速度加荷，直至试件破坏，记录最大荷载F。若试验机压板不足以覆盖试验受压面时，可在试件的上下承压面加辅助钢制压板。辅助钢制压板的背面光洁度与试验机原压板相同，其厚度至少为原压板边至辅助钢制压板最远角距离的1/3。

（二）数据处理与结果评定

单个试件抗压强度按式（8-6）计算，精确至0.1MPa。

$$R_i = \frac{P}{L_i B_i} \qquad (8\text{-}6)$$

式中：R_i 为试件的抗压强度，MPa；P 为破坏荷载，N；L_i 为受压面的长度，mm；B_i 为受压面的宽度，mm。

检测结果以五个试件抗压强度的算术平均值和单块最小值表示，精确至0.1MPa。

项目三　墙体材料的合格判定

一、原始记录

墙体材料的合格判定按照墙体材料的基本性质进行数据的处理和结果评定，整理试验报告得出结论。

试验报告的内容应包括：

（1）受检单位；

（2）试样名称、编号、数量、规格尺寸及状态；

（3）送（抽）样日期；

（4）检验项目；

（5）依据标准；

（6）检验类别；

（7）实验结果与评定；

（8）报告编号及报告日期；

（9）检验单位与编写审核人员和单位负责人签章。

二、检测报告

试验报告应分类连续编号，填写必须规范。试验报告中三级签字（检测人员签字、审核人员签字、技术负责人签字）必须齐全，无公章的试验报告无效。所有下发的试验报告都应有签字手续，并登记台账。

试验报告应认真审核，严格把关，不符合要求的一律不得签发。试验报告一经签发，

即具有法律效力，不得涂改和抽撤。

 思考与训练

1. 砌墙砖有几类？是怎样划分的？

2. 未烧透的欠火砖为何不宜用于地下？

3. 烧结普通砖、多孔砖强度等级是怎样确定的？

4. 有烧结多孔砖一批，经抽样检测抗压强度，其结果见下表。试确定该砖强度等级。

题4表

砖编号	1	2	3	4	5	6	7	8	9	10
破坏荷载（kN）	254	270	218	183	238	259	151	280	220	254

5. 常用的砌块有哪几种？

6. 加气混凝土砌块砌筑的墙抹砂浆层，采用与砌筑烧结普通砖的办法往墙上浇水后即抹，一般的砂浆往往易被加气混凝土吸去水分而容易干裂或空鼓，请分析原因。

7. 在各类墙用板材中，哪些不宜长期用于潮湿的环境中？哪些不宜长期用于大于200℃的环境中？

8. 通过搜集相关资料，列出本省（市、地区）禁止或限制使用烧结黏土砖、推广新型墙体材料的具体措施。

模块九　防水工程材料及其检测

知识目标：1. 了解防水材料的分类与材质要求

2. 熟悉防水材料的执行标准、规范、规程

3. 熟悉防水卷材、防水涂料、防水密封材料的检测项目和检测设备

能力目标：1. 能够进行常见防水材料的取样

2. 能够依据现行的标准、规范、规程进行防水材料常规检测项目的检测

职业知识

建筑工程防水是建筑产品的一项重要功能，是关系到建筑物的使用价值、使用条件及卫生条件，影响到人们的生产活动、工作生活质量，对保证工程质量具有重要的地位。随着社会生活条件的不断改善，人们越来越重视自己的生活质量，在防水条件上要求不断增高。近年来，伴随着社会科技的发展，新型防水材料及其应用技术发展迅速，并朝着由多层向单层、由热施工向冷施工的方向发展。面对科学技术的不断进步与更新，掌握防水工程的施工准备及质量问题显得尤为重要，对以后建筑工程的发展具有重大的意义。

知识一　了解几种常用的防水材料及施工要求

防水材料是防水工程的物质基础，是保证建筑物与构建物防止雨水侵入、地下水等水分渗透的主要屏障，防水材料的优劣对防水工程的影响极大，因此必须从防水的材料着手来研究防水的问题。

一、刚性防水材料——防水混凝土

防水混凝土兼有结构层和防水层的双重功效。其防水机理是依靠结构构件（如梁、板、墙体等）混凝土自身的密实性，再加上一些构造措施（如设置坡度、止水环等）达到结构自防水的目的。这种材料的施工准备如下：

（一）作业条件

（1）完成钢筋、模板的隐检、预检的验收工作，并应在隐检、预检中插穿墙螺栓、设备管道、施工缝及位于防水混凝土结构中的预埋件是否已做好防水处理。

（2）提前编制施工方案。

（3）配合比经试验确定。

（二）材料要求

（1）水泥：应该用不低于32.5级的硅酸盐水泥、普通硅酸盐水泥，也可以用矿渣硅酸盐水泥。

（2）砂子：应该用中砂，含泥量不大于3%，泥块含量不得大于1.0%。

（3）石子：应该用卵石，最大粒径为5～40mm，含泥量不大于1.0%，泥块含量不得太大。

（4）掺和料：其掺量应该由实验确定，等级符合规范要求。

二、卷材防水材料——沥青防水卷材

沥青防水卷材是用原纸，纤维织物等胎体材料渗涂沥青，表面撒布粉状，粒粉或片状材料制成的可以卷曲的片状防水材料。石油沥青纸胎是我国传统的防水材料，目前在屋面工程中仍然占主要地位。它具有低温柔性好，防水层耐用年限短，价格低的特性。在地下防水层施工时，当地下水位较高时，铺贴防水层前应该降低地下水位到防水层底标高以下30cm，并保持到防水层施工完成；铺贴防水层的基层表面应将尘土杂物清扫干净，表面残留的灰浆硬块及突出部分应该清除干净，不得有空鼓、开裂、起砂和脱皮的现象；防水层所用的卷材、基层处理剂、属于易燃物品，应该单独存放，远离火源，做好防火工作。

卷材防水材料的要求必须符合规范，必须有出厂质量合格证，有相应资质等级检测部门出具的检测报告。卷材防水层空鼓，发生在找平层与卷材之间，且多在卷材接缝处，其原因是找平层不干燥，汗水率大，空气排除不彻底，卷材没有黏结牢固；渗漏多发生在管根、地漏、形变缝等处，伸缩缝没有断开，造成防水层撕裂，其他部位由于黏结不牢固也有可能发生渗漏，施工中应该加强检查，认真操作。

三、高分子合成材料——涂膜防水材料

合成高分子防水材料是以合成橡胶或合成树脂为主要成膜物质，加入其他辅助材料配制而成的单组份或多组份防水涂料。与常用的材料相比，显得比较新型。

防水涂料是一种在常温下呈现黏稠状液体的高分子合成材料。涂刷在基层表面后，经过溶剂的挥发或水分的蒸发或各组份间的化学反应，形成坚韧的防水膜，起到防水、防潮的作用。涂膜防水层完整、没有接缝、自重轻、施工简单方便、易于修补、使用寿命长的

防水工程材料及其检测

特点。如果防水涂料配合密封灌缝材料使用，可以增强防水性能，有效防止渗漏水，延长防水层的耐用期限。

（一）材质的要求

由于双组份、多组份聚氨脂防水涂料含有大量有机溶剂，对环境污染严重，在某些方面禁止使用，因此使用单组份聚氨脂防水涂料，这类涂料是以聚醚为主要原料，配以各种助剂制成，属于无有机溶剂挥发的单组份柔性涂料，其固体含量低，强度高，延伸率大于80%，拉伸强度大于1.9%。

（二）材质成品的保护

涂膜防水层操作过程中，操作人员要穿平底鞋作业。涂膜防水施工时，不得污染其他部位的墙体面。涂膜防水层施工后，要严格加以保护，任何人不得进入，也不得在上面堆放杂物，以免损坏防水层。防水保护层施工时，不得在防水层上拌砂浆，铺砂浆时铁棒不得触及防水层，要精工细作，不得损坏防水层。

课堂讨论

你所在的地区最常见的建筑防水材料有哪些？其质量标准与检测标准是什么？这些防水材料使用在什么工程部位？

知识二　了解石油沥青的评定指标

我国石油沥青是根据沥青的软化点（温度稳定性）、延度（塑性）、针入度（黏性）三项主要指标来评定的，所以石油沥青的三项指标必须全部符合规定，才能明确石油沥青的牌号。

一、石油沥青软化点（温度稳定性）

温度稳定性指石油沥青的黏性和塑性随温度升降而变化的性能。当温度升高，沥青由固态或半固态逐渐软化而呈为液态，随温度下降，又由液态凝固变硬变脆。在相同的温度变化间隔里，各种沥青黏性变化幅度不同，随温度变化而产生的黏性变化幅度较小的沥青，其温度稳定性就好。

弹性体SBS改性沥青防水卷材适用范围：

（1）适用于工业与民用建筑的屋面、地下等的防水防潮以及桥梁、停车场、游泳池、隧道等建筑物的防水。

（2）尤其适用于高温或有强烈太阳照射地区的建筑物防水。

· 223 ·

（3）根据我国屋面工程技术规范GB50207—94规定，塑性SBS改性沥青防水卷材，可用于一级特别重要的民用建筑和对防水有特殊要求的工业建筑。

塑性体APP改性沥青防水卷材施工注意事项：

（1）热熔APP防水卷材工程时，涂刷的基层处理剂必须干燥4h（以不粘脚为宜）以上，方可进行APP防水卷材铺贴作业，以免发生火灾，施工现场亦应配置适量的灭火器材。

（2）屋面APP防水卷材工程作业时，APP防水卷材工程人员不允许穿带钉鞋进入现场，必要时佩带安全带，四周应有防护设施。

（3）注意成品保护，非施工人员严禁进入施工现场。

石油沥青中沥青质的含量多，在一定程度上能提高温度稳定性。沥青中石蜡含量多时，温度稳定性降低。

二、石油沥青延度（塑性）

塑性是指石油沥青在外力作用时产生变形而不破坏的能力。石油沥青的塑性与其组份有关，其中树脂含量增加，则塑性随之增高。温度及沥青膜层厚度也影响塑性，温度升高，塑性增大；沥青的膜层越厚，塑性越大，当膜层薄至1μm时，塑性近于消失。在25℃的常温下，沥青的塑性很好。沥青对振动冲击荷载有一定承受能力，塑性较好的沥青在产生裂缝时，也会自行越合。石油沥青的延伸度越大，塑性越好，柔性和抗断裂性能越好。

弹性体SBS改性沥青防水卷材特点：

（1）不透水性能强。

（2）抗拉强度高，延伸率大，尺寸稳定性能好对基层收缩变形和开裂适应能力强。

（3）耐高低温性能好，SBS适用于较低气温环境的建筑防水。

（4）耐穿刺、耐硌破、耐撕裂、耐腐蚀、耐霉变、耐候化性能好。

（5）施工方便，热熔法施工四季均可操作，接缝可靠。

塑性体APP改性沥青防水卷材属热塑性体防水材料，常温施工、操作简便，高温（110~130℃）不流淌，低温（−15～−5℃）不脆裂，韧性强，弹性好，抗腐蚀、耐老化。

三、石油沥青针入度（黏性）

黏稠石油沥青的黏性是用针入度值来表示的。黏性是在外力作用下抵抗变形的性能。

石油沥青的牌号是以针入度的平均值来表示的。如30号建筑石油沥青就是用针入度为25～40的平均值。针入度的检测是在25℃的温度下5s时间内，用荷重（100±0.1）g的标准针垂直穿入沥青的深度，称为石油沥青的"针入度"，单位以1/10mm表示。它在某种程度上反映沥青的硬度。数值越小沥青越硬，黏性越大，则延伸度小，软化点高。

黏性的大小与组份及温度有关。沥青质含量较高，当树脂适量、油质含量较少时，则黏性较大；温度升高时，则黏性随之降低，反之则随之增大。当针入度大于200以上的道路石油沥青，已无法标出延伸度值。

> **特别提示**
>
> 　　弹性体SBS改性沥青防水卷材是以SBS（苯乙烯—丁二烯—苯乙烯）热塑性弹性体改性沥青为浸涂材料，以优质聚酯毡、玻纤毡、玻纤增强聚酯毡为胎基，以细砂、矿物粒料、PE膜、铝膜等为覆面材料，采用专用机械搅拌、研磨而成的弹性体改性沥青防水卷材。
>
> 　　塑性体APP改性沥青防水卷材是以APP（无规聚丙烯）或APAO、APO（聚烯烃类聚合物）改性沥青为浸涂材料，以优质聚酯毡、玻纤毡、为胎基，以细砂、矿物粒（片）料、PE膜为覆面材料，采用先进工艺精制而成的塑性体改性沥青防水卷材。

项目一　防水材料的进场检验与取样

一、沥青

取样批量：同一产地、同一品牌、同一标号20吨为一验收批。

取样方法：取样部位应均匀分布，不少于5处，每处取洁净试样共1kg。

二、石油沥青油毡

取样批量：同一厂家、同一品牌、同一标号、同一等级的产品，1000卷为一验收批。大于一检验批的抽取5卷，每500~1000卷抽4卷，100~499卷抽3卷，100卷以下抽2卷，进行规格尺寸及外观检查。

取样方法：在外观质量检验合格的卷材中，任意取1卷进行物理性能检验。切除距离外层卷头的2500mm部分后顺纵向截取长度为500mm的全副卷材2块。1块做物理性能检测，1块备用。

三、高聚物改性沥青防水卷材

取样批量：同一厂家、同一品牌、同一标号的产品，1000卷为一验收批。大于一检验批的抽取5卷，每500~1000卷抽4卷，100~499卷抽3卷，100卷以下抽2卷，进行规格尺寸及外观检查。

取样方法：在外观质量检验合格的卷材中，任意取1卷进行物理性能检验。切除距离外层卷头的2500mm部分后顺纵向截取长度为800mm的全副卷材2块。1块做物理性能检测，1块备用。

四、高分子防水卷材

取样方法和取样批量同高聚物改性沥青防水卷材，同时送检卷材搭接用胶。

五、三元乙丙防水卷材、氯化聚乙烯–橡胶共混防水卷材

取样批量：同一厂家、同一规格、同一等级的产品，3000m为一验收批。

取样方法：在同一检验批中抽取3卷，经过规格尺寸和外观质量检验合格后，任意取1卷，切除端头的300mm后，顺纵向截取长度为1800mm的卷材作为测定厚度和物理性能的检测用样品，同时要求送检卷材搭接用胶。

六、聚氯乙烯、氯化聚乙烯防水卷材

取样批量：同一厂家、同一类型、同一规格的产品，每5000m为一验收批。

取样方法：在同一检验批中抽取3卷，经过规格尺寸和外观质量检验合格后，任意取1卷，切除端头的300mm后，顺纵向截取长度为300mm的卷材作为测定厚度和物理性能的检测用样品，同时要求送检胶黏剂。

七、其他防水材料

聚氨酯防水涂料：甲组份每5吨为一验收批，乙组份按产品重量配比确定，每一检验批按产品配比取样，甲乙组份试样总重为2kg。

高分子防水涂料：以每10吨为一验收批。

合成高分子密封材料：同一规格品种每5吨为一验收批。

有机防水涂料：同一规格品种每5吨为一验收批。

由于建筑防水材料品种繁多，其他防水材料的取样方法可以参考相关标准和规范。

项目二　防水材料的性能检测

为了规范各类防水材料的检测方法，提高防水材料的检验水平与准确性，防水材料的检测方法应参照有关标准的规定，如《防水卷材试验方法》（GB/T 328—2007）、《建筑防水材料的老化试验》（GB/T 18244—2000）、《建筑材料水蒸气透过性能试验方法》（GB/T 17164—1997）等。以下介绍石油沥青产品的基本检测方法。

任务一　沥青软化点试验

一、试验目的

沥青的软化点是试样在规定尺寸的金属环内，上置规定尺寸和重量的钢球，放于水（5℃）或甘油（32.5℃）中，以（5±0.5）℃/min速度加热，至钢球下沉达到规定距离（25.4cm）时的温度以℃表示，它在一定程度上表示沥青的温度稳定性。

二、实验仪器

（1）软化点试验仪：由耐热玻璃烧杯、金属支架、钢球、试样环、钢球定位环、温度计等部件组成。耐热玻璃烧杯容量800~1000mL，直径不少于86mm，高不少于120mm，金属支架由两个主杆和三层平行的金属板组成。上层为一圆盘，直径略大于烧杯直径，中间有一圆孔，用以插放温度计。中层板上有两个孔，各放置金属环，中间有一小孔可支持温度计的测温端部。一侧立杆距环上面51mm处刻有水高标记。环下面距下层底板为25.4mm，而下底板距烧杯底不少于12.7mm，也不得大于19mm。三层金属板和两个主杆由两螺母固定在一起；钢球直径9.53mm，质量（3.5±0.05）g；试样杯由黄铜或不锈钢制成，高（6.4±0.1）mm，下端有一个2mm的凹槽；钢球定位环由黄铜或不锈钢制成，如图9.1、图9.2所示。

图9.1　软化点测定仪

图9.2　软化点环与球

（2）温度计：0~80℃，分度为0.5℃。

（3）装有温度调节器的电炉或其他加热炉具（液化石油气、天然气等）。应采用带有振荡搅拌器的加热电炉，振荡搅拌器置于烧杯底部。

（4）试样底板：金属板（表面粗糙度应达Ra0.8μm）或玻璃板。

（5）恒温水槽：控温的准确度为0.5℃。

（6）平直刮刀。

（7）甘油滑石粉隔离剂（甘油与滑石粉的比例为质量比2∶1）。

（8）新煮沸过的蒸馏水。

（9）其他：石棉网。

三、试验步骤

准备工作：将试样环置于涂有甘油滑石粉隔离剂的试样底板上，将准备好的沥青试样徐徐注入试样环内至略高出环面为止。

如估计试样软化点高于120℃，则试样环和试样底板（不用玻璃板）均应预热至80～100℃。

试样在室温冷却30min后，用环夹夹着试样杯，并用热刮刀刮除环面上的试样，使其与环面齐平。

（1）试样软化点在80℃以下者：

①将装有试样的试样环连同试样底板置于（5±0.5）℃的恒温水槽中至少15min；同时将金属支架、钢球、钢球定位环等亦置于相同水槽中。

②烧杯内注入新煮沸并冷却至5℃的蒸馏水，水面略低于立杆上的深度标记。

③从恒温水槽中取出盛有试样的试样环放置在支架中层板的圆孔中，套上定位环；然后将整个环架放入烧杯中，调整水面至深度标记，并保持水温为（5±0.5）℃。环架上任何部分不得附有气泡。将0～80℃的温度计由上层板中心孔垂直插入，使端部测温头底部与试样环下面齐平。

④将盛有水和环架的烧杯移至放有石棉网的加热炉具上，然后将钢球放在定位环中间的试样中央，立即开动振荡搅拌器，使水微微振荡，并开始加热，使杯中水温在3min后维持每分钟上升（5±0.5）℃。在加热过程中，应记录每分钟上升的温度值，如温度上升速度超出此范围时，则试验应重做。

⑤试样受热软化逐渐下坠，至与下层底板表面接触时，立即读取温度，准确至0.5℃。

（2）试样软化点在80℃以上者：

①将装有试样的试样环连同试样底板置于装有（32±1）℃甘油的恒温槽中至少15min，同时将金属支架、钢球、钢球定位环等亦置于甘油中。

②在烧杯内注入预先加热至32℃的甘油，其液面略低于立杆上的深度标记。

③从恒温槽中取出装有试样的试样环，按上述（1）的方法进行测定，准确至1℃。

四、试验结果及数据整理

同一试样平行试验两次，当两次测定值的差值符合重复性试验精度要求时，取其平均值作为软化点试验结果，准确至0.5℃。

当试样软化点小于80℃时，重复性试验的允许差为1℃，复现性试验的允许差为4℃。

当试样软化点等于或大于80℃时，重复性试验的允许差为2℃，复现性试验的允许差为8℃。

五、记录表格

记录格式如表9.1

表9.1　沥青软化点试验记录表

起始温度	第1分钟	第2分钟	第3分钟	第4分钟	第5分钟	第6分钟	第7分钟	第8分钟	测定值（℃）	平均值（℃）

试验者_____　记录者_____　校核者_____　日期_____

六、注意事项

（1）按照规定方法制作延度试件，应当满足试件在空气中冷却和在水浴中保温的时间。

（2）估计软化点在80℃以下时，实验采用新煮沸并冷却至5℃的蒸馏水作为起始温度测定软化点，当估计软化点在80℃以上时，试验采用（32±1）℃的甘油作为起始温度测定软化点。

（3）环架放入烧杯后，烧杯中的蒸馏水或甘油应加入至环架深度标记处，环架上任何部分均不得有气泡。

（4）加热3min后使液体维持每分钟上升（5±0.5）℃，在整个测定过程中如温度上升速度超出此范围应重做试验。

（5）两次平行试验测定值的差值应当符合重复性试验精度。

能力训练

在校内建材实训中心完成沥青软化点的测定任务。要求明确检测目的，做好检测准备，分组讨论并制定检测方案，认真填写沥青软化点测定实训报告和实训效果自评反馈表。

任务二　沥青延度试验

一、试验目的

掌握沥青延度的概念，熟悉测定沥青延度的试验步骤。

沥青延度是规定形状的试样在规定温度（25℃）条件下以规定拉伸速度（5cm/min）拉至断开时的长度，以cm表示。通过延度试验测定沥青能够承受的塑性变形总能力。

二、实验仪器设备

（1）延度仪（图9.3）：将试件浸没于水中，能保持规定的试验温度及按照规定拉伸速度拉伸试件且试验时无明显振动的延度仪均可使用。

（2）延度试模（图9.4）：黄铜制，由试模底板、两个端模和两个侧模组成，延度试模可从试模底板上取下。

图9.3　延度仪　　　　　　　　　　　　图9.4　延度试模

（3）恒温水槽：容量不少于10L，控制温度的准确度为±0.1℃，水槽中应设有带孔搁架，搁架距水槽底不得少于50mm。试件浸入水中深度不小于100mm。

（4）温度计：0～50℃，分度为0.1℃。

（5）甘油滑石粉隔离剂（甘油与滑石粉的质量比2：1）。

（6）其他：平刮刀、石棉网、酒精、食盐等。

三、试验步骤

（1）将隔离剂拌和均匀，涂于清洁干燥的试模底板和两个侧模的内侧表面，并将试模在试模底板上装妥。

（2）将加热脱水的沥青试样，通过0.6mm筛过滤，然后将试样仔细自试模的一端至另一端往返数次缓缓注入模中，最后略高出试模，灌模时应注意勿使气泡混入。

（3）试件在室温中冷却30～40min，然后置于规定试验温度±0.1℃的恒温水槽中，

防水工程材料及其检测
<<<<<<<<<<<<<<<<<<<<<<

保持30min后取出，用热刮刀刮除高出试模的沥青，使沥青面与试模面齐平。沥青的刮法应自试模的中间刮向两端，且表面应刮得平滑。将试模连同底板再浸入规定试验温度的水槽中1～1.5h。

（4）检查延度仪延伸速度是否符合规定要求，然后移动滑板使其指针正对标尺的零点，将延度仪注水，并使温度保持在（25±5）℃。

（5）将保温后的试件连同底板移入延度仪的水槽中，然后将盛有试样的试模自玻璃板或不锈钢板上取下，将试模两端的孔分别套在滑板及槽端固定板的金属柱上，并取下侧模。水面距试件表面应不小于25mm。

（6）开动延度仪，并注意观察试样的延伸情况。此时应注意，在试验过程中，水温应始终保持在试验温度规定范围内，且仪器不得有振动，水面不得有晃动，当水槽采用循环水时，应暂时中断循环，停止水流。

在试验中，如发现沥青细丝浮于水面或沉入槽底时，则应在水中加入酒精或食盐，调整水的密度至与试样相近后，重新试验。

（7）试件拉断时，读取指针所指标尺上的读数，以厘米表示，在正常情况下，试件延伸时应成锥尖状，拉断时实际断面接近于零。如不能得到这种结果，则应在报告中注明。

四、实验结果与数据整理

同一试样，每次平行试验不少于3个，如3个测定结果均大于100cm，试验结果记作"＞100cm"；特殊需要也可分别记录实测值。如3个测定结果中，有一个以上的测定值小于100cm时，若最大值或最小值与平均值之差满足重复性试验精密度要求，则取3个测定结果的平均值的整数作为延度试验结果，若平均值大于100cm，记作"＞100cm"。若最大值或最小值与平均值之差不符合重复性试验精密度要求时，试验应重新进行。

当试验结果小于100cm时，重复性试验精度的允许差为平均值的20%；复现性试验的允许差为平均值的30%。

五、记录表格

记录格式如表9.2所示。

表9.2　沥青延度试验记录表

试验温度（℃）	试验速度（cm/min）	测定值（mm）	平均值（mm）

试验者_____　记录者_____　校核者_____　日期_____

六、注意事项

（1）按照规定方法制作延度试件，应当满足试件在空气中冷却和在水浴中保温的时间。

（2）检查延度仪拉伸速度是否符合要求，移动滑板是否能使指针对准标尺零点，检查水槽中水温是否符合规定温度。

（3）拉伸过程中水面距试件表面应不小于25mm，如发现沥青丝浮于水面则应在水中加入酒精，若发现沥青丝沉入槽底则应在水中加入食盐，调整水的密度至于试样的密度接近后再进行测定。

（4）试样在断裂时的实际断面应为零，若得不到该结果则应在报告中注明在此条件下无测定结果。

（5）3个平行试验结果的最大值与最小值之差应当满足重复性试验精度的要求。

能力训练

在校内建材实训中心完成沥青延度的测定任务。要求明确检测目的，做好检测准备，分组讨论并制定检测方案，认真填写沥青延度测定实训报告和实训效果自评反馈表。

任务三 沥青针入度试验

一、试验目的

沥青针入度是在规定温度（25℃）和规定时间（5s）内，附加一定重量的标准针（100g）垂直贯入沥青试样中的深度，单位为0.01mm。通过针入度的测定掌握不同沥青的黏稠度以及进行沥青标号的划分。

二、试验仪器设备

（1）针入度仪（图9.5）：凡能保证针和针连杆在无明显摩擦下垂直运动，并能指示针贯入深度准确至0.01mm的仪器均可使用。它的组成部分有拉杆、刻度盘、按钮、针连杆组合件，总质量为（100±0.05）g，调节试样高度的升降操作机件，调节针入度仪水平的螺旋，可自由转动调节距离的悬臂。

当为自动针入度仪时，其基本要求相同，但应附有对计时装置的校正检验方法，以便经常校验。

（2）标准针（图9.6）：由硬化回火的不锈钢制成，洛氏硬度HRC54～60，针及针杆总质量（2.5±0.5）g，针杆上打印有号码标志，应对针妥善保管，防止碰撞针尖，使用过程中应当经常检验，并附有计量部门的检验单。

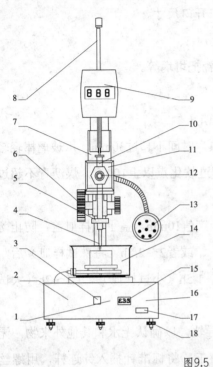

1—加热控制；2—时控选择按钮；

3—启动开关；4—标准针；

5—砝码；6—微调手轮；

7—升降支架；8—测杆；

9—针入度显示器；10—针连杆；

11—电磁铁；12—手动释杆按钮；

13—反光镜；14—恒温浴；

15—温度显示；16—温度调节；

17—电源开关；18—水平调节螺钉

图9.5　针入度试验器外观

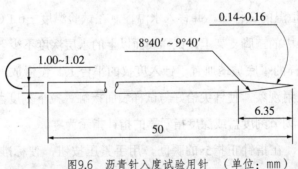

图9.6　沥青针入度试验用针　（单位：mm）

（3）试样皿：金属制的圆柱形平底容器。小试样皿的内径55mm，深35mm（适用于针入度小于200）；大试样皿内径70mm，深45mm（适用于针入度200～350）；对针入度大于350的试样需使用特殊试样皿，其深度不小于60mm，试样体积不少于125mL。

（4）恒温水槽：容量不少于10L，控温精度为±0.1℃。水中应设有一带孔的搁板（台），位于水面下不少于100mm，距水槽底不得少于50mm处。

（5）平底玻璃皿：容量不少于1L，深度不少于80mm。内设有一不锈钢三脚支架，

能使试样皿稳定。

（6）温度计：0～50℃，分度0.1℃。

（7）秒表，分度0.1s。

（8）试样皿盖：平板玻璃，直径不小于试样皿开口尺寸。

（9）溶剂：三氯乙烯等。

（10）其他：电炉或砂浴、石棉网、金属锅或瓷把坩埚等。

三、试验步骤

（1）将恒温水槽调到要求的温度25℃，保持稳定。

（2）将试样放在放有石棉垫的炉具上缓慢加热，时间不超过30min，用玻璃棒轻轻搅拌，防止局部过热。加热脱水温度，石油沥青不超过软化点以上100℃，煤沥青不超过软化点以上50℃。沥青脱水后通过0.6mm滤筛过筛。

（3）试样注入试样皿中，高度应超过预计针入度值10mm，盖上试样皿盖，防止落入灰尘。在15～30℃室温中冷却1～1.5h（小试样皿）、或者2～2.5h（特殊试样皿）后，再移入保持规定试验温度±0.1℃的恒温水槽中恒温1～1.5h（小试样皿）、1.5～2h（大试样皿）或者2～2.5h（特殊试样皿）。

（4）调整针入度仪使之水平。检查针连杆和导轨，以确认无水和其他外来物，无明显摩擦。用三氯乙烯或其他溶剂清洗标准针，并擦干。将标准针插入针连杆，用螺丝固紧。按试验条件，加上附加砝码。

（5）取出达到恒温的试样皿，并移入水温控制在试验温度±0.1℃（可用恒温水槽中的水）的平底玻璃皿中的三脚支架上，试样表面以上的水层深度不少于10mm。

（6）将盛有试样的平底玻璃皿置于针入度仪的平台上。慢慢放下针连杆，用适当位置的反光镜或灯光反射观察，使针尖恰好与试样表面接触。拉下刻度盘的拉杆，使之与针连杆顶端轻轻接触，调节刻度盘或深度指示器的指针指示为零。

（7）开动秒表，在指针正指5s的瞬间，用手紧压按钮，使标准针自动下落贯入试样，经规定时间，停压按钮使针停止移动。拉下刻度盘拉杆与针连杆顶端接触，读取刻度盘指针或位移指示器的读数，即为针入度，准确至0.5（0.1mm）。当采用自动针入度仪时，计时与标准针落下贯入试样同时开始，至5s时自动停止。

（8）同一试样平行试验至少3次，各测试点之间及与试样皿边缘的距离不应少于10mm。每次试验后应将盛有试样皿的平底玻璃皿放入恒温水槽，使平底玻璃皿中水温保持试验温度。每次试验应换一根干净标准针或将标准针取下用蘸有三氯乙烯溶剂的棉花或布揩净，再用干棉花或布擦干。

（9）测定针入度大于200的沥青试样时，至少用3支标准针，每次试验后将针留在试样中，直至3次平行试验完成后，才能将标准针取出。

四、试验结果及数据整理

（1）同一试样的3次平行试样结果的最大值与最小值之差在下列允许偏差范围内时，计算3次试验结果的平均值，取整数作为针入度试验结果，以0.1mm为单位。

当试验结果超出表9.3所规定的范围时，应重新进行试验。

表9.3　允许差值表

针入度（0.1mm）	0~49	50~149	150~249	250~500
允许差值（0.1mm）	2	4	12	20

（2）当试验结果小于50（0.1mm）时，重复性试验的允许差为不超过2（0.1mm），重复性试验的允许差为不超过4（0.1mm）。

（3）当试验结果等于或大于50（0.1mm）时，重复性试验的允许差为不超过平均值的4%，复现性试验的允许差为不超过平均值的8%。

五、记录表格

记录格式如表9.4所示。

表9.4　沥青针入度试验记录表

试验温度（℃）	试针荷重（g）	贯入时间（s）	刻度盘初读数	刻度盘终读数	针入度（0.1mm）	
					测定值	平均值

试验者＿＿＿＿＿　记录者＿＿＿＿＿　校核者＿＿＿＿＿　日期＿＿＿＿＿

六、注意事项

（1）根据沥青的标号选择试样皿，试样深度应大于预计穿入深度10mm。不同的试样皿其在恒温水浴中的恒温时间不同。

（2）测定针入度时，水温应当控制在（25±1）℃范围内，试样表面以上的水层高度不小于10mm。

（3）测定时针尖应刚好与试样表面接触，必要时用放置在合适位置的光源反射来观察。使活杆与针连杆顶端相接触，调节针入度刻度盘使指针为零。

（4）在3次重复测定时，各测定点之间与试样皿边缘之间的距离不应小于10mm。

（5）3次平行试验结果的最大值与最小值应在规定的允许值差值范围内，若超过规定差值试验应重新做。

能力训练

在校内建材实训中心完成沥青针入度测定任务。要求明确检测目的，做好检测准备，分组讨论并制定检测方案，认真填写沥青针入度测定实训报告和实训效果自评反馈表。

项目三　防水材料的合格判定

一、原始记录

原始记录填写必须认真，不得潦草，不得随意涂改。如有修改，检测员必须签章确认。原始记录应编号整理，妥善保存。

防水材料检测原始记录主要有：石油沥青性能检测原始记录，高分子防水卷材检测原始记录，改性沥青防水卷材检测原始记录等。

二、检测报告

检测报告应分类连续编号，填写必须规范、检测报告中三级签字（检测人员签字、审核人员签字、技术负责人签字）必须齐全，无公章的检测报告无效。所有下发的检测报告都应有签字手续，并登记台账。

检测报告应认真审核，严格把关，不符合要求的一律不得签发。检测报告一经签发，即具有法律效力，不得涂改和抽撤。

沥青软化点的测定取两次结果的平均值作为报告值。报告检测结果时，同时报告浴槽中所使用加热介质的种类。

沥青延度的测定中，若三个试件测定值与平均值之差在平均值的5%以内，取平行测定的三次结果的平均值作为测定结果。若三个试件测定值与平均值之差不在平均值的5%以内，但其中两个较高值与平均值之差在平均值的5%以内，则弃去最低测定值，取两个较高值的平均值作为测定结果，都不符合上述情况的，须重新测定。

沥青针入度的测定以三个针入度值的平均值，取至整数作为检测结果。

防水材料的物理性能检验，凡规定项目中有一项不合格即为不合格产品，可根据相应产品标准进行单项复验，如仍然不合格，则判定该批产品不合格。

防水材料检测报告主要有：石油沥青技术性能检测报告，建筑防水材料检测报告，改性沥青防水卷材检测报告。

工学结合

在独立完成防水材料常规试验检测的基础上，熟悉现实生活环境中常见的防水材料的检测项目，在校外实习基地接受指导，独立展开检测工作，填写原始记录，出具检测报告，并就出现的问题及时向教师反馈，掌握防水材料检测的具体操作内容与方法。

思考与训练

1. 石油沥青的三大技术性质是什么？各用什么指标表示？

2. 如何划分石油沥青的牌号？牌号大小与沥青性质的关系如何？

3. 拉伸速率对延度有何影响？升温速率对软化点有何影响？

4. 高分子改性沥青卷材、涂料、密封材料的性能和应用如何？

5. 常用防水材料的检测项目有哪些？取样有哪些要求？

模块十 绝热、吸声材料

知识目标：1. 掌握绝热吸声材料的作用与主要分类

　　　　　2. 熟悉常用绝热吸声材料的性能参数

能力目标：能够正确的选用绝热保温与吸声材料

建筑绝热保温和吸声隔声是节约能源、降低环境污染、提高建筑物居住和使用功能非常重要的一个方面。随着人民生活水平的逐步提高，人们对建筑物的质量要求越来越高。建筑用途的扩展，对其功能方面的要求也越来越严。因此，作为建筑功能材料重要类型之一的建筑绝热吸声材料的地位和作用也越来越受到人们的关注和重视。

项目一 绝热保温材料

绝热保温材料（又称绝热材料）是指对热流具有显著阻抗性的材料或材料复合体。绝热制品则是指被加工成至少有一面与被覆盖面形状一致的各种绝热材料的制成品。

绝热保温材料是建筑节能的物质基础。性能优良的建筑绝热保温材料和良好的保温技术，在建筑和工业保温中往往可起到事半功倍的效果。统计表明，建筑中每使用1吨矿物棉绝热制品，每年可节约1吨燃油。

一、绝热保温材料的基本特性

绝热保温材料一般均为轻质、疏松、多孔的纤维材料。按其成分可分为无机绝热材料、有机绝热材料和金属绝热材料三大类；按形态，又可分为纤维状、多孔（微孔、气泡）状、层状等数种。

材料保温隔热性能的好坏是由材料导热系数（λ）的大小所决定的。导热系数越小，通过材料传送的热量越少，保温隔热性能就越好。材料的导热系数决定于材料的成分、内部结构、表观密度以及传热时的平均温度和材料的含水量。一般来说，表观密度越轻，导热系数越小。在材料成分、表观密度、平均温度、含水量等完全相同的条件下，多孔材料单位体积中气孔数量越多，导热系数越小；松散颗粒材料的导热系数，随单位体积中颗粒数量的增多而减小；松散纤维材料的导热系数，则随纤维截面的减少而减小。当材料的成分、表观密度、结构等条件完全相同时，多孔材料的导热系数随平均温度和含水量的增大而增大，随湿度的减小而减小。当材料处在0～50℃范围内时，其导热系数基本不变。在高温时，材料的导热系数随温度的升高而增大。对各向异性材料（如木材等），当热流平行于纤维延伸方向时，热流受到的阻力小，其导热系数较大；而热流垂直于纤维延伸方向时，受到的阻力大，其导热系数就小。绝大多数建筑材料的导热系数介于0.023～3.49 W/（m·K）之间，通常把导热系数不大于0.23的材料称为绝热材料，而将其中导热系数小于0.14的绝热材料称为保温材料。进而根据材料的适用温度范围，将可在零摄氏度以下使用的称为保冷材料，适用温度超过1000℃者称为耐火保温材料。习惯上通常将保温材料分为三档，即低温保温材料，使用温度低于250℃；中温保温材料，使用湿度250～700℃；高温保温材料，使用温度700℃以上。

表10.1　主要绝热保温材料的分类

分类			品种
纤维状	无机质	天然	石棉纤维
		人造	矿物纤维（矿渣棉、岩棉、玻璃棉、硅酸铝棉等）
	有机质	天然	棉麻纤维、稻草纤维、草纤维等
		人造	软质纤维板类（木纤维板、草纤维板、稻壳板、蔗渣板等）
微孔状	无机质	天然	硅藻土
		人造	碳酸钙、碳酸镁等
	有机质	天然	炭化木材
气泡状	无机质	人造	膨胀珍珠岩、膨胀蛭石、加气混凝土、泡沫玻璃、泡沫硅玻璃、火山灰微珠、泡沫枯土等
	有机质	天然	软木
		人造	泡沫聚苯乙烯塑料、泡沫聚氨酯塑料、泡沫酚醛树脂、泡沫脲醛树脂、泡沫橡胶、钙塑绝热板等
层状		金属	铝箔、锡箔等

特别提示

　　对于各向异性的材料，其绝热性能与热流方向有关，纤维质材料从排列状态看，分为方向与热流向垂直和纤维方向与热流向平行两种情况。对于各向异性的材料（如木材等），当热流平行于纤维方向时，受到阻力较小；而垂直于纤维方向时，受到的阻力较大。传热方向和纤维方向垂直时的绝热性能比传热方向和纤维方向平行时要好一些。以松木为例，当热流垂直于木纹时，导热系数为0.17W/（m·K），平行于木纹时，导热系数为0.35W/（m·K）。

　　绝热保温材料除了保温或保冷的作用外，还应具备以下功能：（1）隔热防火。（2）减轻建筑物的自重。因此绝热材料的选用应符合以下基本要求：（1）具有较低的导热系数。优质的保温绝热材料，要求其导热系数一般不应大于0.14W/（m·K），即具有较高孔隙率和较小的表观密度，一般不大于600kg/m³。（2）具有较低的吸湿性。大多数保温材料吸收水分之后，其保温性能会显著降低，甚至会引起材料自身的变质，故保温材料要使之处于干燥状态。（3）具有一定的承重能力。保温绝热材料的强度必须保证建筑和工程设备上的最低强度要求，其抗压大于0.4MPa。（4）具有良好的稳定性和足够的防火防腐能力。（5）必须造价低廉，成型和使用方便。

二、常见的绝热保温材料

（一）无机绝热保温材料

1. 膨胀珍珠岩

　　珍珠岩是一种酸性火山玻璃质岩石，因它具有珍珠裂隙结构而得名。它具有黄白、灰白、淡绿、褐、棕、灰、黑等颜色。我国珍珠岩的产地、储藏量极为丰富，各地珍珠岩矿石的矿物组成基本相同，主要是由酸性火山玻璃质组成。珍珠岩内含有结合水，当这种含水的玻璃熔岩受高温作用时，玻璃质即由固态软化为黏稠状态，内部水则由液态变为高压水蒸汽向外扩散，使黏稠的玻璃质不断膨胀。膨胀的玻璃质如被迅速冷却达到软化温度以下时，则珍珠岩就形成了一种多孔结构的产品，这种产品就是膨胀珍珠岩（图10.1），由其制成的岩板称为膨胀珍珠岩板（图10.2）。

　　膨胀珍珠岩俗称珠光砂，又名珍珠岩粉，是以珍珠岩矿石经过破碎、筛分、预热，在高温（1260℃左右）中悬浮瞬间焙烧，体积骤然膨胀加工而成的一种白色或灰白色的中性无机砂状材料，颗粒结构呈蜂窝泡沫状，重量特轻，风吹可扬。它主要有保温、绝热、吸声的功能，并且无毒、不燃、无臭。其化学成分及性能见表10.2和表10.3。

图10.1 膨胀珍珠岩

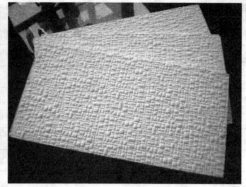

图10.2 膨胀珍珠岩板

表10.2 膨胀珍珠岩的化学成分

SiO$_2$	Al$_2$O$_3$	Fe$_2$O$_3$+FeO	CaO	MgO	K$_2$O	Na$_2$O	H$_2$O
70左右	11~14	<1	2左右	少量	4左右	3左右	4~6

表10.3 膨胀珍珠岩的导热系数

等级	标号				
	70号	100号	150号	200号	250号
优等品	0.047	0.052	0.058	0.064	0.070
一等品	0.049	0.054	0.060	0.066	0.072
合格品	0.051	0.056	0.062	0.068	0.074

注：膨胀珍珠岩按堆积密度分为70、100、150、200、250号五个标号，各标号产品按照性能分为优等品、一等品、合格品三个等级。

2. 岩棉及岩棉制品

岩棉（图10.3）是以精选的玄武岩为主要原料，经高温熔融后，由高速离心设备（或喷吹设备）加工制成的人造无机纤维，具有质轻、不燃、导热系数小，吸声性能好、化学稳定性好等特点。在岩棉中加入特制的黏结剂，经过加工，即可制成岩棉板、岩棉缝板、岩棉保温带等各种岩棉制品。它们除具有上述岩棉所具有的一些特点外，还具有一定的强度及保温、绝热、隔冷、吸声性能好、工作温度高等突出优点，因此广泛应用于建筑、石油、化工、电力、冶金、国防、纺织和交通运输等行业，是各种建筑物、管道、贮罐、蒸馏塔、锅炉、烟道、热交换器、风机和车船等工业设备的优良的保温、绝热、隔

图10.3 岩棉

冷、吸声材料。常用的岩棉制品的产品规格见表10.4。

表10.4 岩棉制品的产品规格

制品名称	规格（mm）			
	长	宽	厚	内径
板	900、1000	500、600、700、800	30、40、50、60、70	
带	2400	910	30、40、50、60	
毡	910	630、910	50、60、70	
管壳	600、910、1000		34、40、50、60、70	22、38、45、57、89、108、133、159、194、219、245、273、325

3. 矿渣棉

矿渣棉（图10.4）亦称矿棉，是利用工业废料矿渣为主要原料，经熔化、高速离心或喷吹法等工序制成的一种棉丝状的保温、隔热、吸声、防震无机纤维材料。它具有表观密度小、导热系数低、高温作用下稳定、吸水率低、不燃、防蛀、耐腐蚀、吸声性能好、廉价等特点，但当垂直放置时会产生沉陷，使用时必须注意。另外由于各地生产的矿渣棉有的纤维较粗，施工操作时对人体皮肤有刺痒。近年来我国矿棉的主要生产厂家通过对生产进行改进，使矿棉纤维的直径从过去的12μm降低到6μm以下，刺痒皮肤的问题已基本解决。

图10.4 矿渣棉

4. 玻璃棉

玻璃棉（图10.5）是用玻璃原料或碎玻璃经熔融后，用离心法或气体喷射法制成的一种棉状纤维材料。它具有较小的表观密度，较小导热系数和较高的化学稳定性，以及不燃、不腐烂、吸湿性极小等优点。玻璃棉价格与矿棉制品相近，可制成沥青玻璃棉毡

（板）及酚醛玻璃棉毡（板），使用方便，因此是广泛用在温度较低的热力设备和房屋建筑中的保温隔热材料。

图10.5　玻璃棉板

5. 泡沫玻璃

泡沫玻璃由玻璃粉和发泡剂等经配料、烧制而成。气孔率达80%～95%，气孔直径为0.1～5mm，且大量为封闭而孤立的小气泡。其表观密度为150～600kg/m³，导热系数为0.058～0.128W/（m·K）。泡沫玻璃的具有极强的耐气候性、耐久性，综合性能优异。它的使用寿命与建筑物同步，线膨胀系数与混凝土等墙体材料基本相同，与水泥砂浆黏结良好，施工方便，且强度较高。采用普通玻璃粉制成的泡沫玻璃最高使用温度为300～400℃，若用无碱玻璃粉生产时，则最高使用温度可达800～1000℃。耐久性好，易加工，可满足多种绝热需要。

图10.6　泡沫玻璃

6. 纳米隔热保温涂料

涂刷在被施工表面能起到隔热保温作用的涂料叫隔热保温涂料。纳米隔热保温涂料是以合成树脂乳液为基料，引进反射率高、热阻大的纳米级反射隔热材料，如中空陶瓷粉末、氧化钇等而制成的隔热保温涂料，具有较好的发展前景。纳米隔热保温涂料是建立在低密度和超级细孔（小于50nm）结构基础上，其导热系数低而反射率高。真空状态使分子传导传热和对流传热完全消失。因此采用真空填料以制备性能优良的保温涂料成为当前研究的热点之一。

（二）有机绝热保温材料

1. 泡沫塑料

泡沫塑料是以各种树脂为基料，加入一定剂量的发泡剂、催化剂、稳定剂等辅助材料，经加热发泡而制成的一种具有轻质、耐热、吸声、防震性能的材料。泡沫塑料的种类很多，常以所用的树脂取名。如，聚苯乙烯泡沫塑料、聚乙烯泡沫塑料、聚氯乙烯泡沫塑料等，其分类如表10.5所示。

表10.5　泡沫塑料的分类

按所用树脂分类	按其性质分类	按孔型结构分类
聚氯乙烯泡沫塑料、聚苯乙烯泡沫塑料、脲醛泡沫塑料、聚氨酯泡沫塑料、环氧树脂泡沫塑料、酚醛泡沫塑料、有机硅泡沫塑料等	硬质泡沫塑料、软质泡沫塑料、可发性泡沫塑料、自熄性泡沫塑料、乳业泡沫塑料	开孔型、闭孔型

聚苯乙烯泡沫塑料，其表观密度为20～50kg/m³，导热系数为0.038～0.047W/（m·K），最高使用温度约70℃。模塑聚苯乙烯泡沫塑料板简称聚苯板（也称EPS板），由可发性聚苯乙烯珠粒加热预发泡后，在模具中加热成型，具有质轻、导热系数小、保温隔热性能好、不吸水、耐酸碱性好等特点，同时具有弹性，能够抵抗冲击。挤塑聚苯乙烯泡沫塑料板，也称XPS板，根据生产工艺的不同，有膨胀型和挤出型两种。膨胀型聚苯乙烯泡沫塑料板轻巧方便，吸水率低，抗压强度高，耐－80℃低温，且易于切割，因而使用十分普遍。挤出型聚苯乙烯泡沫塑料板具有强度高耐气候性能优异的特性，广泛用于倒置屋面、地板保温等。

聚氨酯泡沫塑料也称聚醚基甲酸酯泡沫塑料，是以聚醚树脂或聚酯树脂为主要原料，与甲苯二异氰酸酯、水、催化剂、泡沫稳定剂等，按一定比例混合搅拌，进行发泡制成。聚氨酯泡沫塑料表观密度为30～65kg/m³，导热系数为0.035～0.042W/（m·K），最高使用温度可达120℃，最低使用温度为－60℃。按照产品的软硬划分，聚氨酯泡沫塑料有软质和硬质两种。软质聚氨酯泡沫塑料质轻，弹性好，耐撕力强，防震性能好。硬质聚氨酯泡沫塑料强度高，不吸水，不易变形，使用温度范围较宽，可与其他材料黏结，发泡施工方便，可直接浇注发泡。

脲醛泡沫塑料也称氨基泡沫塑料，是以脲醛树脂为主要原料，经发泡制成的一种硬质泡沫塑料。脲醛泡沫塑料外观洁白，质轻，具有表观密度小、保温性能好、高温不燃烧、防虫、隔热等优点。与其他泡沫塑料相比，脲醛泡沫塑料价格最低，但其质地疏松，机械强度很低，吸水、吸湿性强，被水浸泡后即失去强度。因此，使用时必须以塑料薄板或玻璃纤维布包封。一般多用作夹壁填充材料，也可用于蜂窝结构中的保温。

2. 窗用绝热薄膜

用于建筑物窗户的绝热，可以遮蔽阳光，防止室内陈设物褪色，降低冬季热量损失，节约能源，增加美感。其厚度为 $12\sim50\mu m$，使用时，将特制的防热片（薄膜）贴在玻璃上，其功能是将透过玻璃的阳光反射出去，反射率高达80%。防热片能够减少紫外线的透过率，减轻紫外线对室内家具和织物的有害作用，减弱室内温度变化程度。也可以避免玻璃碎片伤人。

3. 植物纤维类绝热板

该类绝热材料可用稻草、木质纤维、麦秸、甘蔗渣等为原料经加工而成。其表观密度约为 $200\sim1200kg/m^3$，导热系数为 $0.058\sim0.307W/(m\cdot K)$，可用于墙体，地板，顶棚等，也可以用于冷藏库，包装箱等。

项目二　吸声、隔声材料

吸声材料在建筑中的作用主要是用以改善室内收听声音的条件和控制噪声。保温绝热材料由其轻质及结构上的多孔特征，故具有良好的吸声性能。除一些对声音有特殊要求的建筑物如音乐厅、影剧院、大会堂、大教室、播音室等场所外，对于大多数一般的工业与民用建筑物来说，均无需单独使用吸声材料，其吸声功能的提高主要是靠与保温绝热及装饰等其他新型建材相结合来实现的。因此，建筑绝热保温材料也是改善建筑物吸声功能的不可或缺的物质基础。

材料吸声的性能以吸声系数衡量，吸声系数是指被吸收的能量与声波原先传递给材料的全部能量的百分比。吸声系数与声音的频率和声音的入射方向有关，因此吸声系数指的是一定频率的声音从各个方向入射的吸收平均值。同一材料，对于高、中、低不同频率的吸声系数不同。为了全面反映材料的吸声性能，规定取125Hz、250Hz、500Hz、1000Hz、2000Hz、4000Hz六个频率的吸声系数来表示材料吸声的频率特性。吸声材料在上述六个规定频率的平均吸声系数应大于0.2。对于多孔吸声材料，其吸声效果受以下因素制约：（1）材料的表观密度。同种多孔材料，随表观密度增大，其低频吸声效果提高，而高频吸声效果降低。（2）材料的厚度。厚度增加，低频吸声效果提高，而对高频影响不大。（3）孔隙的特征。孔隙越多，越均匀细小，吸声效果越好。若材质相同，且均属多孔结构，但对气孔特征的要求不同。绝热材料要求气孔封闭，不相连通，可以有效地阻止热对流的进行。这种气孔越多，绝热性能越好。而吸声材料则要求气孔开放，互相连通，可通过摩擦使声能大量衰减；这种气孔越多，吸声性能越好。这些材质相同而气孔结构不同的多孔材料的制得，主要取决于原料组份的某些差别以及生产工艺中的热工制度和加压大小等来实现。

因吸声材料可较大程度吸收由空气传播的声波能量，在播音室、音乐厅、影剧院等的墙面、地面、顶棚等部位采用适应的吸声材料，能改善声波在室内的传播质量，保持良好的音响效果和舒适感。

隔声材料是能较大程度隔绝声波传播的材料。

一、材料的吸声性能

物体振动时，迫使邻近空气随着振动而形成声波，当声波接触到材料表面时，一部分被反射，一部分穿透材料，而其余部分则在材料内部的孔隙中引起空气分子与孔壁的摩擦和黏滞阻力，使相当一部分声能转化为热能而被吸收。被材料吸收的声能（包括穿透材料的声能在内）与原先传递给材料的全部声能之比，是评定材料吸声性能好坏的主要指标，称为吸声系数，用下式表示：

$$a = \frac{E}{E_0} \qquad\qquad (10\text{-}1)$$

式中：α——材料的听声系数。

E——被材料吸收（包括穿透）的声能。

E_0——传递给材料的全部入射声能。

假如入射声能的70%被吸收（包括穿透材料的声能在内），30%被反射，则该材料的吸声系数α就等于0.7。当入射声能100%被吸收而无反射时，吸收系数等于1。当门窗开启时，吸收系数相当于1。一般材料的吸声系数在0～1之间。

材料的吸声特性，除与材料本身性质、厚度及材料表面的条件有关外，还与声波的入射角及频率有关。一般而言，材料内部的开放连通的气孔越多，吸声性能越好。

为了改善声波在室内传播的质量，保持良好的音响效果和减少噪声的危害，在音乐厅、电影院、大会堂、播音室及工厂噪音大的车间等内部的墙面、地面、顶棚等部位，应选用适当的吸声材料。

二、常用材料的吸声系数

常用的吸声材料及其吸声系数如表10.6所示，供选用时参考。

表10.6　建筑上常用的吸声材料

分类及名称		厚度（cm）	表观密度（kg/m³）	各种频率下的吸声系数						装置情况
				125	250	500	1000	2000	4000	
无机材料	石膏板（有花纹）	–	–	0.03	0.05	0.06	0.09	0.04	0.06	
	水泥蛭石板	4.0	–	–	0.14	0.46	0.78	0.50	0.60	
	石膏砂浆（掺水泥、玻璃纤维）	2.2	–	0.24	0.12	0.09	0.30	0.32	0.83	粉刷在墙上
	水泥膨胀珍珠岩板	5	350	0.16	0.46	0.64	0.48	0.56	0.56	贴实
	水泥砂浆	1.7	–	0.21	0.16	0.25	0.4	0.42	0.48	粉刷在墙上
	砖（清水墙面）	–	–	0.02	0.03	0.04	0.04	0.05	0.05	贴实
木质材料	软木板	2.5	260	0.05	0.11	0.25	0.63	0.70	0.70	贴实
	木丝板	3.0	–	0.10	0.36	0.62	0.53	0.71	0.90	钉在木龙骨上，后面留10cm空气层和留5cm空气层两种
	三夹板	0.3	–	0.21	0.73	0.21	0.19	0.08	0.12	
	穿孔五夹板	0.5	–	0.01	0.25	0.55	0.30	0.16	0.19	
	木花板	0.8	–	0.03	0.02	0.03	0.03	0.04	–	
	木质纤维板	1.1	–	0.06	0.15	0.28	0.30	0.33	0.31	
多孔材料	泡沫玻璃	4.4	1260	0.11	0.32	0.52	0.44	0.52	0.33	贴实
	脲醛泡沫塑料	5.0	20	.22	0.29	0.40	0.68	0.95	0.94	
	泡沫水泥（外粉刷）	2.0		0.18	0.05	0.22	0.48	0.22	0.32	紧靠粉刷
	吸声蜂窝板	–		0.27	0.12	0.42	0.86	0.48	0.30	贴实
	泡沫塑料	1.0		0.03	0.06	0.12	0.41	0.85	0.67	
纤维材料	矿渣棉	3.13	210	0.01	0.21	0.60	0.95	0.85	0.72	贴实
	玻璃棉	5.0	80	0.06	0.08	0.18	0.44	0.72	0.82	
	酚醛玻璃纤维板	8.0	100	0.25	0.55	0.80	0.92	0.98	0.95	

三、隔声材料

能减弱或隔断声波传递的材料为隔声材料。人们要隔绝的声音，按其传播途径有空气声（通过空气的振动传播的声音）和固体声（通过固体的撞击或振动传播的声音）两种，两者隔声的原理不同。

隔绝空气声，主要是遵循声学中的"质量定律"，即材料的密度越大，越不易受声波作用而产生振动，其隔声效果越好。所以，应选用密实的材料（如钢筋混凝土、钢板、实心砖等）作为隔绝空气声的材料。而吸声性能好的材料，如轻质、疏松、多孔材料的隔空气声效果不一定好。

隔绝固体声的最有效办法是断绝其声波继续传递的途径。即在产生和传递固体声波的结构（如梁、框架与楼板、隔墙，以及它们的交接处等）层中加入具有一定弹性的衬垫材料，如地毯、毛毡、橡胶或设置空气隔离层等，以阻止或减弱固体声波的继续传播。

特别提示

"吸声"和"隔声"是完全不同的概念，常常被混淆。材料吸声和材料隔声的区别在于，材料吸声着眼于声源一侧反射声能的大小，目标是使反射声能变小。吸声材料对入射声能的衰减吸收，一般只有十分之几，因此，其吸声能力即吸声系数可以用小数表示；材料隔声着眼于入射声源另一侧的透射声能的大小，目标是使透射声能变小。隔声材料可使透射声能衰减到入射声能的$10^{-3} \sim 10^{-4}$或更小，为方便表达，其隔声量用分贝的计量方法表示。

思考与训练

1. 什么是绝热材料？影响绝热材料导热性的主要因素有哪些？

2. 常用绝热材料品种有哪些？

3. 什么是吸声材料？材料的吸声性能用何种方法表示？

模块十一　知识扩充与技能提高

项目一　混凝土外加剂

混凝土外加剂是指在搅拌过程中掺入的、用以改善混凝土性能的物质，其掺量一般不超过胶凝材料用量的5%（特殊情况除外）。混凝土外加剂是现代混凝土的一个重要组成部分，它在混凝土中虽然掺量很小，但却能使混凝土的性能大大提高。可以说，正是由于混凝土外加剂的应用和发展，推动了现代混凝土的技术进步，进而推动建筑业的发展。比如：高效减水剂的出现，推动了高强度混凝土的发展，也使得混凝土实现泵送化、自密实化成为可能；引气剂的使用，大大提高了混凝土的抗冻耐久性，以至于现在配制F300（抗冻融循环达300次）以上的混凝土不再是一件困难的事；膨胀剂的使用，大大增强了混凝土防裂抗渗性能；防冻剂的使用大大延长了我国北方地区基本建设可施工期等等。随着我国经济建设的快速发展，大力推广和使用外加剂，有着重要的技术和经济意义。

一、混凝土外加剂的种类

（一）按外观状态分类

按外观状态不同，混凝土外加剂可分为粉状和液体两种。部分外加剂（液体）外观如图11.1所示。

从左向右：增稠剂、减缩剂、减水剂、发泡剂、阻锈剂和引气剂

图11.1　部分外加剂（液体）外观

（二）按化学成分分类

按化学成分不同，混凝土外加剂可分为：

（1）无机类：主要成分为无机盐。如：氯化钠（防冻剂）、硫酸钠（早强剂）、三聚磷酸钠（无机缓凝剂）等。

（2）有机类：主要成分为有机物。如：葡萄糖酸钠（有机缓凝剂）、三乙醇胺（有机早强剂）等。

（3）复合类：包括无机与无机复合、无机与有机复合、有机与有机复合。如：各种性能的泵送剂、硫酸钠+三乙醇胺（复合型早强剂）等均属复合类外加剂。

（三）按其重要功能分类

按其主要功能不同，混凝土外加剂又可分为以下四类：

（1）改善混凝土拌和物流变性能的外加剂。如各种减水剂、引气剂和泵送剂等。

（2）调节混凝土凝结时间、硬化性能的外加剂。如缓凝剂、早强剂、速凝剂等。

（3）改善混凝土耐久性的外加剂。如引气剂、防水剂、防锈剂等。

（4）改善混凝土其他性能的外加剂。如膨胀剂、防冻剂、防水剂、着色剂、脱模剂、减缩剂、发泡剂、养护剂等。

二、常用的混凝土外加剂

以下介绍几类建筑工程中常用的外加剂。

（一）减水剂

1. 减水剂的定义

减水剂又称塑化剂或分散剂。拌和混凝土时加入适量的减水剂，可使水泥颗粒分散均匀，同时将水泥颗粒包裹的水分释放出来，能明显减少混凝土用水量。

根据其减水及增强能力，分为普通减水剂（又称塑化剂）及高效减水剂（又称超塑化剂），并又分别分为一等品、合格品。

按组成材料分为：（1）水质素磺酸盐类：（2）多环芳香族盐类：（3）水溶性树脂磺酸盐类。

普通减水剂宜用于日最低气温5℃以上施工的混凝土。高效减水剂宜用于日最低气温0℃以上施工的混凝土，并适用于制备大流动性混凝土、高强混凝土以及蒸养混凝土。

目前市场上常用的几种减水剂为：萘系高效减水剂，脂肪族高效减水剂，氨基超速高性能减水剂，减水激发剂，普糖糖酸钠，木质素磺酸钠，木质素磺酸钙，膨胀剂等。

以下是几种常用的减水剂：

（1）木质素系减水剂。木质素系减水剂主要有木质素磺酸钙（简称木钙，代号MG），木质素磺酸钠（木钠）和木质素磺酸镁（木镁）三大类，工程上最常使用的为木钙。MG是由生产纸浆的木质废液，经中和发酵、脱糖、浓缩、喷雾干燥而制成的棕黄色粉末。一般掺量为水泥用量的0.2%～0.3%。减水率为10%，可使坍落度提高10cm左右；强度增加10%～20%。缓凝作用：掺0.25%的减水剂，凝结时间可延迟1～3h。引气作用：使混凝土的含气量增加1.6%左右，可使混凝土强度降低，但耐久性提高。该类减水剂适用于大模板、滑模施工，大体积混凝土、泵送混凝土及夏季施工等，不宜用于蒸气养护混凝土制品和工程。

（2）萘系减水剂。萘系高效减水剂是经化工合成的非引气型高效减水剂。化学名称为萘磺酸盐甲醛缩合物，它对于水泥粒子有很强的分散作用。对配制大流态砼，有早强、高强要求的现浇砼和预制构件，有很好的使用效果，可全面提高和改善砼的各种性能。该类减水剂是由煤焦油中分馏出的萘及其同系物，经磺化缩合而成，主要成分为芳香族磺酸盐甲醛浓缩物。目前国产萘系减水剂常用的品种有NF、NNO、FDN、UNF、MF、AF和建1等。一般掺量为水泥用量的0.2%～1.0%。由于具有高分散性，属于高效减水剂：减水率大于15%，增强率大于20%，节省水泥10%～20%，且有微缓凝作用，大部分为非引气型，不影响强度。萘系减水剂适宜配制高强混凝土、高性能混凝土、流态混凝土、泵送混凝土、冬季施工混凝土等。

（3）树脂系减水剂。树脂系减水剂属于高效减水剂，我国的产品主要是密胺树脂（SM），减水效果最佳。如YFN-101型密胺树脂系高效减水剂是采用有机单体经化学合成制得，其主要成份为磺化三聚氰胺甲醛缩合物。该产品具有减水率高、非引气、增强效果好、节省水泥、能全面改善混凝土的物理力学性能等特点。适用于硅酸盐水泥、普通硅酸盐水泥、矿渣硅酸盐水泥、火山灰质硅酸盐水泥、粉煤灰硅酸盐水泥、预应力钢筋混凝土、高强混凝土、高性能混凝土、蒸养混凝土、大流动性混凝土、泵送混凝土等。主要技术性能：YEN-101型密胺树脂系高效减水剂为无色淡黄色黏性液体，无毒、不燃、易溶于水。减水率高，保持混凝土流动性不变，掺入适量减水剂后，可减水12%～27%。增大流动性，当混凝土配合比不变时，掺入适量减水剂后，可将拌和料的坍落度由0～50mm增至1500～200mm。对钢筋无锈蚀作用，不会引起碱-骨料反应。推荐掺量为水泥（或胶结料）的0.7%～3.5%：一般，配制普通混凝土可掺入0.7%～2.0%；配制高强混凝土宜选2.5%～3.5%。使用方法：采用同掺法，可与水泥、骨料和水一起投入拌和，为确保混凝土匀质性，搅拌时间宜延长30～60s；采用后投法，混凝土先搅拌一定时间后，再加入减水剂搅拌30～62s，效果更好。

2. 减水剂的作用

减水剂是在保持混凝土配合比不变的情况下，改善其工作性；或在保持工作性不变的

情况下减少用水量，提高混凝土强度；或在保持强度不变时减少水泥用量，节约水泥，降低成本。同时，加入减水剂后混凝土更为均匀密实，一系列物理化学性能得以改善，如抗渗性、抗冻性和抗侵蚀性等，提高了混凝土的耐久性。

3. 适用范围

适用于强度等级为C15~C60及以上的泵送或常态混凝土工程。特别适用于配制高耐久、高流态、高保坍、高强以及对外观质量要求高的混凝土工程。对于配制高流动性混凝土、自密实混凝土、清水饰面混凝土极为有利。

（二）缓凝剂

1. 缓凝剂的定义

缓凝剂是指延缓混凝土凝结时间而对后期强度无明显影响的外加剂，主要成分为多羟基化合物、羟基羟酸盐及其衍生物、高糖木质素磺酸盐，因其兼有减水作用，也称缓凝减水剂。缓凝剂能延缓混凝土凝结时间，便于施工；能使混凝土浆体水化速度减慢，延长水化放热过程，有利于大体积混凝土的温度控制。缓凝剂会使混凝土1～3d早期强度有所降低，但对后期强度的正常发展并无影响。

2. 缓凝剂的作用

一般缓凝剂可使混凝土的初凝时间延长1～4h，为了满足高温地区和高温季节大体积混凝土施工需要，可采用高温缓凝剂，这种缓凝剂能在气温为（35±2）℃、相对湿度为（60±5）%的条件下使得混凝土初凝时间延长为6～8h。

3. 适用范围

缓凝剂适用于较远距离输送的混凝土、大体积混凝土、夏季施工的混凝土及制作混凝土制品与构件需延长操作时间的场合。缓凝剂执行《混凝土外加剂国家标准》（GB8076），用量可在0.20%～0.60%范围内调整，应注意防止超量而造成凝结时间过长。

（三）引气剂

1. 引气剂的定义

引气剂是一种表面活性物质，是混凝土常用的外加剂之一，它能使混凝土在搅拌过程中从大气中引入大量均匀封闭的小气泡，使混凝土中含有一定量的空气。好的引气剂能引入混凝土中的气泡多，孔径多为0.05～0.2mm，一般为不连续的封闭球形，特别是在人工骨料或天然砂颗粒较粗、级配较差以及贫水泥混凝土中使用效果更好；改善混凝土的泌水和离析；减小混凝土渗透性，提高混凝土抗侵蚀能力。

2. 引气剂的作用

引气剂是憎水性表面活性物质，可减小表面张力，能定向吸附于气泡表面，使混合搅拌过程中进入的空气形成不易破裂、微小、独立且均匀分布的气泡。引气剂的掺量一般在水泥重量的0.3/10000～2/10000的范围内，由于掺量小，因此要称量准确，拌和均匀。另外，影响引气量的因素很多，如水灰比、水泥用量、砂率、集料、振捣方式、搅拌时间、坍塌度、成型温度等，都需严格规范操作，否则就达不到应用的效果。引气剂能够提高混凝土的耐久性和可塑性，但是会降低其强度。

3. 适用范围

引气剂可用于抗冻性混凝土、抗渗性混凝土、抗硫酸盐混凝土、泌水严重的混凝土、贫混凝土、轻骨料混凝土、人工骨料配制的普通混凝土、高性能混凝土以及有饰面要求的混凝土；不宜用于蒸养混凝土及预应力混凝土，必要时，应经试验确定。

（四）早强剂

1. 早强剂的定义

早强剂也称促凝剂，是缩短混凝土凝结时间、提高混凝土早期强度的外加剂。其主要品种有氯盐、硫酸盐、硝酸盐、碳酸盐和甲酸盐等，掺量为水泥用量的1%～2%。此外，采用三乙醇胺与早强剂复合，则早强效果更好。早强剂适用于低温条件下的施工，或混凝土有早强要求的工程。

2. 早强剂的作用

标准养护条件下，早强剂可使混凝土在4h内终凝。8h左右可使其强度达5MPa以上，即可使现浇混凝土顺利脱模。在保证混凝土早期强度的同时，可使混凝土的后期强度正常增长，且对混凝土其他技术性能无破坏作用。可广泛应用于冬季施工、紧急抢修工程和工期要求紧的工程。

3. 适用范围

早强剂适用于蒸养混凝土及常温、低温和最低温下低于一5℃环境中施工的有早强要求的混凝土工程。炎热环境下不宜使用早强剂；参入混凝土后对人体产生危害或对环境产生污染的化学物质严禁用作早强剂。

项目二　现场混凝土质量检测技术

混凝土是我国建筑结构工程最为重要的材料之一，它的质量直接关系到结构的安全。多年来，结构混凝土质量的传统检查方法是按规定的取样方法制作的立方体试件，在规定的温、湿度环境下，养护28天时按标准实验方法测得的试件抗压强度来评定结构构件的混凝土强度。用试件实验测得的混凝土性能指标，往往是与结构物中的混凝土的性能有一定

差别。因此，直接在结构物上检测混凝土质量的现场检测技术，已成为混凝土质管理的重要手段，这一检测技术已引起各国建筑工程界的重视和承认。

所谓混凝土"无损检测"技术，就是要在不破坏结构构件的情况下，利用测试仪器获取有关混凝土质量等受力功能的物理量，因该物理量与混凝土质量（强度、混凝土缺陷）之间有较好的相关关系，可采用获取的物理量去推定混凝土质量（强度、混凝土缺陷）。

混凝土无损检测技术的特点有以下几点：

（1）不破坏混凝土结构构件，可以获得人们最需要的混凝土物理量信息；

（2）测试操作简单，测试费用低；

（3）不受结构物的形状与尺寸限制，可以进行多次重复试验；

（4）可对重要结构部位长期监测。

对混凝土结构（或构件）进行检（监）测，取得各种信息后及时进行处理，以减少损失，避免事故发生等。实践也证明了混凝土无损检测技术，显示了强大的生命力。

在判断已有建筑物安全性如何，以及新建工程的质量如何方面，混凝土无损检测技术都有着不可替代的重要作用。混凝土无损检测技术能较好地反映结构物中混凝土的均匀性、连续性、强度和耐久性等质量指标。混凝土的无损检测方法有回弹法、雷达扫描法和红外热谱法等。下面介绍我国工程中常用的混凝土无损检测方法。

一、检测混凝土抗压强度——回弹法

前述的抗压强度和抗折强度检测，都是通过试件来测定结构混凝土的强度。试件的成型条件、养护条件及受力状态不可能和结构混凝土完全一致，试件测定值也只是混凝土在测定状态下的强度，而不能代表结构混凝土的真实状态。非破损检测方法，就是指在不影响结构受力性能和不破坏结构完整性的前提下，通过在结构上测定某些与混凝土强度相关的物理量，推定混凝土的强度、耐久性等一系列性能的检测方法。回弹法就是一种应用非常广泛的非破损检测混凝土抗压强度的方法。它利用混凝土的表面硬度与混凝土抗压强度之间的相关性，使用混凝土回弹仪测定混凝土表面的回弹值，从而推算出混凝土的抗压强度。

前面讲过，混凝土的碳化会增大表面的硬度，使回弹值增大，但对混凝土强度影响不大，从而影响混凝土强度与回弹值的关系。所以在用回弹法测定混凝土强度时，必须考虑碳化的影响。

回弹法测定混凝土抗压强度的主要仪器是混凝土回弹仪和碳化深度测量仪，辅助工具有砂轮、油漆刷等。测定碳化深度时需用到酚酞酒精溶液。

根据《会弹法混凝土抗压强度技术规范》（JGJ/T23—2001）的规定，回弹法检测混凝土抗压强度的步骤如下。

（一）回弹仪率定

在工程检测前后，回弹仪应在钢砧上做率定试验，率定试验宜在干燥、室温为5～35℃的条件下进行。率定时，钢砧应稳固地平放在刚度大的物体上。测定回弹值时，取连续向下弹击三次的稳定回弹平均值。弹击杆应分四次旋转，每次旋转宜为90°。弹击杆每旋转一次的率定平均值应为（80±2）。

（二）确定检测方式

结构或构件混凝土强度检测可采用下列两种方式：

（1）单个检测。适用于单个结构或构件的检测。

（2）批量检测。适用于在相同的生产工艺条件下，混凝土强度等级相同，原材料、配合比、成型工艺、养护条件基本一致且龄期相近的同类结构或构件。按批进行检测的构件，抽检数量不得少于同批构件总数的30%且构件数量不得少于10件。抽检构件时，应随机抽取并使所选构件具有代表性。

（三）测区布置

每一结构或构件的测区应符合下列规定：

（1）每一结构或构件测区数应不少于10个，对某一方向尺寸小于4.5m且另一方向尺寸小于0.3m的构件，其测区数量可适当减少，但应不少于5个。

（2）相邻两测区的间距应控制在2m以内，测区离构件端部或施工缝边缘的距离不宜大于0.5m，且不宜小于0.2m。

（3）测区应选在使回弹仪处于水平方向检测混凝土浇筑侧面的位置。当不能满足这一要求时，可使回弹仪处于非水平方向检测混凝土浇筑侧面、表面或底面的位置。

（4）测区宜选在构件的两个对称可测面上，也可选在一个可测面上，且应均匀分布。在构件的重要部位及薄弱部位必须布置测区，并应避开预埋件。

（5）测区的面积不宜大于0.04mm^2。

（6）检测面应为混凝土表面，并应清洁、平整，不应有疏松层、浮浆、油垢、涂层以及蜂窝、麻面，必要时可用砂轮清除疏松层和杂物，且不应有残留的粉末或碎屑。

（7）对弹击时产生颤动的薄壁、小型构件应进行固定。

（四）回弹值测量

（1）检测时，回弹仪的轴线应始终垂直于结构或构件的混凝土检测面，缓慢施压，准确读数，快速复位。

（2）测点宜在测区范围内均匀分布，相邻两测点的净距不宜小于20mm；测点距外露钢筋、预埋件的距离不宜小于30mm。测点不应在气孔或外露石子上，同一测点只能弹击一次。每一测点的回弹值读数估读至1。

（五）碳化深值测量

（1）回弹值测量完毕后，应在有代表性的位置上测量碳化深度值，测点数应不少于构件测区数的30%，取其平均值为该构件每个测区的碳化深度值。当碳化深度值极差大于2.0mm时，应在每一测区测量碳化深度值。

（2）碳化深度值测量，可采用适当的工具在测区表面形成直径约15mm的孔洞，其深度应大于混凝土的碳化深度。孔洞中的粉末和碎屑应除净，并不得用水擦洗。同时，应采用浓度为1%的酚酞酒精溶液滴在孔洞内壁的边缘处，当已碳化与未碳化的界线清楚时，再用深度测量工具测量已碳化与未碳化混凝土的交界面到混凝土表面在垂直距离，测量不应少于3次，取其平均值。每次读数精确至0.5mm。

（六）回弹值计算

从该测区的16个回弹值中剔除3个最大值和3个最小值，计算余下10个回弹值的平均值，精确至0.1.

（七）回弹值修正

当回弹仪为非水平方向检测混凝土浇筑侧面时，应进行角度修正；当回弹仪为水平方向检测混凝土浇筑顶面或底面时，应进行浇筑面修正；当回弹仪为非水平方向且测试面为非混凝土的浇筑侧面时，应先对回弹值进行角度修正，再对修正后的值进行浇筑面修正。

（八）混凝土强度的计算

（1）结构或构件测区的混凝土强度换算值，可按该测区的平均回弹值（R_m）及构件的平均碳化深度值（dm）由《回弹法检测混凝土抗压强度技术规范》（JGJ/T23—2001）附录A查表得出，泵送混凝土还应进行强度修正。当有地区测强曲线或专用测强曲线换算得出。

（2）结构或构件的测区混凝土强度平均值可根据各测区的混凝土强度换算值计算。当测区数为10个及10个以上时，应计算强度标准差。平均值及标准差应按下列公式计算：

$$m_{f^c_{cu}} = \frac{\sum_{i=1}^{n} f^c_{cu,i}}{n} \tag{11-1}$$

$$s_{f^c_{cu}} = \sqrt{\frac{\sum_{i=1}^{n} (f^c_{cu,i})^2 - n (m_{f^c_{cu}})^2}{n-1}} \tag{11-2}$$

式中：$m_{f^c_{cu}}$ 为混凝土强度换算值的平均值，MPa，精确至0.1MPa；n 为测区数对于单个检测的构件，取一个构件的测区数；对批量检测的构件，取被抽检构件测区数之和；$s_{f^c_{cu}}$ 为结构或构件测区混凝土强度换算值的标准差，MPa，精确至0.01MPa。

（3）结构或构件的混凝土强度推定值$f_{cu,e}$，应按下列公式确定，精确至0.1MPa：

① 当该结构或构件测区数少于10个时：

$$f_{cu,e} = f^c_{cu,min} \tag{11-3}$$

式中：$f^c_{cu,min}$为构件中最小的测区混凝土强度换算值。

②当该结构或构件的测区强度值中出现小于10.0MPa的值时：

$$f_{cu,e} < 10.0\text{MPa} \tag{11-4}$$

③当该结构或构件测区数不小于10个或按批量检测时，应按下列公式计算：

$$f_{cu,e} = m_{f^c_{cu}} - 1.645 s_{f^c_{cu}} \tag{11-5}$$

（九）批量构件混凝土厚度计算

对批量检测的构件，当该批构件混凝土强度标准差出现下列情况之一时，则该批构件应全部按单个构件检测。

（1）当该批构件混凝土强度平均值小于25MPa时：

$$s_{f^c_{cu}} > 4.5\text{MPa} \tag{11-6}$$

（2）当该批构件混凝土强度平均值不小于25MPa时：

$$s_{f^c_{cu}} > 5.5\text{MPa} \tag{11-7}$$

二、检测混凝土抗压强度——超声回弹综合法

超声回弹综合法是根据实测声速值和回弹值综合推定混凝土强度的方法。本方法采用带波形显示器的低频超声波检测仪，并配置频率为50～100kHz的换能器，测量混凝土中的超声波声速值，以及采用中型混凝土回弹仪，测量回弹值。超声回弹综合法检测混凝土强度，是目前我国使用较广的一种结构中混凝土强度非破损检测方法。它较之单一的超声或回弹非破损检测方法具有精度高、适用范围广等优点。中国工程标准化协会修订的《超声回弹综合法检测混凝土强度技术规程》（CECS02：2005），已于2005年12月1日起施行。

当对结构的混凝土有怀疑时，课按该规程进行检测，以推定混凝土强度，并作为处理混凝土质量问题的一个主要依据。在具有用钻芯试件作校核的条件下，可按规程对结构或构件长龄期的混凝土强度进行检测推定。应用超声回弹综合法时，混凝土强度曲线应根据原材料的品种、龄期和养护条件等，通过专门试验确定。检测结构或构件的混凝土强度时，应优先采用专用或地区测强曲线。当缺少该类曲线时，经过验证符合要求后方可采用规程通用测强曲线。

项目三　建筑保温隔热材料

一、保温隔热材料的概念

保温隔热材料是指具有防止建筑物内部热量损失或隔绝外界热量传入的材料。一般将用于高温环境，导热系数小于0.23W/（m·K）的材料称为轻质耐火材料（轻质绝热材料）；将用于较低温环境，导热系数小于0.14W/（m·K）的材料统称为保温材料；将导热系数小于0.05W/（m·K）的材料称为高效保温隔热材料。在建筑领域，保温材料主要负责围护结构在冬季保持室内适当温度的能力，传热过程常按照稳定传热考虑，并以传热系数值或热阻值来评价。隔热材料主要负责围护结构在夏季隔离热辐射和室外高温的影响，使室内温度保持适当温度的能力，传热过程按24h为周期的周期性传热来考虑，以夏季室外计算温度条件下（较热天气下）围护结构内表面最高温度值来评价。

二、保温隔热材料的分类

保温隔热材料按结构特点可分为纤维材料、粒状材料和多孔材料。

按使用温度可分为：①低温绝热材料（使用温度小于900℃）如硅藻土砖、石棉、膨胀蛭石、矿棉等；②中温绝热材料（使用温度在900～1200℃），如硅藻土砖、膨胀珍珠岩、轻质粘土砖和耐火纤维等；③高温绝热材料（使用温度大于1200℃），如轻质高铝砖、轻质刚玉砖、轻质镁砖、空心球制品及高温耐火纤维制品等。

按材质还可分为有机、无机和金属三类。无机绝热材料是用矿物质原料做成的呈松散状、纤维状或多孔状的材料，可加工成板材卷材或套管等形式的制品。有机保温材料是用有机原料（如树脂、软木、木丝、刨花等）制成。有机绝热材料的保温绝热性能比无机材料的好，且表观密度一般也小于后者，但是耐久性和阻燃性均不如无机绝热材料。

金属保温材料主要是以金属面层与有机聚合物复合成保温材料为主，在建筑领域也占有一席之地。

三、国内外保温隔热材料的研究现状

随着工业化进程的推进和节约能源理念的深入人心，绝热材料得到了迅猛发展。过去单一的保温材料已经不能满足现阶段的使用现状，于是更多复合型、环保性保温材料逐渐受到市场的关注和开发利用。目前使用的保温材料有以下几种。

（一）无机纤维保温隔热材料

1. 矿渣棉及其制品

矿渣棉是以工业废料高炉矿渣为主要原料，辅加适量的熔剂型材料，熔化后用高速离心法或喷吹法制成的一种具有保温、隔热、吸声、防震等多功能的无机纤维材料。表观密度为114～130kg/m³，导热系数为0.044～0.046W/（m·K），最高使用温度600℃。特点是：质量轻、导热系数低、不燃、防蛀、耐化学腐蚀、吸音性好且价格低廉；吸水性大、弹性小、可作填充用。目前国内矿渣棉生产能力达3000吨/年的就有80家，生产企业有180家左右，设计能力55万吨。主要制品有：沥青矿渣棉毡、酚醛树脂矿渣棉板（管壳）、矿棉半硬板、矿棉保温带等制品。

2. 岩石棉及其制品

岩石棉是以火山玄武岩为主要原料，外加一定数量的石灰石或少量萤石，经1450℃以上高温熔化，用蒸汽或压缩空气喷吹，或用多级离心机离心加压而制成的一种人工无机短纤维。表观密度为80～110kg/m³，导热系数为0.041～0.050W/（m·K），纤维长2～15cm，直径4～10μm，渣球含量（0.5mm渣球）5%～10%，吸湿率≤1%，使用温度700℃。其特点是：轻质、保温、吸音、防震、耐热、耐腐蚀、不燃，制品为中性，对任何材料均无腐蚀性、化学稳定性好，能将声能转变成热能，可重复使用且在使用期内体积稳定，是一种良好的绝热建筑材料。主要制品有：岩石棉板（LYB）、岩石棉轻板（LYK）、岩棉保温带等。

3. 玻璃棉及其制品

玻璃棉及制品是继岩棉之后，出现的一种容重轻、绝热性能好的隔热保温材料，它是由大量相互交错的玻璃纤维构成多孔结构，具有较好的保温和吸音性，重量轻（一般为10～96kg/m³），软化点为500℃左右，化学稳定性高、不燃烧、不腐朽、吸湿性小。

其主要制品及性能见表11.1。

表11.1　玻璃棉制品及性能

产品	颗粒直径（μm）	表现密度（kg/m³）	常温导热系统（W/（m·K））	耐热度（℃）	备注
普通玻璃棉	<15	80～100	0.052	≤300	耐碱度较差
普通超细玻璃棉	<5	20	0.035	≤400	使用温度≤300
无碱超细玻璃棉	<2	4～15	0.033	<600	耐腐蚀性强
高硅氧玻璃棉	<4	95～100	在262～413℃时0.0678～0.1027	≤1000	耐高温，耐腐蚀性强

（二）无机松散粒状保温材料

1. 膨胀蛭石及其绝热制品

膨胀蛭石是由蛭石经烘干、破碎、筛选、焙烧（900～1000℃）、膨胀而成。其层状碎片内部具有无数细小的薄层孔隙，充满空气，故表观密度极轻，导热系数为

0.046～0.070W/（m·K），最高使用温度为1000～1100℃，可松散铺设与夹壁、楼板、屋面等作围护结构保温、隔热、吸声之用，但由于此材料吸水率较高，需铺设防潮层，以免影响保温吸声效果。目前主要制品有水泥膨胀蛭石制品、水玻璃膨胀蛭石制品等。

2. 膨胀珍珠岩及其绝热制品

膨胀珍珠岩简称珍珠岩粉，是以珍珠岩、黑曜岩或松脂岩为原料，经破碎、筛分、预热在高温（1260℃）中悬浮瞬间焙烧，体积骤然膨胀而成。色白或灰白，颗粒结构呈蜂窝泡沫状，是一种高效能保温绝热材料。表观密度40～300kg/m³，常温下导热系数0.021～0.041W/（m·K），高温导热系数0.058～0.175W/（m·K），常压下温度为25～196℃时，导热系数0.028～0.038W/（m·K），安全使用温度为800℃。主要制品有水泥膨胀珍珠岩制品、水玻璃膨胀珍珠岩制品等。它在建筑和工业保温材料中占有较大的比重，约为保温材料的44%。

（三）无机多孔性保温材料

1. 加气混凝土

加气混凝土是用含钙材料（水泥、石灰），含硅材料（石英砂、粉煤灰等）和发泡剂作为原料，经磨细、配料、搅拌、浇注、成型、切割和蒸汽养护等工序生产制成的一种多孔结构保温材料。生产上常用铝粉作发气剂，与氢氧化钙发生化学反应放出氢气，形成气泡，而料浆在蒸汽养护下，含钙材料与含硅材料也会发生反应，产生水化硅酸钙，使胚体具有强度，因此加气混凝土具有独特的物理、化学和力学性能。材料表观密度为400～700kg/m³，导热系数为0.08～0.14W/（m·K），抗压强度大于0.392MPa，最高使用温度小于600℃，常用于围护结构的保温隔热。

2. 泡沫玻璃

碎玻璃和发泡剂1：2配料，经粉磨、混合、装抹、烧成（800℃左右），最后形成大量封闭、不相连通的气泡，气泡直径0.1～5mm。表观密度150～600kg/m³，导热系数0.05～0.11W/（m·K），抗压强度0.784～14.700MPa，最高使用温度500℃，为高级保温隔热材料，可砌筑墙体，常用于冷藏库隔热。

生产中泡沫玻璃的原料除了只采用单一碎玻璃外，还可以加入工业废料，如炉渣、粉煤灰或天然矿物如火山灰、云母、浮石、珍珠岩等。采用的发泡剂有碳酸盐、硫酸盐、炭系列、氢氧化物等。泡沫稳定剂采用磷酸盐、醋酸盐等。与其它保温材料相比，泡沫玻璃的水汽渗透性为0，具有完全封闭的气泡结构，是唯一具有100%防水效果的轻质保温材料。此外，它不燃烧，线膨胀系数与水泥砂浆，钢筋混凝土和其他无机建材相近，可互相结合而不开裂，抗压强度达到0.70MPa，化学稳定性好且安全环保。

（四）有机保温隔热材料

有机保温隔热材料是用有机原料，如各种树脂、软木、木丝、刨花等制成轻质板材。由于多孔、吸湿性较大、不耐久、不耐高温，只能用于低温绝热。

1. 泡沫塑料

泡沫塑料是以各种树脂为基料，加入发泡剂、稳定剂、催化剂等经加热发泡而制成的一种多孔状的新型轻质、保温、隔热、吸声、防震材料。建筑工程中常用的有聚苯乙烯泡沫塑料、聚氯乙烯泡沫塑料、聚氨酯泡沫塑料等。

聚苯乙烯泡沫塑料是由表皮层和中心层构成的蜂窝状结构，表皮层不含气孔，中心层含大量微细封闭气孔达98%。这种结构使该材料具有质轻、保温、吸声、耐低温性好、吸湿性小等特点，并且有较强恢复变形的能力，可用于屋面、墙面保温，冷藏室隔热，常填充在围护结构中或夹在两层其他材料中间做成夹芯板。由于该材料的防火性能差，最高使用温度仅为90℃，目前许多研究者正致力于水泥聚苯乙烯板和聚苯乙烯保温砂浆的研究。

硬质聚氨酯泡沫塑料是以聚醚树脂或聚酯树脂为主要原料，加入一定比例的甲苯二异氰酸酯、水、催化剂、泡沫稳定剂等，经混合搅拌、发泡、加工而成，是一种开放型泡沫塑料。它具有质轻、导热系数小及吸声、吸尘、防震、耐化学腐蚀性好、使用温度范围大等特点，但是耐热性和阻燃性很差是最大的缺陷，制品有片材、型材、泡沫体等。表观密度30～65kg/m³，导热系数0.035～0.042W/（m·K），使用温度为−60～120℃。

2. 有机纤维类保温板材

有机纤维类板材主要采用木材碎料分离成的木纤维和农作物的废弃物（如稻草、麦秸、玉米秆、甘蔗渣等）经适当处理，制成各种板材加以利用。例如，将木纤维加入酚醛树脂及石蜡防水剂后，经高温高压制成，再在内层垫上玻璃面。成品具有良好的吸声隔音，隔热保暖效果，其表观密度为900kg/m³，吸水率＜20%，导热系数0.093～0.116W/（m·K），适用于宾馆、会议室、车站及各类建筑内部平顶及墙板装修用。

（五）复合型保温隔热材料

1. 复合硅酸盐保温板

复合硅酸盐保温板是一种无机耐候性绝热制品，以粉煤灰和铝、镁、硅等多种天然非金属氧化物为组合原料，根据国外聚合物加强混凝土的原理，通过聚合反应和复合发泡反应，形成了轻质、高强的网状硬质多孔制品。它的理化性能十分优越，容重为250kg/m³～300kg/m³，导热系数为0.06～0.07W/（m·K），隔热保温效果相当于粘土砖的6倍、是普通水泥混凝土的10倍，强度为0.7～1.3MPa，防火等级高，属不燃型A级，对室内环境无毒害、无污染。作为建筑屋面及外墙外保温使用时，不但容重轻、强度高，且

绝热、防水一体化，整洁美观，具有良好的使用性能。

2. 复合夹芯板

它是由两种以上不同材料结合在一起的板材，克服了从单一材料制成的板材因材料本身的局限性而使其受到使用限制的缺点。目前采用的复合夹芯板有混凝土夹芯板、轻型夹芯板、聚氨酯夹芯复合板、聚苯乙烯复合夹芯板等。它们的优点是承重材料和轻质保温材料的功能都能得到合理利用。例如，聚氨酯夹芯复合板是以彩色镀锌钢板为面层，以聚氨酯泡沫塑料为芯材制成的金属夹芯板。其质量在 $15\sim25kg/m^2$，导热系数 $0.016\sim0.02W/(m\cdot K)$，抗压强度 $0.19\sim0.23MPa$，使用温度 $-50\sim120℃$，耐火极限 $0.5h$，芯材密度 $40kg/m^3$，夹芯板粘结强度不小于 $0.09MPa$。主要用作各种工业与民用建筑的普通墙体、承重墙体材料的屋面板。

（六）其他新兴保温隔热材料

1. XPS挤塑保温板

XPS挤塑保温板具有超高的保温、防水性能,卓越的高抗压强度、质轻、坚固耐用、性能稳定且环保。作为一种保温隔热材料，XPS挤塑保温板具备出色的保温隔热性能，其结构的闭孔率达到99%以上，相对于发泡聚氨酯80%的闭孔率，领先优势不言而喻。

实践证明20mm厚的XPS挤塑保温板，其保温效果相当于50mm厚发泡聚苯乙烯，120mm厚水泥珍珠岩。而且，XPS挤塑保温板的轻质和高强度使之能够承受各系统地面荷载。不同型号及厚度的XPS板材抗压强度可达到 $150\sim500KPa$ 以上，处理和使用方便。据有关资料介绍，XPS挤塑保温板使用 $30\sim40$ 年后，仍能保持优异的性能，且不会发生分解或霉变，没有有毒物质的挥发，具备良好的耐腐蚀性能。目前市场上出现的金属膜装饰保温板，是美观易清洁的铝塑板与保温隔热、防水等性能优异的XPS挤塑板完美结合的新一代产品，直接应用在墙体表层能够达到装饰、保温隔热、防水防渗漏等效果，是一种性价比很好的新型装饰板材。

2. 硅酸盐复合绝热涂料

硅酸盐复合绝热涂料是涂装成一定厚度的涂层，在经过充分干燥固化后，具有一定阻挡热流传递能力的涂料，是功能型建筑涂料的一种。其特点是：①保温性好，导热系数为 $0.05\sim0.06W/(m\cdot K)$（高温）；②可与基层全面黏结，整体性能强；③质轻、层薄，相对提高了住宅使用面积；④阻燃性、环保性强。由于它是以无机非金属材料为主制成，不但具有不燃、阻燃特点，而且材料微孔网状结构使其具有很好的适应性和自呼吸功能。⑤施工容易，生产工艺简单且能耗低。但是涂料干燥周期长，施工受季节和气候影响大，抗冲击能力弱，干燥收缩和吸湿率大，对基层处理要求高等缺陷也是目前有待解决的问题。

目前，对绝热涂料的研究日益增多，由中国石油天然气集团公司研究开发的薄层隔热保温涂料以液态方式存在，干燥后的涂层热阻较大，尤其是反射率高，能够有较降低热辐射传导，能集防水隔热外护于一体。其使用温度在－30～180℃范围内，热导率在常温下达到0.0474W/（m·K），反射率0.79，辐射率0.83，耐水性好，可在潮湿或自然环境中使用，黏结力强，无污染且施工方便。

3. 纳米绝热材料

随着纳米技术的快速发展，纳米制品已经走进了我们的生活。绝热材料中应用纳米技术，充分发挥了超细、小尺寸效应，为建筑材料领域开辟了新的发展空间。例如硬硅酸钙是水化硅酸钙矿物中的一种，在所有水化硅酸钙矿物中它的结晶水含量最低，耐温性最好，其分解温度为1050～1100℃。作为保温材料的硬硅酸钙是由二氧化硅质原料和氧化钙质原料在高压釜中经水热动态合成，一般呈针状或纤维状。这些纤维相互交缠形成类似鸟窝状结构的中空二次粒子，其内部硬硅酸钙纤维纵横交错，外部纤维也形成紧密的外壳。硬硅酸钙保温材料就是以这种二次粒子紧密堆积而成，内部空隙尺寸越小，导热系数越低，制品的强度还会提高。还有人以纳米填料改性环氧树脂为基体，空心微珠和有机纤维为隔热填料，采用湿法缠绕工艺制备了纳米隔热材料。其原理在于：该材料中既有固体颗粒又有纤维作增强隔热填料，两者的协同效应充分得到发挥。另外，由于填料具备纳米尺寸，能够通过热量的颗粒横断面积和接触面积较小，从而使导热能力降低。空心微珠的加入，也为复合材料提供了致密的多孔结构效果，降低热传导。

四、保温隔热材料的发展趋势

近年来，国家鼓励发展建筑节能技术，新的《民用建筑节能设计标准》要求新设计的采暖居住建筑的保温性能要比1991年的建筑提高80%。因此有专家分析新型建筑隔热保温材料将更加受到重视，各种泡沫塑料将成为发展的主体。我国建筑节能目标是：努力实现城镇建筑夏季室温低于30℃，采暖区冬季室温达到18℃的基本要求。从目前保温隔热材料的发展看出，它们的的共同特点是轻质、疏松、呈多孔状或纤维状，以其内部不流动的空气来阻隔热传导。其中无机材料有不燃、使用温度宽、耐化学腐蚀性好等特点；有机材料有强度高、吸水率较低、不透水性好等优良特点。但是这些保温材料都还存在着不同程度的缺陷，如硅酸钙在含湿气状态下，容易存在腐蚀性的氧化钙，不易在低温环境下使用；矿物棉吸湿性大，只能用于不存在水分的高温环境下；泡沫塑料不宜用于高温下，易燃且产生毒气，耐热性和阻燃性较差；泡沫玻璃由于对热冲击敏感，不宜用于温度急剧变化的状态下等等。

近些年，随着技术的发展，国内外对保温材料的研究正在向轻质、多功能、绿色环保

型复合保温材料发展。保温隔热材料已经由传统的几种常规材料演变出几十种新型高效的材料，在各行各业中发挥重要作用。我国每年新建房屋和既有房屋建筑根据建筑节能标准，都需要大量的保温隔热材料，所以进一步研究具有优良保温隔热性能的新型建筑材料是很有意义的。

项目四　内、外墙涂料

涂料是一种材料，这种材料可以用不同的施工工艺涂覆在物件表面，形成黏附牢固、具有一定强度、连续的固态薄膜，这样形成的膜通称涂膜，又称漆膜或涂层。涂料品种繁多，服务面广，适应性强。它可涂于钢铁金属表面，不受材质，设备、及形状大小限制。建筑涂料的使用能增加建筑表面装饰效果并起到保护墙体的作用，增强建筑的耐久性，改善建筑物的使用功能。

一、涂料的发展

中国是世界上使用天然树脂作为成膜物质涂料最早的国家。早期的画家使用的矿物颜料，是水的悬浮液或食用水或清蛋白来调配的，这就是最早的水性涂料。真正懂得使用溶剂，用溶剂来溶解固体的天然树脂，制得快干的涂料是从19世纪中叶才开始的。所以从一定意义上讲，溶剂型涂料的使用历史远没有水性涂料那么久远。最简单的水性涂料是石灰乳液，大约在一百年前就曾有人计划向其中加入乳化亚麻仁油进行改良，这恐怕就是最早的乳胶漆。从20世纪30年代中期开始，德国开始把聚乙烯醇作为保护胶的聚醋酸乙烯酯乳液作为涂料展色使用。到了20世纪50年代，纯丙烯酸酯乳液在欧洲和美国就已经有销售，但是由于价格昂贵，其产量没有太大增加。进入20世纪60年代，在所有发展的乳状液中，最为突出的是醋酸乙烯酯-乙烯。醋酸乙烯酯与高级脂肪酸乙烯共聚物也有所发展，产量有所增加。20世纪70年代以来，由于环境保护法的制定和人们环境保护意识的加强、各国限制了有机溶剂及有害物质的排放，从而使油漆的使用受到种种限制。75%的制造油漆的原料来自石油化工，由于西方工业国家的经济危机和第三世界国家调整石油价格所致，在世界范围内，普遍要求节约能源和节约资源。基于上述原因，水性涂料，特别是乳胶漆，作为代油产品越来越引起人们的重视。水性涂料的制备技术进步很快，特别是乳液合成技术进步更快。

20世纪70—80年代作为当代水性涂料的代表——乳胶漆得到了一定的发展，但推广应用却进入了低谷。乳胶漆要和风行全国的内墙涂料进行价格竞争，其结果是以失败告终，甚至被相当部分的建筑商和装饰业所否定，同时风行一时的瓷砖也把外墙乳胶漆的市场夺去了大半。90年代至今，乳胶漆的质量性能大大提高，在价格上也慢慢被人们接受。特别是以荷兰、日本为首的多国大型涂料公司进入我国市场，真正揭开了现代水性涂料的新篇章。

目前国家推广应用的内墙涂料产品有：合成树脂乳液内墙涂料（丙烯酸共聚乳液系列、乙烯—醋酸乙烯共乳液系列内墙涂料），产品性能符合GB/T 9756—2001的要求，有害物质限量符合GB18582—2001的要求。推广应用的外墙涂料产品有：水性外墙涂料（丙烯酸共聚乳液系列、有机硅丙烯酸昂乳液系列、水性氟碳外墙涂料、水性聚氨酯外墙涂料），产品性能符合GB/ 9756—2001的要求；溶剂型外墙涂料（溶剂型丙烯酸、丙烯酸聚氨酯、有机硅丙烯酸树脂、氟碳树脂外墙涂料），产品性能符合GB/T 9756—2001的要求。

二、涂料的作用

涂料是半成品，只有涂饰到墙体表面形成涂膜后才能成为成品。涂膜能否达到预期效果，与相应的配套产品和施工技术有很大关系。涂料广泛应用于各种金属、木材、水泥、砖石、皮革、织物、塑料、玻璃及纸张等制品表面，在工程建设中有着重要的地位。涂料主要有以下作用。

（1）保护作用。涂料可在被涂物表面形成牢固附着的连续薄膜，使之免受各种腐蚀介质的侵蚀，也能使被涂物体表面减少或免受机械损伤和日晒雨淋而带来的腐蚀，从而延长其使用寿命。

（2）装饰作用。涂料能使物体表面带上鲜明的色彩，能给人们美的感受。

（3）标志作用。涂料可作为色彩广告标志，来表示警告、危险、安全或停止等信号，在各种管道、道路、容器、机械、设备上涂上各种色彩的涂料，能调节人的心理、行动、使色彩功能得到充分发挥。

三、涂料的性能与特点

（一）性能

（1）遮盖力：遮盖力通常能用规定的黑白格掩盖所需的涂料重量来表示，重量越大遮盖力越小。

（2）涂抹附着力：表示涂膜与基层的黏合力。

（3）黏度：黏度的大小影响施工性能，不同的施工方法要求涂料有不同的黏度。

（4）细度：细度大小直接影响涂膜表面的平整性和光泽。

（二）特点

（1）耐污染性。

（2）耐久性：包括耐冻融、耐洗刷性、耐老化性。

（3）耐碱性：涂料的装饰对象主要是一些碱性材料，因此碱性是涂料的重要特性。

（4）最低成膜温度：每种涂料都具有一个最低成膜温度，不同的涂料最低成膜温度不同。

（5）耐高温性：涂料由原来的耐几十度发展到今天可以耐温到1800℃。

四、涂料的组成与分类

各种涂料的组成不同，但基本上由主要成膜物质、次要成膜物质和辅助材料等组成。

（一）主要成膜物质

主要成膜物质又称成膜基料、胶粘或固化剂，它的作用是将涂料中的其他组份黏结在一起，并能牢固地附着在基层表面，形成连续、均匀、坚硬的保护膜。具有较高的化学稳定性和一定的机械强度。主要由树脂或油料组成，它们决定着涂料的基本特征。油料有干性油、半干性油和不干性油。树脂有天然树脂和人造树脂（合成树脂）两种。树脂在涂料中的用量常在10%~30%之间。

（二）次要成膜物质

次要成膜物质是指涂料中所用的颜料和填料，它们是构成涂膜的组成部分，并以微细粉状均匀地分散于涂料介质中，赋予涂膜以色彩，质感，使涂膜具有一定的遮盖力，减少收缩，还能增加膜层的机械强度，防止紫外线的穿透作用，提高涂膜的抗老化性、耐气候性。

（三）辅助成膜物质

辅助成膜物质主要是指分散介质（即溶剂或水），是挥发性物料，成膜后不会留存在涂膜中，其作用是使成膜基料分散，形成黏稠液体。辅助成膜物质本身不能构成涂层，但在涂料制造和施工中却不可缺少，平时常将成膜基料和分散介质的混合物称为基料或漆料。

按构成涂膜主要成膜物质的化学成分，可将建筑物涂料分为有机涂料、无机涂料和无机—有机复合涂料三类。

1. 有机涂料

常用的有机涂料有三种类型：

（1）溶剂型涂料。溶剂型涂料是以高分子合成树脂为主要成膜物质，有机溶剂为稀释剂，加入一定量的颜料、填料及助剂，经混合、搅拌溶解、研磨而配制成的一种挥发性涂料。常用品种有过氯乙烯、聚氯乙烯醇缩丁醛、氯化橡胶、丙烯酸脂等。

（2）乳胶涂料。又称乳胶漆。把以高分子合成树脂乳液为主要成膜物质的外墙涂料称为乳液型外墙涂料。按乳液制造方法不同可以分为两类：一是由单体通过乳液聚合工艺直接合成的乳液；二是由高分子合成树脂通过乳化方法制成的乳液。按涂料的质感又可分为乳胶漆（薄型乳液涂料）、厚质涂料及彩色砂壁状涂料等。

（3）水溶性涂料。它是以水溶性合成树脂为主要成膜物质，以水为稀释剂，加入适量的颜料及辅助材料，经研磨而成的涂料。一般只用于内墙涂料。常用品种有聚乙烯醇水玻璃内墙涂料、聚乙烯醇甲醛类涂料。

2. 无机涂料

目前所用的无机涂料是以水玻璃、硅溶胶、水泥等为基料，加入颜料、填料、助剂等，经研磨、分散等而制成的涂料。无机涂料的价格低，资源丰富，无毒、不燃，具有良好的遮盖力，对基层材料的处理要求不高，可在较低温度下施工。涂膜具有良好的耐热性、保色性、耐久性等。

3. 无机–有机复合涂料

不论是有机涂料还是无机涂料，在单独使用时，都存在一定的局限性。为克服其缺点，发挥各自的长处，出现了无机—有机复合的涂料。如聚乙烯醇水玻璃内墙涂料就比聚乙烯醇有机涂料的耐水性好。此外，以硅溶胶、丙烯酸系列复合的外墙涂料在涂膜的柔韧性及耐气候性方面更能适应气候的变化。

按构成涂膜的主要成膜物质，可将涂料分为氯化橡胶外墙涂料、聚乙烯醇系列建筑涂料、丙烯酸系列建筑涂料、聚氨酯建筑涂料和水玻璃及硅溶胶建筑涂料。

按建筑使用部位，可将涂料分为装饰性涂料、内墙建筑涂料、地面建筑涂料、顶棚涂料和屋面防水涂料等。

按使用功能，可将涂料分为装饰性涂料、防火涂料、保温涂料、防腐涂料、防水涂料、抗静电涂料、防结露涂料、闪光涂料、幻彩涂料等。

五、外墙涂料

外墙涂料的主要功能是装饰和保护建筑物外墙面，使建筑物外貌美观整洁，从而达到美化环境的目的。同时外墙涂料也能够起到保护建筑物外墙的作用，延长期其使用寿命。为获得理想的装饰与保护效果，外墙涂料应具有如下特点：

（1）装饰性好。要求外墙涂料色彩丰富且保色性优良，能较长时间的保持原有装饰的性能。

（2）耐气候性好。外墙涂料，因涂层暴露于大气中，要经受风吹、日晒、雨淋、冷热变化等气候作用，在环境的长期反复作用下，涂层易发生开裂、粉化、剥落、变色等现象，使涂层失去原有的装饰保护功能。因此，要求在规定的使用年限内，涂层不应发生上述破坏现象。

（3）耐水性好。外墙涂料饰面暴露在大气中，会经常受到雨水的冲刷。因此，外墙涂料涂层应具有较好的耐水性。

（4）耐沾污性好。大气中灰尘及其他悬浮物质较多，会使涂层失去原有的装饰效果，从而影响建筑物外貌。因此，外墙涂料应具有较好的沾污性，使涂层不易被污染或污染后容易清洗掉，即有自涤性。

（5）耐霉变性好。外墙涂料饰面在潮湿环境中易长霉。因此，要求涂膜能抑制霉菌和藻类繁殖生长。

另外，根据设计功能要求不同，对外墙涂料也提出了更高要求。如在各种外墙保温系统中的涂层应用，要求外墙涂层具有较好的弹性延伸率，以更好地适应由于基层的变形而出现面层开裂，对基层的细小裂缝具有遮盖作用；对于防铝塑板装饰效果的外墙涂料还应具有更好的金属质感、超长的户外耐久性等。外墙涂料的种类很多，可以分为强力抗酸碱外墙涂料、有机硅自洁抗水外墙涂料、钢化防水腻子粉、纯丙烯酸弹性外墙涂料、有机硅自洁弹性外墙涂料、高级丙烯酸外墙涂料、碳涂料等。

（一）溶剂型外墙涂料

溶剂型外墙涂料是以合成树脂溶液为主要成膜物质，有机溶剂为稀释剂，加入适量的颜料、填料及助剂，经混合溶解、研磨后配制成的一种挥发性涂料。溶剂型外墙涂料具有较好的硬度、光泽、耐水性、耐酸碱性及良好的耐气候性、耐污染性等特点。目前国内外使用较多的溶剂型外墙涂料主要有丙烯酸酯外墙涂料和聚氨酯系外墙涂料。

（1）丙烯酸酯外墙涂料：是以热塑性丙烯酸酯合成树脂为主要成膜物质，加入溶剂、颜料、填料、助剂等，经研磨而成的一种溶剂型涂料。丙烯酸酯外墙涂料无刺激性气味，耐气候性好，不易变色、粉化或脱落；耐碱性好，且对墙面有较好的渗透作用，涂膜坚韧，附着力强。施工方便，可刷、滚、喷，也可根据工程需要配制成各种颜色。

（2）聚氨酯系外墙涂料：是以聚氨酯树脂或聚氨酯与其他树脂复合物为主要成膜物质，加入颜料、填料、助剂等，经配制而成的优质外墙涂料。包括主涂层涂料和面层涂料。这种具有近似橡胶弹性的性质，对基层的裂缝有很好的适应性。具有极好的耐气候性、耐水、耐碱、耐酸等性能；表面光洁度好，呈瓷状质感，耐污性好，使用寿命可达15年以上。主要用于高级住宅、商业楼群、宾馆等的外墙装饰。

（二）乳液型外墙涂料

以高分子合成树脂乳液为主要成膜物质的外墙涂料，称为乳液型外墙涂料。按照涂料的质感可分为薄质乳液涂料（乳胶漆）、厚质涂料、彩色砂壁状涂料等。乳液型外墙涂料的主要特点如下。

（1）以水为分散介质，涂料中无有机溶剂，因而不会对环境造成污染，不易燃，毒性小。

（2）施工方便，可刷涂、滚涂、喷涂、施工工具可以用水清洗。

（3）涂料透气性好，可以在稍湿的基层上施工。

（4）耐气候性好。

目前，薄质外墙涂料有乙—丙乳液涂料、乙—顺乳液涂料、苯—丙乳液涂料、聚丙烯酸酯乳液涂料等；厚质涂料有乙—丙厚质涂料、氯—偏厚质涂料、砂壁状涂料等。

（三）彩色砂壁状外墙涂料

彩色砂壁状外墙涂料又称彩砂涂料，是以合成树脂乳液和着色骨料为主体，外加增稠剂及各种助剂配制而成。由于采用高温烧结的彩色砂粒、彩色陶瓷或天然带色石屑作为骨料，使制成的涂层具有丰富的色彩及质感，其保色性及耐候性比其他类型的涂料有较大的提高。耐久性约为10年以上。

（四）无机外墙涂料

无机外墙涂料是以碱金属硅酸盐溶胶为主要成膜物质，加入填料、颜料、助剂等，经配制而成的建筑外墙涂料。按其主要成膜物质的不同可分为两类：一类是以碱金属硅酸盐为主要成膜物质；另一类是以硅溶胶为主要成膜物质。广泛用于住宅、办公楼、商店、宾馆等外墙装饰，也可用于内墙和顶棚等的装饰。

（五）复层外墙涂料

复层外墙涂料也称凹凸花纹涂料或浮雕涂料、喷塑涂料，它是由两种以上涂层组成的复合涂料。复层涂料是由底层涂料、主层涂料和罩面涂料三部分组成。按主层涂料主要成膜物质的不同，可分为聚合物水泥系复层涂料（CE）、硅酸盐系复层涂料（Si）、合成树脂乳液系复层涂料（E）和反应固化型合成树脂乳液系复层涂料（RE）四大类。

六、内墙涂料

内墙涂料的主要功能是装饰及保护室内墙面，使其美观整洁，让人们处于舒适的居住环境中。为了获得良好的装饰效果，内墙涂料应具有以下特点：

（1）色彩丰富，细腻，调和：众所周知，内墙的装饰效果主要由质感、线条和色彩三个因素构成。采用涂料装饰以色彩为主。内墙涂料的颜色一般应突出浅淡和明亮，由于众多居住者对颜色的喜爱不同，因此要求建筑内墙涂料的色彩丰富多彩。

（2）耐碱性、耐水性、耐粉化性良好，且透气性好：由于墙面基层是碱性的，因而涂料的耐碱性要好。室内湿度一般比室外高，同时为了清洁方便，要求涂层有一定的耐水性及刷洗性。透气性不好的墙面材料易结露或挂水，使人产生不适感，因而内墙涂料应有一定的透气性。

（3）涂刷容易，价格合理：内墙涂料的主要功能是装饰及保护内墙面及顶棚，使其达到良好的装饰效果。常用的内墙涂料有乳胶漆、溶剂型内墙涂料、多彩内墙涂料、幻彩涂料等。内墙涂料应具有以下性能：色彩丰富、细腻、协调；耐碱、耐水性好，不易粉化；良好的透气性、吸湿排湿性；涂刷方便、重涂性好；无毒、无污染。

（一）合成树脂乳液内墙涂料

合成树脂乳液内墙涂料（又称乳胶漆）是以合成树脂乳液为成膜材料的薄型内墙涂料。一般用于室内墙面装饰，但不宜用于厨房、卫生间、浴室等处的墙面。目前，常用品种有苯丙乳胶漆、乙丙乳胶漆、聚醋酸乙烯乳胶内墙涂料、氯—偏共聚乳胶内墙涂料等。

（1）苯丙乳胶漆内墙涂料。它是由苯乙烯、甲基丙烯酸等三元共聚乳液为主要成膜物质，掺入适量的填料、少量的颜料和助剂，经研磨、分散后配制而成的一种彩色无光的内墙涂料。用于内墙装饰，其耐碱、耐水、耐久性及耐擦性都优于其他内墙涂料，是一种高档的内墙装饰涂料，同时也是外墙涂料中较好的一种。

（2）乙丙乳胶漆。它是以聚醋酸乙烯与丙烯酸酯共聚乳液为主要物质的成膜物质，掺入适量的填料及少量的颜料及助剂，经研磨、分散后配制成的半光或有光的内墙涂料。用于建筑内墙装饰，其耐碱性、耐水性都优于聚醋酸乙烯乳胶漆，并具有光泽，是一种高档的内墙涂料。

（3）聚醋酸乙烯乳胶漆。它是由聚醋酸乙烯乳液为主要成膜物质，加入适量的填料、少量的颜料及其他助剂经加工而成的水乳型涂料。它具有无味、无毒、不燃、易于施工、干燥快、透气性好、附着力强、耐水性好、颜色鲜艳、装饰效果明快等优点，适用于装饰要求较高的内墙。

（4）氯—偏乳液涂料。属于水乳型涂料，它是以氯乙烯—偏氯乙烯共聚乳液为主要成膜物质，添加少量其他合成树脂水溶液共聚液体为基料，掺入不同品种的颜料、填料及助剂等配制而成。

（二）溶剂型内墙涂料

溶剂型内墙涂料与溶剂型外墙涂料基本相同。主要用于大型厅堂、室内走廊、门厅等部位。可用作内墙装饰的溶剂型涂料主要有过氯乙烯墙面涂料、氯化橡胶墙面涂料、冰系醋酸酯墙面涂料、聚氨酯系墙面涂料及聚氨酯—丙烯酸酯系墙面涂料等。建设部第218号公告《建设部推广应用和限制禁止使用技术》中列出：禁止使用的溶剂型内墙涂料产品有聚乙烯醇水玻璃内墙涂料（106内墙涂料）、聚乙烯醇缩甲醛类内墙涂料（107、108内墙涂料）。

（三）水溶性内墙涂料

水溶性内墙涂料是以水溶性化合物为基料，加入适量的填料、颜料和助剂，经过研磨、分散后制成的，属低挡涂料。目前，常用的水溶性内墙涂料有改性聚乙烯醇系内墙涂料。

（四）多彩内墙涂料

多彩内墙涂料简称多彩涂料，适用于建筑物内墙和顶棚水泥、混凝土、砂浆、石膏板、木材、钢、铝等多种基面的装饰，是一种国内外较为流行的高档内墙涂料，它是经一次喷涂即可获得具有多种色彩的立体涂膜的涂料。多彩内墙涂料按介质可分为水包油型、油包水型、油包油型和水包水型四种，涂层由底层、中层、面层涂料复合而成。

（五）幻彩内墙涂料

幻彩内墙涂料，又称梦幻涂料、多彩立体涂料，是目前较为流行的一种装饰性内墙高档材料。幻彩涂料是用特种树脂乳液和专门的有机、无机颜料制成的高档水性内墙涂料。

幻彩涂料的成膜物质是经特殊聚合工艺加工而成的合成树脂乳液，具有良好的触变性及适当的光泽，涂抹具有优异的抗回黏性。具有无毒、无味、无接缝、不起皮等优点，并具有优良的耐水性、耐碱性和耐洗涮性，主要用于办公楼、住宅、宾馆、商店、会议室等的内墙、顶棚等的装饰。适用于混凝土、砂浆、石膏、木材、玻璃和金属等多种基层材料。

（六）其他内墙涂料

其他内墙涂料品种还有静电植绒涂料、仿瓷涂料、天然真石漆、彩砂涂料等，可根据使用部位的功能要求和装饰要求选用。

七、特种涂料

特种涂料对被涂物不仅具有保护和装饰的作用，还有其特殊作用。例如，对蚊、蝇等害虫有速杀作用的卫生涂料，具有阻止霉菌生长的防霉涂料，能消除静电作用的防静电涂料，能在夜间发光起指示作用的发光涂料等等，这些特种涂料在我国才问世不久，品种较少，但其独特的功能打开了建筑涂料的新天地，表现出建筑涂料工业无限的生命力。

（一）防火涂料

防火涂料可以有效延长可燃材料（如木材）的引燃时间，阻止非可燃结构材料（如钢材）表面温度升高而引起强度急剧丧失，阻止或延缓火焰的蔓延和扩展，使人们争取到灭火和疏散的宝贵时间。

根据防火原理把防火涂料分为非膨胀型涂料和膨胀型防火涂料两种。非膨胀型防火涂料是由不燃性或难燃性合成树脂，难燃剂和防火填料组成，其涂层不易燃烧。膨胀型防火涂料是在上述配方基础上加入成碳剂、脱水成碳催化剂、发泡剂等成分制成，在高温和火焰作用下，这些成分迅速膨胀形成比原涂料厚几十倍的泡沫状碳化层，从而阻止高温对基材的传导作用，使基材表面温度降低。

防火涂料可用于钢材、木材、混凝土等材料，常用的阻燃剂有：含磷化合物和含卤素化合物等，如氯化石蜡、十溴联苯醚、磷酸三氯乙醛酯等。

裸露的钢结构耐火极限仅为0.25h，在火灾中钢结构温升超过500℃时，其强度明显降低，导致建筑物迅速垮塌。钢结构必须采用防火涂料进行涂饰，才能使其达到《建筑设计防火规范》的要求。

根据涂层厚度及特点将钢结构防火涂料分为两类：B类：薄涂型钢结构防火涂料——涂层厚度为2～7mm，有一定装饰效果，高温时涂层膨胀增厚耐火隔热，耐火极限可达0.5～1.5h，又称为钢结构膨胀防火涂料。H类：厚涂型钢结构防火涂料——涂层厚度一般在8～50mm，粒状表面，密度较小，导热率低，耐火极限可达0.5～3.0h，又称为钢结构防火隔热涂料。除钢结构防火涂料外，其他基材也有专用防火涂料品种。

（二）发光涂料

发光涂料是指在夜间能指示标志的一类涂料。发光涂料一般有两种：蓄发性发光涂料和自发性发光涂料。它由成膜物质、填充剂和荧光颜色等组成，之所以能发光是因为含有荧光颜料的缘故。当荧光颜料（主要是硫化锌等无机氧料）的分子受光的照射后而被激发、释放能量，夜间或白昼都能发光，明显可见。

自发性发光涂料除了蓄发性发光涂料的组成外，还加有极少量的放射性元素。当荧光颜料的蓄光消失后，因放射物质放出的射线的刺激，涂料会继续发光。发光涂料具有耐火、耐油、透明、抗老化等优点。适用于桥梁、隧道、机场、工厂、剧院、礼堂的太平门标志，广告招牌及交通指示器、门窗把手、钥匙孔、电灯开关等需要发出各种色彩和明亮反光的场合。

（三）防水涂料

防水涂料用于地下工程、卫生间、厨房等场合。早期的防水涂料以熔融沥青及其他沥青加工类产物为主，现在仍在广泛使用。近年来以各种合成树脂为原料的防水涂料逐渐发展，按其状态可分为溶剂型、乳液型和反应固化型三类。

溶剂型防水涂料是以各种高分子合成树脂溶于溶剂中制成的防水涂料，快速干燥，可低温操作施工。常用的树脂种类有：氯丁橡胶沥青、丁基橡胶沥青、SBS改性沥青、再生橡胶改性沥青等。

乳液型防水涂料是应用最多的涂料，它以水为稀释剂，有效降低了施工污染、易燃性。主要品种有：改性沥青系防水涂料（各种橡胶改性沥青）、氯偏共聚乳液、酸乳液防水涂料、改性煤焦油防水涂料、涤纶防水涂料和膨润土沥青防水涂料等。

反应固化型防水涂料是以化学反应型合成树脂（如聚氨酯、环氧树脂等）配以专用化剂制成的双组份涂料，是具有优异防水性、变形性和耐老化性能的高档防水涂料。

（四）防霉涂料及防虫涂料

在地下室、卫生间等潮湿场所，在霉菌作用下，木材、纸张、皮革等有机高分子材料的基材会发霉，有些涂层（如聚醋酸乙烯酯乳胶漆）也会发霉，在涂膜表面生成斑点或凸起，严重时产生穿孔和针眼。底层霉变逐渐向中间和表层发展，会破坏整个涂层直至粉末化。

防霉涂料以不易发霉材料（如硅酸钾水玻璃涂料和氧乙烯—偏氯乙烯共聚乳液）为主要成膜物质，加入两种或两种以上的防霉剂（多数为专用杀菌剂）制成。涂层中含有一定量的防霉剂就可以达到预期防霉效果。它适用于食品厂、卷烟厂、酒厂及地下室等易产生霉变的内墙墙面。

防虫涂料是在以合成树脂为主要成膜物质的基料中，加入各种专用杀虫剂、驱虫剂制成的功能性涂料。它具有良好的装饰效果，对蚊、蝇、蟑螂等害虫有速杀和驱除功能，适用于城乡住宅、部位营房、医院、宾馆等的居室、厨房、卫生间、食品贮存室等处。

参考文献

[ ] 西省建筑设计研究院. 建筑材料手册. 北京：中国建筑工业出版社，2004
[ ] 张德信. 建筑保温隔热材料. 北京：化学工业出版社，2007

教师反馈表

感谢您一直以来对浙大版图书的支持和爱护。为了今后为您提供更好、更优质的图书，请您认真填写下面的意见反馈表，以便我们对本书做进一步的改进。如果您在使用中遇到什么问题，或者有什么建议，请告诉我们，我们会真诚为您服务。如果您有出书意向以及好的选题，也欢迎来电来函。

填表日期：_____年____月____

教师姓名		所在学校名称			院　系	
性　别	□男 □女	出生年月		职　务	职　称	
联系地址			邮　编		办公电话	
			手　机		家庭电话	
E-mail			QQ/MSN			

您是通过什么渠道知道本书的
□书店　□经人推荐　□网站介绍　□图书目录　　　□其他_____
您从哪里购买本书的
□书店　□网站　　　□邮购　　□学校统一订购　　□其他_____
您对本书的总体感觉是
□很满意　□满意　　□一般　　　□不满意　　原因_____
具体来说，您觉得本书的封面设计　　□很好　□还行　□不好　□很差_____
　　　　　您觉得本书的纸张及印刷　　□很好　□还行　□不好　□很差_____
您觉得本书的技术含量　□很高　□还可以　□一般　□很低　　□极低_____
您觉得本书的内容设置　□很好　□还可以　□一般　□不太好　□很差_____
您觉得本书的实用价值　□很高　□还可以　□一般　□很低　　□极低_____

目前主要教学专业、科研领域方向				
	主授课程	教材及所属出版社	学生人数	教材满意度
课程一：				□满意　　　□一般 □不满意
课程一：				□满意　　　□一般 □不满意
教学层次：	□中职中专　□高职高专　□本科　□硕士　□博士　其他：_____			
希望我们与您经常保持联系的方式 （划√）	□电子邮件信息　　　□定期邮寄书目　　　□定期电话咨询 □定期登门拜访　　　□通过教材科联络　　□通过编辑联络			

教材出版信息					
方向一	□准备写　□写作中　□已成稿　□已出版　□有讲义				
方向一	□准备写　□写作中　□已成稿　□已出版　□有讲义				

填表说明：本表可以直接邮寄至：杭州市天目山路148号浙江大学西溪校区内浙江大学出版社理工事业部

联系人：吴昌雷　　电话：0571-88273342

手机：13675830904　　email: changlei_wu@zju.edu.cn